【新版建设工程合同示范文本系列丛书】

中华人民共和国
房屋建筑和市政工程标准施工招标文件
（2010年版）
合同条款评注

适用于一定规模以上且设计和施工不是由同一承包人承担的房屋建筑和市政工程

王志毅 主 编

合同协议书
通用合同条款
专用合同条款
评论与注解
填写范例与应用指南
附 录

中国建材工业出版社

图书在版编目（CIP）数据

中华人民共和国房屋建筑和市政工程标准施工招标文件（2010 年版）合同条款评注／王志毅主编．—北京：中国建材工业出版社，2012. 8

（新版建设工程合同示范文本系列丛书）

ISBN 978-7-5160-0231-5

Ⅰ．①中… Ⅱ．①王… Ⅲ．①建筑工程－工程施工－招标－合同－研究－中国－2010②市政工程－工程施工－招标－合同－研究－中国－2010 Ⅳ．①TU723②TU99③D923. 64

中国版本图书馆 CIP 数据核字（2012）第 151877 号

内 容 提 要

2007 年 11 月 1 日，国家发展和改革委员会会同财政部、建设部、铁道部、交通部、信息产业部、水利部、民用航空总局、广电总局以国家发展改革委令第 56 号发布了《标准施工招标文件》，自 2008 年 5 月 1 日起在政府投资项目中试行。为了规范房屋建筑和市政工程施工招标资格预审文件、招标文件编制活动，促进房屋建筑和市政工程招标投标公开、公平和公正，住房和城乡建设部根据九部委《标准施工招标文件》制定并发布了《房屋建筑和市政工程标准施工招标资格预审文件》和《房屋建筑和市政工程标准施工招标文件》，自 2010 年 6 月 9 日起施行。《房屋建筑和市政工程标准施工招标文件》（2010 年版）是九部委《标准施工招标文件》的配套文件，适用于一定规模以上，且设计和施工不是由同一承包人承担的房屋建筑和市政工程的施工招标。

本书对《房屋建筑和市政工程标准施工招标文件》（2010 年版）中的《合同协议书》、《通用合同条款》、《专用合同条款》进行了解读并对应用《房屋建筑和市政工程标准施工招标文件》（2010 年版）合同条款提供了填写范例、简明指南和附录文件。

【读者对象】项目发包人、承包人、工程项目管理和咨询机构、监理单位、招标代理机构、设计机构、保险机构、工程担保机构、高等院校和相关培训机构、会计、审计、律师事务所以及其他相关机构的管理人员。

中华人民共和国房屋建筑和市政工程标准施工招标文件（2010 年版）合同条款评注

王志毅　主编

出版发行：中国建材工业出版社

地　　址：北京市西城区车公庄大街 6 号

邮　　编：100044

经　　销：全国各地新华书店

印　　刷：北京雁林吉兆印刷有限公司

开　　本：889mm × 1194mm　1/16

印　　张：16. 5

字　　数：503 千字

版　　次：2012 年 8 月第 1 版

印　　次：2012 年 8 月第 1 次

定　　价：59. 00 元

本社网址：www. jccbs. com. cn

本书如出现印装质量问题，由我社发行部负责调换。联系电话：（010）88386906

丛书法律顾问：北京市众明律师事务所

中华人民共和国
房屋建筑和市政工程标准施工招标文件

（2010年版）

合同条款评注

顾　问　于泽旗

主　编　王志毅

副主编　陈　蓓

　　　　潘　容

撰稿人（以姓氏笔画为序）：

于泽旗　王志毅　毛国兴　陈　蓓　严俊聪

胡延源　徐振兴　章有旺　潘　容　潘　莉

关　于

中华人民共和国房屋建筑和市政工程标准施工招标文件（2010年版）

《合同协议书》、《通用合同条款》、《专用合同条款》的评注与填写范例

以　及

应用中华人民共和国房屋建筑和市政工程标准施工招标文件（2010年版）

合同条款的简明指南

2012年

前　言

作为建设工程项目承发包双方之间最重要的法律文件，建设工程施工合同的签订和履行直接关系到建设工程能否顺利进行、关系到建设工程的质量和工期、关系到承发包双方的权利和义务分配、关系到承发包双方的风险和责任承担。我国的建设工程施工合同长期存在着履约率低、合同纠纷多的现象，究其最重要的原因，就是当事人缺乏应有的合同知识和法律意识，所签订的合同或是内容不完备，或是格式不规范，在合同签订之时就留下了许多日后纠纷的隐患。

为了避免上述情形的发生，引导当事人在订立、履行建设工程施工合同时严格遵守法律、行政法规的规定，遵循公平的原则确定各方的权利义务，遵循诚实信用的原则履行合同，从而维护当事人各方的合法权益，住房和城乡建设部（原建设部）和国家工商行政管理总局（原国家工商行政管理局）自1991年起相继发布了《建设工程施工合同（示范文本）》（GF—91—0201）、《建设工程施工合同（示范文本）》（GF—1999—0201）、《建设项目工程总承包合同示范文本（试行）》（GF—2011—0216），并且即将发布新版的《建设工程施工合同（示范文本）》。

2007年11月1日，国家发展和改革委员会会同财政部、建设部、铁道部、交通部、信息产业部、水利部、民用航空总局、广电总局以国家发展改革委令第56号发布了《标准施工招标文件》，自2008年5月1日起在政府投资项目中试行。根据该文件的规定，行业标准施工招标文件和试点项目招标人编制的施工招标文件，应不加修改地引用《标准施工招标文件》中的《通用合同条款》。国务院有关行业主管部门可根据《标准施工招标文件》并结合本行业施工招标特点和管理需要，对《专用合同条款》作出具体规定。行业标准施工招标文件中的《专用合同条款》可对《标准施工招标文件》中的《通用合同条款》进行补充、细化，除《通用合同条款》明确《专用合同条款》可作出不同约定外，补充和细化的内容不得与《通用合同条款》强制性规定相抵触，否则抵触内容无效。试点项目招标人编制招标文件中的《专用合同条款》可根据招标项目的具体特点和实际需要，对《标准施工招标文件》中的《通用合同条款》进行补充、细化和修改，但不得违反法律、行政法规的强制性规定和平等、自愿、公平和诚实信用原则。

根据《标准施工招标文件》（2007年版）的以上规定和配套使用的需要，规范房屋建筑和市政工程施工招标资格预审文件、招标文件编制活动，促进房屋建筑和市政工程招标投标公开、公平和公正，住房和城乡建设部根据九部委《标准施工招标文件》制定并发布了《房屋建筑和市政工程标准施工招标资格预审文件》和《房屋建筑和市政工程标准施工招标文件》，适用于一定规模以上，且设计和施工不是由同一承包人承担的房屋建筑和市政工程的施工招标，自2010年6月9日起施行。

九部委《标准施工招标文件》中的《通用合同条款》是《房屋建筑和市政工程标准施工招标文件》（2010年版）的组成部分。《房屋建筑和市政工程标准施工招标文件》（2010年版）的《通用合同条款》均直接引用《标准施工招标文件》相同序号的章节。

《房屋建筑和市政工程标准施工招标文件》（2010年版）中的《通用合同条款》和《专用合同条款》（除以空格标示的由招标人填空的内容和选择性内容外），均应不加修改地直接引用。填空内容由招标人根据国家和地方有关法律法规的规定以及招标项目具体情况确定。

2011年11月30日，国务院第183次常务会议通过了《中华人民共和国招标投标法实施条例》，自2012年2月1日起施行。

《中华人民共和国招标投标法实施条例》第十五条第四款赋予了标准施工招标文件强制适用的法律地位，即编制依法必须进行招标的项目的资格预审文件和招标文件，应当使用国务院发展改革部门会同有关行政监督部门制定的标准文本。由于承发包双方所签订的合同条款对标准施工招标文件中所包含的合同条款不能进行实质性的修改，《中华人民共和国招标投标法实施条例》第十五条第四款的规定也意味着在未来建设工程施工领域，国家发展改革委会同工业和信息化部、财政部、住房和城乡建设部、交通运输部、铁道部、水利部、广电总局、民用航空局联合发布的标准施工招标文件以及相配套的行业文本适用于指定范围内的强制招标的项目；住房和城乡建设部和工商行政管理总局联合发布的建设工程合同示范文本适用于非强制招标的项目。

合同条款是业主单位编制各项建设工程招标文件的重要组成部分，也是最主要的平衡建筑市场各方主体利益及权利义务关系的法律文件。正是也只有合同条款和条件，使得“工程量清单”、“图纸”、“技术标准和要求”等工程项目实施和管理的核心模块成为一个有机联系的整体和得以有效实施的前提。新版建设工程施工合同示范文本的陆续发布，必然极大的影响建筑市场各参与主体的行为规范和合同利益。

依法签订和履行建设工程施工合同，更将有利于发展和完善建筑市场，有利于规范市场主体的交易行为，有利于进一步明确建设工程发包人和承包人的权利和义务，保护双方的合法权益。为组织学习、宣传和推行新版建设工程合同示范文本，中国建材工业出版社组织业内有关人士编写了“新版建设工程合同示范文本系列丛书”。本书对《房屋建筑和市政工程标准施工招标文件》(2010 年版）的《合同协议书》、《通用合同条款》、《专用合同条款》进行了解读并对应用《房屋建筑和市政工程标准施工招标文件》(2010 年版）合同条款提供了填写范例、简明指南和附录文件。

本书有助于项目发包人、建筑施工企业、工程项目管理机构、监理单位、招标代理机构、设计机构、保险机构、工程担保机构、高等院校和相关培训机构、会计、审计、律师事务所以及其他相关机构的管理人员加深对《房屋建筑和市政工程标准施工招标文件》(2010 年版）合同条款的理解，学习和掌握洽谈、签订、履行《房屋建筑和市政工程标准施工招标文件》(2010 年版）合同条款的技巧。本书也可供相关高等院校和培训机构教学研究人员参考使用。

新版建设工程合同示范文本系列丛书
编委会
2012 年 7 月

中华人民共和国合同法总则（节选）

（1999年3月15日第九届全国人民代表大会第二次会议通过，自1999年10月1日起施行）

第一条 为了保护合同当事人的合法权益，维护社会经济秩序，促进社会主义现代化建设，制定本法。

第二条 本法所称合同是平等主体的自然人、法人、其他组织之间设立、变更、终止民事权利义务关系的协议。

婚姻、收养、监护等有关身份关系的协议，适用其他法律的规定。

第三条 合同当事人的法律地位平等，一方不得将自己的意志强加给另一方。

第四条 当事人依法享有自愿订立合同的权利，任何单位和个人不得非法干预。

第五条 当事人应当遵循公平原则确定各方的权利和义务。

第六条 当事人行使权利、履行义务应当遵循诚实信用原则。

第七条 当事人订立、履行合同，应当遵守法律、行政法规，尊重社会公德，不得扰乱社会经济秩序，损害社会公共利益。

第八条 依法成立的合同，对当事人具有法律约束力。当事人应当按照约定履行自己的义务，不得擅自变更或者解除合同。

依法成立的合同，受法律保护。

目　　录

关于印发《房屋建筑和市政工程标准施工招标资格预审文件》和《房屋建筑和市政工程标准施工招标文件》的通知

建市[2010]88号

自治区住房和城乡建设厅，直辖市建委（建设交通委），新疆生产建设兵团建设局：

为了规范房屋建筑和市政工程施工招标资格预审文件、招标文件编制活动，促进房屋建筑和市政工程招标投标公开、公平和公正，根据《〈标准施工招标资格预审文件〉和〈标准施工招标文件〉试行规定》（国家发展改革委、财政部、建设部等九部委令第56号），我部制定了《房屋建筑和市政工程标准施工招标资格预审文件》和《房屋建筑和市政工程标准施工招标文件》，现予发布，自即日起施行。

附件：1. 房屋建筑和市政工程标准施工招标资格预审文件（略）

2. 房屋建筑和市政工程标准施工招标文件（略）

中华人民共和国住房和城乡建设部

二〇一〇年六月九日

中华人民共和国房屋建筑和市政工程标准施工招标文件（2010年版）使用说明

一、《房屋建筑和市政工程标准施工招标文件》（以下简称“行业标准施工招标文件”）是《标准施工招标文件》（国家发展和改革委员会、财政部、原建设部等九部委56号令发布）的配套文件，适用于一定规模以上，且设计和施工不是由同一承包人承担的房屋建筑和市政工程的施工招标。

二、《标准施工招标文件》第二章“投标人须知”和第三章“评标办法”正文部分以及第四章第一节“通用合同条款”是《行业标准施工招标文件》的组成部分。《行业标准施工招标文件》的第二章“投标人须知”、第三章“评标办法”正文部分以及第四章第一节“通用合同条款”均直接引用《标准施工招标文件》相同序号的章节。

三、《行业标准施工招标文件》用相同序号标示的章、节、条、款、项、目，供招标人和投标人选择使用；以空格标示的由招标人填写的内容，招标人应根据招标项目具体特点和实际需要具体化，确实没有需要填写的，在空格中用“/”标示。

四、招标人按照《行业标准施工招标文件》第一章的格式发布招标公告或发出投标邀请书后，将实际发布的招标公告或实际发出的投标邀请书编入出售的招标文件中，作为投标邀请。其中，招标公告应同时注明发布所在的所有媒介名称。

五、《行业标准施工招标文件》第二章“投标人须知”正文和前附表，除以空格标示的由招标人填空的内容、选择性内容和可补充内容外，均应不加修改地直接引用。填空、选择和补充内容由招标人根据国家和地方有关法律法规的规定以及招标项目具体情况确定。

六、《行业标准施工招标文件》第三章“评标办法”分别规定了经评审的最低投标价法和综合评估法两种评标方法，供招标人根据招标项目具体特点和实际需要选择使用。招标人选择使用经评审的最低投标价法的，应当在招标文件中明确启动投标报价是否低于投标人成本评审程序的警戒线，以及评标价的折算因素和折算标准。招标人选择适用综合评估法的，各评审因素的评审标准、分值和权重等由招标人根据有关规定和招标项目具体情况确定。本章所附的各个附件属于示范性内容，提倡招标人根据实际需要作选择性引用。

第三章“评标办法”前附表应列明全部评审因素和评审标准，并在本章（前附表及正文）标明或者以附件方式在“评标办法”中集中列示投标人不满足其要求即导致废标的全部条款。

七、《行业标准施工招标文件》第四章第一节“通用合同条款”和第二节“专用合同条款”（除以空格标示的由招标人填空的内容和选择性内容外），均应不加修改地直接引用。填空内容由招标人根据国家和地方有关法律法规的规定以及招标项目具体情况确定。

八、《行业标准施工招标文件》第五章“工程量清单”是示范性内容，但是，除以空格标示的由招标人填空的内容外，提倡招标人不加修改地直接引用。招标人也可以根据本行业标准施工招标文件、《建设工程工程量清单计价规范》、招标项目具体特点和实际需要编制，但必须与“投标人须知”、“通用合同条款”、“专用合同条款”、“技术标准和要求”、“图纸”相衔接。

九、《行业标准施工招标文件》第六章“图纸”由招标人（或其委托的设计人）根据招标项目具体特点和实际需要编制，并与“投标人须知”、“通用合同条款”、“专用合同条款”、“技术标准和要求”相衔接。

十、《行业标准施工招标文件》第七章“技术标准和要求”也是示范性内容，但是，其第一节“一般要求”充分考虑了与第四章“通用合同条款”和“专用合同条款”的相互衔接，提倡招标人不加修改地直接引用，并在其基础上结合招标项目具体特点和实际需要进行补充，其中以空格标示的以及第二节和第三节由招标人根据本招标文件、招标项目具体特点和实际需要编制。“技术标准和要求”中的各项技术标准应符合国家强制性标准，不得要求或标明某一特定的专利、商标、名称、设计、原产地或生产供应者，不得含有倾向或者排斥潜在投标人的其他内容。如果必须引用某一生产供应者的技术标准才能准确或清楚地说明拟招标项目的技术标准时，则应当在参照后面加上“或相当于”字样。

十一、《行业标准施工招标文件》为2010年版，将根据实际执行过程中出现的问题以及《标准施工招标文件》修订情况及时进行修改。各使用单位或个人对《行业标准施工招标文件》的修改意见和建议，可向编制工作小组反映。

中华人民共和国房屋建筑和市政工程标准施工招标文件（2010年版）合同条款导读

《房屋建筑和市政工程标准施工招标文件》（2010年版）中的合同条款由《合同协议书》、《通用合同条款》和《专用合同条款》三部分构成。其中《合同协议书》共13条，《通用合同条款》共24条，《专用合同条款》共24条，且内容、编号与《通用合同条款》相对应。

《合同协议书》作为《房屋建筑和市政工程标准施工招标文件》（2010年版）》合同条款的第一部分，是发包人与承包人就合同内容协商达成一致意见后，向对方承诺履行合同而签署的正式协议。《合同协议书》包括建设工程项目的签约价格、质量、工期等合同主要内容，《合同协议书》的其他内容还包括合同文件的组成部分以及合同生效的条件等。

签订《合同协议书》主要有以下几个方面的目的：第一，确认承发包双方达成一致意见的合同的必备条款和主要内容，使得合同核心条款一目了然；第二，确认合同文件的组成部分，有利于合同双方全面履行合同；第三，确认合同主体并确认合同生效。

建设工程虽然具有单一性，不同的工程在施工方案、工期、造价等方面各不相同，但是所依据的法律法规是统一的，发包人与承包人的权利义务也基本一致，对于违约、索赔和争议的处理原则也基本相同，把这些共性的内容固定下来就形成了《通用合同条款》。《房屋建筑和市政工程标准施工招标文件》（2010年版）中的《通用合同条款》基本都是源自有关法律、行政法规和部门规章的规定，同时也考虑了惯例以及合同在签订、履行和管理中的通常做法，具有普遍性和通用性，这也是合同当事人应尽可能完整引用《通用合同条款》的法理依据。

《房屋建筑和市政工程标准施工招标文件》（2010年版）中的《专用合同条款》是专用于具体工程的条款。每项工程都有具体的内容，都有不同的特点，《专用合同条款》正是针对不同工程的内容和特点，对应《通用合同条款》的内容，对不明确的条款作出的具体约定，对不适用的条款作出修改，对缺少的内容作出补充，使合同条款更具有可操作性，便于理解和履行。

《房屋建筑和市政工程标准施工招标文件》（2010年版）中的《专用合同条款》和《通用合同条款》不是各自独立的两部分，而是互为说明、互为补充，与《合同协议书》共同构成合同文本的内容。

如果说《通用合同条款》体现了合同的共性，那么《专用合同条款》体现了合同的个性。根据通行的做法和双方对于合同解释顺序约定，当《专用合同条款》与《通用合同条款》约定发生冲突时，在不违反有关限制性规定的前提下，《专用合同条款》的法律效力优先于《通用合同条款》，即应当以《专用合同条款》约定为准适用。

除《通用合同条款》外，《合同协议书》和《专用合同条款》均涉及合同内容的填写问题。承包人和发包人应注意，合同填写必须做到标准、规范、要素齐全、数字正确、字迹清晰、避免涂改；空白栏未填写内容时应予以删除或注明“此栏空白”字样；涉及金额的数字应使用中文大写或同时使用大小写（可注明“以大写为准”）。

评注不是合同条款的组成部分。承包人和发包人应注意，合同条款所有涉及须双方共同确认的附件均应注明与合同有同等法律效力，并由双方以签订合同的方式确认。

《合同协议书》评注与填写范例

《通用合同条款》评注

《专用合同条款》评注与填写范例

附　　录

中华人民共和国
房屋建筑和市政工程
标准施工招标文件（2010年版）

适用于一定规模以上且设计和施工不是由
同一承包人承担的房屋建筑和市政工程

《合同协议书》评注与填写范例

中华人民共和国 房屋建筑和市政工程标准施工招标文件 （2010年版） 第四章　第三节　附件一　合同协议书	评注与填写范例
合同协议书 编号：________	我国《合同法》第二百七十条规定："建设工程合同应当采用书面形式"。订立建设工程合同包括但不限于协议书和附件必须采用书面形式，这是我国《合同法》的强制性规定，更是合同当事人明确彼此权利、义务的重要保证。 合同协议书的编号，可以根据企业内部合同管理需要据实填写。如果编号规则要求嵌入日期因素，应注意与签约日期统一，避免发生歧义。
发包人（全称）：____________________ 法定代表人：______________________ 法定注册地址：____________________ 承包人（全称）：____________________ 法定代表人：______________________ 法定注册地址：____________________	发包人、承包人的名称均应完整、准确地写在对应的位置内，不可填写简称。注意名称应与合同签字盖章处所加盖的公章内容一致。 合同主体的确定是双方主张权利和义务的基础。承发包双方应保证合同的签约主体与履约主体的一致性，避免承担因合同签约主体或履约主体不适格所导致合同无效的法律后果。 法定代表人：应根据有效存续的企业法人营业执照上记载的名字填写在对应的位置内。 法定注册地址：应根据有效存续的企业法人营业执照上记载的注册地址填写在对应的位置内。
发包人为建设______________（以下简称"本工程"），已接受承包人提出的承担本工程的施工、竣工、交付并维修其任何缺陷的投标。依照《中华人民共和国招标投标法》、《中华人民共和国合同法》、《中华人民共和国建筑法》，及其他有关法律、行政法规，遵循平等、自愿、公平和诚实信用的原则，双方共同达成并订立如下协议。	本款是说明性条款。此部分说明合同签订的背景，即当事人签订合同的目的、宗旨及依据。当法律名称发生变化时，应注意及时相应进行修正。 项目名称指项目审批、核准机关出具的有关文件中载明的或备案机关出具的备案文件中确认的项目名称，并应与招标文件封面上的项目名称填写一致。
一、工程概况 工程名称：______（项目名称）______标段 工程地点：____________________ 工程内容：____________________ 群体工程应附"承包人承揽工程项目一览表"（附件1）	本款是关于工程概况的约定，应填写准确。 工程名称：应填写工程全称。如：×××工程，不可使用代号。 工程地点：应填写工程所在地详细地点，如××市××区×××路××号，或××地块，东临××路，南临××路，西临××路，北临××路。 工程内容：应填写反映工程状况、指标的内容，主要包括工程的建设规模、结构特征等。对于群体工程包括的工程内容应列表说明，具体格式在附件中列明。

<table>
<tr><th>中华人民共和国
房屋建筑和市政工程标准施工招标文件
（2010 年版）
第四章　第三节　附件一　合同协议书</th><th>评注与填写范例</th></tr>
<tr><td>工程立项批准文号：____________

资金来源：____________</td><td>工程立项批准文号：对于须经有关主管部门审批立项才能建设的工程，应填写立项批准文号。批准立项的部门是指按照工程立项的有关规定和审批权限有权审批工程的立项部门。
资金来源：应填写获得工程建设资金的方式或渠道，如政府财政拨款、银行贷款、单位自筹等。资金来源是多种方式的，应列明不同来源方式所占比例。</td></tr>
<tr><td>二、工程承包范围
承包范围：____________
详细承包范围见第七章“技术标准和要求”。</td><td>工程承包范围是指承包人的工作范围和内容，是确定承包人合同义务的基础。应根据招标文件或施工图纸确定的承包范围填写。
对合同承包范围的明确界定对承包人来说尤为重要。例如固定总价合同的固定价格是建立在工程合同承包范围和内容固定基础上的，若发生合同承包范围外的额外工程则可以追加合同价款。</td></tr>
<tr><td>三、合同工期
计划开工日期：______年______月______日
计划竣工日期：______年______月______日
工期总日历天数__________天，自监理人发出的开工通知中载明的开工日期起算。</td><td>工期是衡量双方是否开始履约的重要依据，也是索赔和确定违约金的最主要依据。承发包双方应根据工程的实际情况科学、客观地确定合理的工期。我国《建设工程质量管理条例》第十条规定，建设工程发包单位不得任意压缩合理工期。
工期条款是确定承发包双方权利义务的主要条款。按照我国《招标投标法实施条例》第五十七条的规定，合同的标的、价款、质量、履行期限等主要条款应当与招标文件和中标人的投标文件的内容一致。招标人和中标人不得再行订立背离合同实质性内容的其他协议。鉴于工期条款是合同的实质性条款而实践中的计划开工日期和计划竣工日期、实际开工日期和实际竣工日期往往会发生很大差异，容易引发承发包双方争议。建议在专业律师的指导下慎重协商签订工期条款并在实际履行合同的过程中注意保存可以证明实际开竣工日期的相关证明材料。
开工日期、竣工日期的约定有两类：一是约定为绝对日期，即在合同中约定具体的某年某月某日；二是约定相对日期，即以合同约定的某种条件满足时的日期为开工日期和竣工日期。</td></tr>
</table>

中华人民共和国 房屋建筑和市政工程标准施工招标文件 （2010年版） 第四章　第三节　附件一　合同协议书	评注与填写范例
四、质量标准 工程质量标准：________________。	建设工程质量标准可分为法定的质量标准和约定的质量标准，前者主要是指国家强制性标准，后者主要是指承发包双方在合同以及技术标准要求中约定的质量标准。 如果约定工程质量标准低于法定的工程质量标准，按法定的工程质量标准执行；如果既没有法定标准，也没有约定标准，则按通常的工程质量标准或按符合该部位的功能及结构目的的特定标准执行。
五、合同形式 本合同采用__________合同形式。	"合同形式"应理解为是合同工程价款的确定形式，承发包双方可以根据工程项目的规模大小、预期工期的长短等因素协商一致确定本合同采用固定合同价、可调合同价、成本加酬金合同价。其中，固定合同价又可分为固定合同总价和固定合同单价两种。固定合同总价是指承包人整个工程的承包合同约定的施工范围内的合同价款总额确定不变，即除工程变更外，工程量计量或市场价变动的风险均由承包人承担；固定合同单价是指承包的工程项目中的各项单价均确定不变，即除工程变更外，不存在计量的风险。可调合同价可分为可调合同总价和可调合同单价。可调合同总价是指在施工阶段，当约定的调整因素发生时，合同总价随之调整的价款确定形式；可调合同单价是指双方在合同中约定的单价在一定条件下可以调整。成本加酬金确定的合同价可分为成本加固定百分比酬金确定的合同价、成本加固定金额酬金确定的合同价、成本加奖罚确定的合同价三种形式。承发包双方也可对固定价的风险范围进行约定，即在风险范围内，固定价不予调整；反之则予以调整。
六、签约合同价 金额（大写）：__________元（人民币） （小写）¥：__________元 其中：安全文明施工费：__________元 暂列金额：____元（其中计日工金额____元）	签约合同价格应填写双方确定的合同金额，即被发包人接受的承包人的投标报价。本合同协议书确定签约合同价格用人民币表示，同时填写大小写。其中，阿拉伯数字的表达原则上应按财务的标准填写，如果大小写不一致，并且通过其他基础数据也无法判断哪个正确时，原则上以大写

<table>
<tr><th>中华人民共和国
房屋建筑和市政工程标准施工招标文件
（2010年版）
第四章　第三节　附件一　合同协议书</th><th>评注与填写范例</th></tr>
<tr><td>材料和工程设备暂估价：________元
专业工程暂估价：____________元</td><td>的金额为准；并对其中的安全文明施工费、暂列金额、计日工金额、材料和工程设备暂估价、专业工程暂估价分别列明。
应注意区分“签约合同价格”与“合同价格”。合同价格应为承包人按合同约定完成了包括缺陷责任期内的全部承包工作且在履行合同过程中按合同约定对签约合同价格进行变更和调整后，发包人应付给承包人款项的金额。
通常对工程造价有重大影响的因素包括但不限于以下四个方面：计价方式的改变；建筑材料、设施、设备等市场价格变化；工程承包范围的较大变化；因设计变更或经济洽商导致的工程量、价的改变。</td></tr>
<tr><td>七、承包人项目经理
姓名：________；职称：________；
身份证号：________________；
建造师执业资格证书号：__________；
建造师注册证书号：____________。
建造师执业印章号：____________。
安全生产考核合格证书号：________。</td><td>本款是关于承包人项目经理相关信息的填写。
项目经理从职业角度，是指对建设工程实行质量、安全、进度、成本、环保管理的责任保证体系和全面提高工程项目管理水平而设立的重要管理岗位；从从业角度，是指接受承包人委托对工程项目施工过程全面负责的项目管理者，是承包人在工程项目上的代表人。建设工程项目管理的实践经验表明，工程项目的成功与否很大程度上取决于项目经理的业务水平和风险意识。项目经理责任制作为我国施工管理体制上的一项重要制度，对加强建设工程项目风险管理、提高工程质量发挥了巨大作用。2003年2月27日，国务院发布了《关于取消第二批行政审批项目和改变一批行政审批项目管理方式的决定》（国发〔2003〕5号），取消了建设工程项目施工承包人项目经理资质核准而由注册建造师代替，并设立过渡期。但是需要注意的是，建造师执业资格制度的建立并不意味着完全取代了项目经理责任制，而只是取消“项目经理资质”的行政审批，有变化的是大中型工程项目的项目经理必须由取得建造师执业资格的建造师担任。注册建造师资格是担任大中型工程项目经理的一项必要性条件，是国家的强制性要求。但选聘哪位建造师担任项目经理，则由企业决定，那是企业行为。小型工程项目的项目经理可以由不是建造师的人员担任。</td></tr>
</table>

中华人民共和国 房屋建筑和市政工程标准施工招标文件 （2010年版） 第四章　第三节　附件一　合同协议书	评注与填写范例
	承包人项目经理姓名、职称、身份证号码、建造师执业资格证书相关信息及安全生产考核合格证书号码均应准确填写在本款内。建议将项目经理的签名式样附后，以免因出现代签等情形时发生争议。 我国《招标投标法》第二十七条第二款规定，招标项目属于建设施工的，投标文件的内容应当包括拟派出的项目负责人与主要技术人员的简历、业绩和拟用于完成招标项目的机械设备等。
八、合同文件的组成 下列文件共同构成合同文件： 1. 本协议书； 2. 中标通知书； 3. 投标函及投标函附录； 4. 专用合同条款； 5. 通用合同条款； 6. 技术标准和要求； 7. 图纸； 8. 已标价工程量清单； 9. 其他合同文件。 上述文件互相补充和解释，如有不明确或不一致之处，以合同约定次序在先者为准。	组成合同文件时通常应考虑三个方面：一是所有合同的组成文件均应有定义；二是减少冗余；三是有利于灵活的合同管理。 本款约定并列举了合同构成文件的范围以及合同构成文件的效力顺序，在《通用合同条款》中对合同构成文件的解释顺序也作了约定。承发包双方可以根据工程的性质和实际情况或合同管理需要，在《专用合同条款》中对于合同构成文件的解释顺序作出调整。
九、本协议书中有关词语定义与合同条款中的定义相同。	本合同条件中《通用合同条款》和《专用合同条款》对关键词语作出的定义，这些被定义的词语在本协议书中出现，含义是相同的。
十、承包人承诺按照合同约定进行施工、竣工、交付并在缺陷责任期内对工程缺陷承担维修责任。	根据我国《合同法》和相关法规的规定，建设工程施工合同承包人在合同履行过程中，应承担以下责任：（1）按照合同约定的日期准时进入施工现场，按期开工。承包人按照合同约定的日期准时进入施工现场，按期开工是确保按时竣工的第一步。承包人应在进入施工现场前做好开工的一切前期工作，如施工方案，原材料、设备的采购、管理、使用，场地的平整，施工必备的水、电、道路的畅通等。（2）接受发包人的监督。发包人在不妨碍承包人正常作业的情况下，可以随时对作业进度、质量进行检查。（3）确保建设工程

中华人民共和国 房屋建筑和市政工程标准施工招标文件 （2010年版） 第四章　第三节　附件一　合同协议书	评注与填写范例
	质量达到合同约定的标准。因施工人的原因致使建设工程质量不符合约定的，发包人有权要求施工人在合理期限内无偿修理或者返工、改建。经过修理或者返工、改建后，造成逾期交付的，施工人应承担违约责任。因承包人的原因致使建设工程在合理使用期内造成人身和财产损害的，承包人应当承担损害赔偿责任。
十一、发包人承诺按照合同约定的条件、期限和方式向承包人支付合同价款。	根据我国《合同法》和相关法规的规定，建设工程施工合同发包人应承担以下责任：（1）做好施工前的一切准备工作，确保建设承包单位准时进入施工现场。发包人未按约定的时间和要求提供原材料、设备、场地、资金、技术资料的，承包人可以顺延工程日期，并要求停工、窝工损失赔偿。（2）向承包人提供符合质量的材料、设备，因提供的材料质量存在瑕疵和提供的设备不符合要求而延误工期，造成质量责任的，应承担责任。（3）对工程质量、进度进行检查。发包人在不妨碍承包人正常作业的情况下，可以随时对作业进度、质量进行检查。（4）组织验收。建设工程竣工后，发包人应及时组织验收。建设工程竣工后，发包人应当根据施工图纸说明书、国家颁发的施工验收规范和质量检验标准进行验收。（5）支付价款，接收工程。（6）交付使用。发包人对承包人完成的建设工程项目，经验收合格，支付价款后应及时交付使用，发挥建设工程效益。鉴于拖欠工程款是当前工程建设中比较突出的问题，为此本款特别强调了发包人应树立良好的履约意识，向承包人承诺履行合同约定的义务，按照合同约定的条件、时间和数额向承包人支付合同价款。
十二、本协议书连同其他合同文件正本一式两份，合同双方各执一份；副本一式______份，其中一份在合同报送建设行政主管部门备案时留存。	根据本款的约定，《协议书》连同其他合同文件正本只能签订两份，但是考虑合同存档和备案的需要，承发包双方应根据工程实际情况分别填写正本和副本的份数以及合同双方各自持有的正本和副本份数，并相应加盖“正本”和“副本”章。另外，承发包双方在签订合同时应对正本、副本各份合同文本的内容进行核对，以确保所有合同文本内容一致。

中华人民共和国 房屋建筑和市政工程标准施工招标文件 （2010 年版） 第四章　第三节　附件一　合同协议书	评注与填写范例
十三、合同未尽事宜，双方另行签订补充协议，但不得背离本协议第八条所约定的合同文件的实质性内容。补充协议是合同文件的组成部分。	我国《招标投标法》第四十六条规定，招标人和中标人应当自中标通知书发出之日起三十日内，按照招标文件和中标人的投标文件订立书面合同。招标和投标人不得再行订立背离合同实质性内容的其他协议。 我国《招标投标法实施条例》第五十七条规定，招标人和中标人应当依照招标投标法和本条例的规定签订书面合同，合同的标的、价款、质量、履行期限等主要条款应当与招标文件和中标人的投标文件的内容一致。招标人和中标人不得再行订立背离合同实质性内容的其他协议。 最高人民法院《关于审理建设工程施工合同纠纷案件适用法律若干问题的解释》第二十一条规定，当事人就同一建设工程另行订立的建设工程施工合同与经过备案的中标合同实质性内容不一致的，应当以备案的中标合同作为结算工程款的根据。 在合同履行过程中，法律并不禁止承发包双方对合同未尽事宜经协商一致后签订补充协议。但是考虑到上述法律规定，理解与适用本款时应当注意补充协议的内容属于技术性条款还是非技术性条款，是否涉及权利义务的变更。要特别注意约定补充协议的效力以及与其他合同文件发生矛盾时的解释顺序和处理方法。
发包人：____（盖单位章）　承包人：____（盖单位章） 法定代表人或其　　　　　　法定代表人或其 委托代理人：________　　委托代理人：________ （签字）　　　　　　　　（签字） ____年____月____日　　____年____月____日 签约地点：__________	合同由承发包双方法定代表人或法定代表人授权委托的代理人签署姓名（注意不应是人名章）并加盖双方单位公章。准确载明委托事项的《授权委托书》应作为合同附件之一予以妥善保存。承发包双方均应避免发生无权代理的法律后果。 合同签约地点，指合同双方签字盖章的地点。在此应填写合同签订所在省（自治区、直辖市、特别行政区）、市、区（县）等信息。最高人民法院《关于审理建设工程施工合同纠纷案件适用法律问题的解释》第二十四条规定了建设工程施工合同纠纷以“施工行为地”为合同履行地，明确了建设工程施工合同纠纷案件不适用专属管辖，而

中华人民共和国 房屋建筑和市政工程标准施工招标文件 （2010 年版） 第四章　第三节　附件一　合同协议书	评注与填写范例
	应当按照《民事诉讼法》第二十四条规定适用合同纠纷的一般地域管辖原则管辖。合同当事人如果选择诉讼作为解决争议方式，还可以进一步约定在合同履行地、合同签订地、标的物所在地、原告住所地、被告住所地人民法院管辖。因此，当承发包双方准备在本合同的《专用合同条款》中约定发生纠纷时选择由合同签订地法院管辖时，在此填写的合同签约地点就显得尤为重要。

备　注

备　注

中华人民共和国
房屋建筑和市政工程
标准施工招标文件（2010年版）

适用于一定规模以上且设计和施工不是由同一承包人承担的房屋建筑和市政工程

《通用合同条款》评注

第1条　一般约定，通用合同条款评注

中华人民共和国 房屋建筑和市政工程标准施工招标文件 （2010年版） 第四章　第一节　通用合同条款	评　注
1.1　词语定义 通用合同条款、专用合同条款中的下列词语应具有本款所赋予的含义。	1.1款对六个部分项下四十二个关键术语作出了定义，以避免承发包双方解释合同条款时产生争议。 “词语定义”中的术语通常是合同中使用的关键术语，为了避免用词和含义产生歧义，在使用这些术语前通常对其含义予以明确。 在此应注意，除非承发包双方在《专用合同条款》中另有约定，被定义的词语在合同中的定义是相同的，即本款所赋予的含义。如果合同双方需要对除此之外的其他词语进行定义，可以在《专用合同条款》中进一步约定。
1.1.1　合同	1.1.1款是与合同文件相关的内容，通过这些定义可以了解合同的各个组成部分及每个术语的含义。
1.1.1.1　合同文件（或称合同）：指合同协议书、中标通知书、投标函及投标函附录、专用合同条款、通用合同条款、技术标准和要求、图纸、已标价工程量清单，以及其他合同文件。	1.1.1.1款实际是全部合同文件的总称，它包括定义中所明确的全部合同文件。 为方便理解与管理，可以将组成合同的文件分为三个类别的信息：（1）集成信息，通常包括《合同协议书》、《中标通知书》及《投标函》等；（2）非技术信息（即“权利义务信息”），通常包括《投标函附录》、《专用合同条款》及《通用合同条款》等；（3）技术信息，通常包括技术标准和要求、图纸、工程量价格清单等。排序时通常是集成信息类文件位置在前，其次是权利义务类信息，最后是技术类信息。组成合同文件的位置不同优先解释顺序也不相同。
1.1.1.2　合同协议书：指第1.5款所指的合同协议书。	1.1.1.2款中的“合同协议书”即承包人按中标通知书规定的时间与发包人签订的合同协议书。包括了合同签订主体、主要条款、生效时间等内容。
1.1.1.3　中标通知书：指发包人通知承包人中标的函件。	1.1.1.3款的“中标通知书”是指发包人向承包人发出的中标结果通知书，必须经过签章确认。

中华人民共和国 房屋建筑和市政工程标准施工招标文件 （2010年版） 第四章　第一节　通用合同条款	评　注
	我国《招标投标法》规定，中标人确定后，招标人应当向中标人发出“中标通知书”，并同时将中标结果通知所有未中标的投标人。中标通知书对招标人和中标人具有法律效力。
1.1.1.4　投标函：指构成合同文件组成部分的由承包人填写并签署的投标函。	1.1.1.4款的“投标函”是指承包人的报价函。投标函作为投标书的一部分，通常是发包人将投标函的格式事先拟订好，并包括在招标文件中，由承包人填写并签章确认。
1.1.1.5　投标函附录：指附在投标函后构成合同文件的投标函附录。	1.1.1.5款中的“投标函附录”，是附在投标函后面并构成投标函一部分的附属文件之一，主要填写响应招标文件中规定的实质性要求和条件的内容，并给出在合同条件中相对应的条款序号。 通常一个有经验的承包人从发包人给出的数据，基本上可以判断提出的条件是否苛刻，资金是否充裕。《投标函附录》是承包人在投标时应仔细研究的重要文件之一。
1.1.1.6　技术标准和要求：指构成合同文件组成部分的名为技术标准和要求的文件，包括合同双方当事人约定对其所作的修改或补充。	1.1.1.6款中的“技术标准和要求”包括了双方对招标人列明的技术标准和要求的修改或补充。应根据项目具体特点和实际需要进行编制，并与工程量清单、图纸等文件衔接。
1.1.1.7　图纸：指包含在合同中的工程图纸，以及由发包人按合同约定提供的任何补充和修改的图纸，包括配套的说明。	1.1.1.7款中的“图纸”是承包人进行工程施工的基础，注意本款将任何补充和修改的图纸一并纳入了定义范围。
1.1.1.8　已标价工程量清单：指构成合同文件组成部分的由承包人按照规定的格式和要求填写并标明价格的工程量清单。	1.1.1.8款中的“已标价工程量清单”也是合同文件的组成部分。《建设工程工程量清单计价规范》GB 50500—2008（以下简称“08规范”）规定全部使用国有资金投资或国有资金投资为主的工程建设项目，不分工程建设项目规模，均必须采用工程量清单计价。对于非国有资金投资的工程建设项目，是否采用工程量清单方式由项目业主自主确定；当确定采用工程量清单计价时，则应执行“08规范”。

中华人民共和国 房屋建筑和市政工程标准施工招标文件 （2010年版） 第四章　第一节　通用合同条款	评　注
1.1.1.9　其他合同文件：指经合同双方当事人确认构成合同文件的其他文件。	1.1.1.9款中的“其他合同文件”是经承发包双方签章确认的其他合同文件，可以在《专用合同条款》中进一步明确。对“其他合同文件”进行定义，主要目的是为了满足不同行业、不同项目的实际和合同管理需要所作的约定。根据此定义，构成“其他合同文件”必须经承发包双方确认。
1.1.2　合同当事人和人员 **1.1.2.1　合同当事人**：指发包人和（或）承包人。	1.1.2款中的“合同当事人和人员”定义的是合同双方以及参与工程项目的其他重要人员。合同双方之间的相互信赖，参与工程人员之间的合作与团队精神，是项目取得成功的重要基础保证。 1.1.2.1款中的“合同当事人”强调了仅包括发包人、承包人，监理人不是合同的当事人。本款强调了合同的相对性。根据我国相关法律规定和法理，合同是平等主体的自然人、法人、其他组织之间设立、变更、终止民事权利义务关系的协议。作为一种民事法律关系，合同关系不同于其他民事法律关系的重要特点就是在于合同关系的相对性，即“合同相对性”。合同相对性是指合同仅于合同当事人之间发生法律效力，合同当事人不得约定涉及第三人利益的事项并在合同中设定第三人的权利义务，否则该约定无效。尽管合同相对性规则极为丰富和复杂，且广泛体现在合同中的各项制度之中，但是根据有关合同相对性的通说加以概括，合同相对性无非包含如下三个方面的内容：（1）合同主体的相对性。是指合同关系只能发生在特定的主体之间，只有合同当事人一方能够向合同的另一方当事人基于合同提出请求或者诉讼。（2）合同内容的相对性。是指除法律、合同另有规定以外，只有合同当事人才能享有某个合同所规定的权利，并承担该合同规定的义务，除合同当事人以外的任何第三人不能主张合同上的权利。在双务合同中，合同内容的相对性还表现在一方的权利就是另一方的义务。（3）违约责任的相对性。是指违约责任只能在特定的当事人之间即合同关系的当事人之间发生，合同关系以外的人不负违约责任，合同当事人也不对其承

中华人民共和国 房屋建筑和市政工程标准施工招标文件 （2010年版） 第四章　第一节　通用合同条款	评　　注
	担违约责任。合同相对性是合同规则和制度赖以建立的基础和前提，也是世界各国合同立法和司法所必须依据的一项重要规则。本合同作为典型的两方当事人的双务合同，当事人应特别注意区分并协调监理人“基于法律规定赋予的权利”和“基于发包人授权赋予的权利”，否则将会导致在监理人和发包人的权限分配中存在突破合同相对性的情形，可能容易引发承发包双方甚至是发包人和监理人之间的争议。
1.1.2.2　发包人：指专用合同条款中指明并与承包人在合同协议书中签字的当事人。	1.1.2.2款中的“发包人”、1.1.2.3款中的“承包人”，均是仅将签约行为作为判断承发包双方的依据。
1.1.2.3　承包人：指与发包人签订合同协议书的当事人。	
1.1.2.4　承包人项目经理：指承包人派驻施工场地的全权负责人。	1.1.2.4款中的“承包人项目经理”，是承包人承建工程的全权负责人，根据承包人法定代表人的授权，对工程项目自开工准备至竣工验收实施全面的组织管理。
1.1.2.5　分包人：指从承包人处分包合同中某一部分工程，并与其签订分包合同的分包人。	1.1.2.5款中的“分包人”指的是与承包人签订分包合同的分包人，包括专业分包人和劳务分包人。分包人是从承包人处分包某一部分工程的当事人，一般指非主体、非关键性工程施工或劳务作业方面承接工程的当事人。
1.1.2.6　监理人：指在专用合同条款中指明的，受发包人委托对合同履行实施管理的法人或其他组织。	1.1.2.6款中的“监理人”是受发包人委托的法人或其他组织，不是自然人。我国法律规定下列工程必须实行监理：国家重点建设工程；大中型公用事业工程；成片开发的住宅小区工程；利用外国政府或者国际组织贷款、援助资金的工程；国家规定必须实行监理的其他工程。所谓大中型公用事业工程是指项目总投资3000万元以上的市政项目、科教文化项目，体育旅游商业项目，卫生社会福利项目等。住宅项目是指5万平方米以上的小区，高层住宅和结构复杂的多层住宅也必须监理。只有属于强制监理范围的才应当委托具有相应资质的监理单位提供监理服务。

<table>
<tr><th>中华人民共和国
房屋建筑和市政工程标准施工招标文件
（2010年版）
第四章　第一节　通用合同条款</th><th>评　注</th></tr>
<tr><td></td><td>本合同条款突出了监理人的地位，更加体现了监理人的重要性，旨在建立以监理人为主的合同管理模式。
承发包双方应注意，为规范建设工程监理活动，维护建设工程监理合同当事人的合法权益，住房和城乡建设部、国家工商行政管理总局对《建设工程委托监理合同（示范文本）》（GF—2000—2002）进行了修订，制定了《建设工程监理合同（示范文本）》（GF—2012—0202），于2012年3月27日颁布并执行，原《建设工程委托监理合同（示范文本）》（GF—2000—2002）同时废止。</td></tr>
<tr><td>1.1.2.7　总监理工程师（总监）：指由监理人委派常驻施工场地对合同履行实施管理的全权负责人。</td><td>1.1.2.7款中的“总监理工程师”可以简称为“总监”。应注意定义中强调了“常驻施工场地”，以确保全面实施对工程的管理。总监理工程师是监理人委托的具有工程管理经验的全权负责人，主要承担以下职责：（1）确定项目监理机构人员的分工和岗位职责；（2）主持编写项目监理规划，审批项目监理实施细则，负责管理项目监理机构的日常工作；（3）审查分包单位的资质，给业主及总包单位提出审查意见；（4）检查和监督监理人员的工作，根据工程项目的进展情况进行人员调配，并在实施监理工作过程中，对不称职的监理人员进行调换；（5）主持监理工作会议（包括监理例会），签发项目监理机构的文件和指令；（6）审查承包单位提交的开工报告、施工组织设计、技术方案、进度计划；（7）审查签署承包单位的申请、支付证书和竣工结算；（8）审查和处理工程变更；（9）主持或参与工程质量事故的调查；（10）调解建设单位与承包单位的合同争议、处理索赔、审查工程延期；（11）组织编写并签发监理月报、监理工作阶段报告、专题报告和项目监理工作总结；（12）审查签认分部工程和单位工程的质量检验评定资料，审查承包单位的竣工申请，组织监理人员对待验收的工程项目进行质量检查，参与工程项目的竣工验收；（13）主持整理工程项目的监理资料。</td></tr>
</table>

中华人民共和国 房屋建筑和市政工程标准施工招标文件 （2010年版） 第四章　第一节　通用合同条款	评　注
	根据《建设工程监理规范》中的规定，总监理工程师应当是取得国家监理工程师执业资格证书并经注册，同时还应具有三年以上同类工程监理工作经验。
1.1.3　工程和设备	1.1.3款中的“工程和设备”部分的定义应理解为满足施工所必需。
1.1.3.1　工程：指永久工程和（或）临时工程。	1.1.3.1款“工程”中的“和（或）”需结合上下文进行理解，是指永久工程和临时工程、永久工程或临时工程。
1.1.3.2　永久工程：指按合同约定建造并移交给发包人的工程，包括工程设备。	1.1.3.2款中的“永久工程”是最终承包人根据合同约定承建的包括工程设备在内整套永久设施，在竣工后移交给发包人的工程。
1.1.3.3　临时工程：指为完成合同约定的永久工程所修建的各类临时性工程，不包括施工设备。	临时工程是指工程项目在建设期限内，为保证正式工程的正常施工而必须兴建的单独编制设计的单项临时工程，如构件预制场，临时供水、供电、道路、通信工程等。1.1.3.3款中的“临时工程”是指为现场施工所做的各类临时工程。合同一般约定，在工程竣工后，临时工程必须全部拆除，但有时发包人会要求承包人保留一些临时工程，以便在工程运行时利用。 对“永久工程”、“临时工程”进行定义的主要目的在于：“永久工程”是合同条款的标的物且为承包人最终交付发包人的成果；而“临时工程”作为交付最终成果的必需物质条件仅是计价的依据。对两者进行区分，有利于工程变更、结算、交付及风险分配等多方面事宜进行明确的界定。
1.1.3.4　单位工程：指专用合同条款中指明特定范围的永久工程。	1.1.3.4款中的“单位工程”是相对独立的永久工程部分。工程的中间验收、竣工验收及缺陷责任期等部分均涉及单位工程。
1.1.3.5　工程设备：指构成或计划构成永久工程一部分的机电设备、金属结构设备、仪器装置及其他类似的设备和装置。	1.1.3.5款中的“工程设备”是指用在工程建设过程当中经过采购（有时需要经过安装）具有某种使用价值的设备，是构成工程实体的设备，是

中华人民共和国 房屋建筑和市政工程标准施工招标文件 （2010年版） 第四章　第一节　通用合同条款	评　　注
	建设工程的组成部分之一，如各类生产设备。其设备原值经过建设，可直接进入企业的固定资产。
1.1.3.6　施工设备：指为完成合同约定的各项工作所需的设备、器具和其他物品，不包括临时工程和材料。	1.1.3.6款中的“施工设备”不同于1.1.3.5款中的“工程设备”。“施工设备”一般是指施工过程当中使用的，用于施工生产的设备，即“工具性”的设备。这类设备的价值是经过多次使用，其设备原值通过折旧费或摊销费等形式体现在新产品当中的。一般也叫施工机械。
1.1.3.7　临时设施：指为完成合同约定的各项工作所服务的临时性生产和生活设施。	1.1.3.7款中的“临时设施”，是指为完成工程所服务的临时设施，合同一般约定在工程竣工后全部拆除或撤离。
1.1.3.8　承包人设备：指承包人自带的施工设备。	1.1.3.8款中的“承包人设备”通常在招标文件中以投标文件格式给出表格，由投标人填写拟投入工程某标段的主要施工设备。从逻辑关系和范围界定的角度来说，1.1.3.6款中的“施工设备”的外延也大于1.1.3.8款中的“承包人设备”，后者不包括为完成合同约定的各项工作所需的器具和其他物品。
1.1.3.9　施工场地（或称工地、现场）：指用于合同工程施工的场所，以及在合同中指定作为施工场地组成部分的其他场所，包括永久占地和临时占地。	1.1.3.9款中的“施工场地”是为满足承包工程施工使用所必需的场所，应由发包人提供。为保证承包工程施工正常进行，承发包双方应在图纸中指定或在专用条款中详细约定施工场地的具体范围及不同场地在施工中的用途。如涉及到场地租用或征地的手续，应由发包人负责办理。 及时向承包人提供施工场地是工程顺利开工的前提，发包人应在约定的时间内提供施工场地。需要注意的是，施工场地包括永久占地和临时占地，临时占地在不同的项目中对费用的承担和提供的时间上存在差异，承发包双方可在《专用合同条款》中另行约定。
1.1.3.10　永久占地：指专用合同条款中指明为实施合同工程需永久占用的土地。	1.1.3.10款中“永久占地”的具体范围应在《专用合同条款》中进一步明确约定。

中华人民共和国 房屋建筑和市政工程标准施工招标文件 （2010 年版） 第四章　第一节　通用合同条款	评　注
1.1.3.11　临时占地：指专用合同条款中指明为实施合同工程需临时占用的土地。	1.1.3.11 款“临时占地”的具体范围，应在《专用合同条款》中进一步明确约定。
1.1.4　日期	1.1.4 款“日期”是与合同工期和竣工相关的定义。
1.1.4.1　开工通知：指监理人按第 11.1 款通知承包人开工的函件。	根据 1.1.4.1 款中“开工通知”的约定，监理人在开工日期 7 天前向承包人发出开工的通知。“开工通知”与“开工日期”有区别但相联系，合同条款分别进行约定更加符合工程施工的实际情况。
1.1.4.2　开工日期：指监理人按第 11.1 款发出的开工通知中写明的开工日期。	1.1.4.2 款中的“开工日期”是一个十分重要的日期，是计算工期的起始点。为避免开工日期的争议，监理人必须通知开始工作日期，并且工期从通知的开始工作日期起算，避免承发包双方为此发生争议。
1.1.4.3　工期：指承包人在投标函中承诺的完成合同工程所需的期限，包括按第 11.3 款、第 11.4 款和第 11.6 款约定所作的变更。	1.1.4.3 款中的“工期”是指合同工期，是承包人在投标函中承诺的从工程开工到工程竣工所需的时间。工期是总日历天数，包括双休日和法定节假日。在履行合同过程中，由于发包人的下列原因造成工期延误的，承包人有权要求发包人延长工期和（或）增加费用，并支付合理利润：（1）增加合同工作内容；（2）改变合同中任何一项工作的质量要求或其他特性；（3）发包人迟延提供材料、工程设备或变更交货地点；（4）因发包人原因导致的暂停施工；（5）提供图纸延误；（6）未按合同约定及时支付预付款、进度款；（7）发包人造成工期延误的其他原因。由于出现专用合同条款约定的异常恶劣气候导致工期延误的，承包人有权要求发包人延长工期。 本款关于“工期”定义明确了协议约定之外的变更和索赔调整的工期包括在内，更加符合工程施工实际情况。 合同工期应与建设工程施工合同履行期限相区分，合同履行期限是从合同生效到合同权利义务终止的时间，包括开工前的准备阶段及竣工结算时间和保修期。

中华人民共和国 房屋建筑和市政工程标准施工招标文件 （2010 年版） 第四章　第一节　通用合同条款	评　注
	承发包双方约定的合同工期是否合理，会影响承包工程质量的好坏，因此不能盲目压缩工期，赶进度，应按进度计划实施，保证工程质量。承包人应按照合同约定和开工日期通知的开始工作日期准时开工，按时竣工。
1.1.4.4　竣工日期：指第 1.1.4.3 目约定工期届满时的日期。实际竣工日期以工程接收证书中写明的日期为准。	1.1.4.4 款中的“竣工日期”是验证合同是否如期履行的重要依据，同时也是计算工期顺延和工期提前的依据。
1.1.4.5　缺陷责任期：指履行第 19.2 款约定的缺陷责任的期限，具体期限由专用合同条款约定，包括根据第 19.3 款约定所作的延长。	1.1.4.5 款中的“缺陷”是指建设工程质量不符合工程建设强制性标准、设计文件，以及承包合同的约定。 当事人可协商确定缺陷责任期，法律没有作强制性约定；并且可以约定期限的延长，但缺陷责任期的延长不得超过两年。《建设工程质量保证金管理暂行办法》第二条规定，缺陷责任期一般为六个月、十二个月或二十四个月，具体可由发、承包双方在合同中约定。 缺陷责任期内，由承包人原因造成的缺陷，承包人应负责维修，并承担鉴定及维修费用。如承包人不维修也不承担费用，发包人可按合同约定扣除保证金，并由承包人承担违约责任。承包人维修并承担相应费用后，不免除对工程的一般损失赔偿责任。 由他人原因造成的缺陷，发包人负责组织维修，承包人不承担费用，且发包人不得从保证金中扣除费用。
1.1.4.6　基准日期：指投标截止时间前 28 天的日期。	1.1.4.6 款指定了本合同的“基准日期”。明确一个合同“基准日期”的意义在于，如果在基准日期以后，能够影响承包人履行其合同义务的法律法规发生变更导致费用的增加或竣工时间的延长，则承包人有权要求监理人按照约定对合同作出相应调整。
1.1.4.7　天：除特别指明外，指日历天。合同中按天计算时间的，开始当天不计入，从次日开始计算。期限最后一天的截止时间为当天 24：00。	根据 1.1.4.7 款的约定，本合同中按“天”计算时间时，开始当天不计入，从下一天开始计算。例如，监理人在收到承包人进度付款申请单以

中华人民共和国 房屋建筑和市政工程标准施工招标文件 （2010年版） 第四章　第一节　通用合同条款	评　注
	及相应的支持性证明文件后的14天内完成核查。若监理人收到进度付款申请单是在6月1日，则6月1日不计算在期限内，而从6月2日开始计算14天。其中的休息日不扣除，但如果最后一天是休息日或法定节假日，则以恢复工作日后的第一天作为期间届满的日期。 承包人可将双方涉及的期间以列表的形式加以管理，特别是涉及默示认可的期间要特别予以注明。
1.1.5　合同价格和费用	1.1.5款以下的定义均为涉及合同价格与费用方面的定义，作为承发包双方共同最为关注的条款之一，应特别注意这些术语的确切含义，以避免产生争议。
1.1.5.1　签约合同价：指签订合同时合同协议书中写明的，包括了暂列金额、暂估价的合同总金额。	1.1.5.1款“签约合同价”，将其与“合同价格”相区别。 “签约合同价”指合同协议书约定的价格。
1.1.5.2　合同价格：指承包人按合同约定完成了包括缺陷责任期内的全部承包工作后，发包人应付给承包人的金额，包括在履行合同过程中按合同约定进行的变更和调整。	1.1.5.2款中的“合同价格”是指承包人按合同约定完成了包括缺陷责任期内的全部承包工作且在履行合同过程中按合同约定对签约合同价格进行变更和调整后，发包人应付给承包人款项的金额。包括：签约合同价格+履行合同过程中的变更及调整引起的价款增减+发包人应当支付的其他金额，是一个“动态”价格，是工程全部完成后的竣工结算价。
1.1.5.3　费用：指为履行合同所发生的或将要发生的所有合理开支，包括管理费和应分摊的其他费用，但不包括利润。	1.1.5.3款中关于“费用”的约定明确了不包括利润在内，对“费用”与“利润”作了较为明确的区分。在合同条款中，有些条款可以索赔费用但不能索赔利润，有些条款则规定两者兼可。承发包双方均应注意将此“费用”定义与相关的费用索赔条款联系适用。
1.1.5.4　暂列金额：指已标价工程量清单中所列的暂列金额，用于在签订协议书时尚未确定或不可预见变更的施工及其所需材料、工程设备、服务等的金额，包括以计日工方式支付的金额。	1.1.5.4款中的“暂列金额”在施工实践中应用很广泛，且均为工程量清单计价所必需。暂列金额主要用于支付在签订合同协议书时尚未确定的工作或合同执行过程中不可预见的地质或物质条件、设计变更等造成的合同变更的价款支付。

中华人民共和国 房屋建筑和市政工程标准施工招标文件 （2010年版） 第四章　第一节　通用合同条款	评　注
1.1.5.5 暂估价：指发包人在工程量清单中给定的用于支付必然发生但暂时不能确定价格的材料、设备以及专业工程的金额。	1.1.5.5款中的“暂估价”是招标文件在工程量清单中提供的用于支付必然发生但暂时不能确定的材料的单价以及专业工程的金额。暂估价的提出对在施工招标阶段中一些无法确定价格的材料、设备或专业工程提出了具有操作性的解决办法，可以平衡承发包双方之间的合法权益。
1.1.5.6　计日工：指对零星工作采取的一种计价方式，按合同中的计日工子目及其单价计价付款。	1.1.5.6款中“计日工”适用的“零星工作”一般是指合同约定之外的或者因变更而产生的、工程量清单中没有相应项目的额外工作，尤其是那些在一定时间内不允许事先商定价格的额外工作。计日工为额外工作和变更的计价提供了一个方便快捷的途径。
1.1.5.7　质量保证金（或称保留金）：指按第17.4.1项约定用于保证在缺陷责任期内履行缺陷修复义务的金额。	1.1.5.7款中的“质量保证金”在实践中也被称作“保证金”、“质保金”、“保留金”、“保修金”等，是指发包人与承包人在建设工程承包合同中约定，从应付的工程款中预留，用以保证承包人在缺陷责任期内对建设工程出现的缺陷进行维修的资金。 监理人应从第一个付款周期开始，在发包人的进度付款中，按《专用合同条款》的约定扣留质量保证金，直至扣留的质量保证金总额达到《专用合同条款》约定的金额或比例为止。 在《专用合同条款》约定的缺陷责任期满时，承包人向发包人申请到期应返还承包人剩余的质量保证金金额，发包人应在14天内会同承包人按照合同约定的内容核实承包人是否完成缺陷责任，并将无异议的剩余质量保证金返还承包人。 发包人应当与承包人在合同条款中对涉及保证金的下列事项进行明确约定：（1）保证金预留、返还方式；（2）保证金预留比例、期限；（3）保证金是否计付利息，如计付利息，利息的计算方式；（4）缺陷责任期的期限及计算方式；（5）保证金预留、返还及工程维修质量、费用等争议的处理程序；（6）缺陷责任期内出现缺陷的索赔方式。

中华人民共和国 房屋建筑和市政工程标准施工招标文件 （2010年版） 第四章　第一节　通用合同条款	评　注
1.1.6　其他	
1.1.6.1　书面形式：指合同文件、信函、电报、传真等可以有形地表现所载内容的形式。	1.1.6.1款约定“书面形式”的目的在于保证合同双方在项目实施过程中交流畅通，以避免信息互换中的混乱。本款约定也与我国《合同法》第十一条关于“书面形式”的规定一致：“书面形式是指合同书、信件和数据电文（包括电报、电传、传真、电子数据交换和电子邮件）等可以有形地表现所载内容的形式。” 但《合同法》第三十六条规定：“法律、行政法规规定或者当事人约定采用书面形式订立合同，当事人未采用书面形式但一方已经履行主要义务，对方接受的，该合同成立。”
1.2　语言文字 除专用术语外，合同使用的语言文字为中文。必要时专用术语应附有中文注释。	1.2款是关于合同文件使用语言文字的约定。 汉语为我国的通用语言和官方语言。因此，本款明确合同使用的语言文字为中文，确定了“汉语优先原则”。 当事人对合同条款的理解有争议的，应当按照合同所使用的词句、合同的有关条款、合同的目的、交易习惯以及诚实信用原则，确定该条款的真实意思。 合同文本中涉及专业术语采用两种以上文字时，如果发生外文与中文注释使用的词句理解不一致的情况，应当根据合同的目的予以解释。
1.3　法律 适用于合同的法律包括中华人民共和国法律、行政法规、部门规章，以及工程所在地的地方法规、自治条例、单行条例和地方政府规章。	1.3款是适用于合同的“法律”范围约定。 当事人订立、履行合同，应当遵守法律、行政法规。合同双方在签订、履行合同过程中，不得违反法律和行政法规的规定。在我国适用于合同的法律应作广义的理解，包括中华人民共和国法律、行政法规、中央军事委员会的规范性文件、部门规章，以及工程所在地的地方法规、自治条例（包括民族自治地方的自治条例和单行条例）、单行条例和地方政府规章。 本款将部门规章、工程所在地的地方法规、自治条例、单行条例和地方政府规章一并纳入了合同适用范围。在实践过程中，很多部门规章、地方政府规章有特殊约定，可能产生合同条款与之

中华人民共和国 房屋建筑和市政工程标准施工招标文件 （2010年版） 第四章　第一节　通用合同条款	评　　注
	相冲突的情形，承发包双方在订立合同时应当予以注意，以防止导致对合同条款效力的争议。 本款定义的“法律”不包括地方政府文件，根据我国《立法法》的规定，我国法律层级效力为：法律—行政法规—地方性法规—部门规章—地方政府规章。
1.4　合同文件的优先顺序 组成合同的各项文件应互相解释，互为说明。除专用合同条款另有约定外，解释合同文件的优先顺序如下： （1）合同协议书； （2）中标通知书； （3）投标函及投标函附录； （4）专用合同条款； （5）通用合同条款； （6）技术标准和要求； （7）图纸； （8）已标价工程量清单； （9）其他合同文件。	1.4款是关于合同文件优先解释顺序的约定。 由于合同文件形成的时间比较长，参与编制的人数众多，客观上不可避免地会在合同各文件之间出现不一致甚至矛盾的内容。为解决争议，此时应按照本款列明的优先顺序进行解释。 如果发生合同文件内容不一致的情形，则需要明确以哪个文件内容为准。合同文件的解释顺序实际上就是解决合同文件的相互效力问题，通常时间在后的优于时间在前的，但有时会发生合同文件的地位不同以及无法确定订立时间的情形时，约定合同文件的解释顺序就显得尤为重要。 本款约定了在合同构成文件产生矛盾时的处理方法：即《合同协议书》优先于《中标通知书》；《中标通知书》优先于《投标函》及《投标函附录》；《投标函》及《投标函附录》优先于《专用合同条款》；《专用合同条款》优先于《通用合同条款》；《通用合同条款》优先于技术标准和要求；技术标准和要求优先于图纸；图纸优先于已标价工程量清单；已标价工程量清单优先于其他合同文件。 本款为合同双方提供了合同文件的优先解释顺序示例，合同双方仍然可根据合同管理需要在《专用合同条款》中对合同文件的优先顺序进行调整，但不得违反有关法律的规定。 另外，建议承发包双方在《专用合同条款》中对“其他合同文件”的具体组成作进一步明确。承包人在建设工程施工的整个过程中特别是在工程施工后期要非常慎重地对待与发包人签署的任何其他合同文件，谨防因疏忽或专业法律知识的欠缺造成签署的文件出现与早期文件相悖的不利于自身的内容，使承包人原先已争取到的有利条件丧失殆尽。

中华人民共和国 房屋建筑和市政工程标准施工招标文件 （2010年版） 第四章　第一节　通用合同条款	评　　注
1.5　合同协议书 承包人按中标通知书规定的时间与发包人签订合同协议书。除法律另有规定或合同另有约定外，发包人和承包人的法定代表人或其委托代理人在合同协议书上签字并盖单位章后，合同生效。	1.5款是关于合同协议书及合同生效的约定。 招标人和中标人应当依法签订书面合同，合同的标的、价款、质量、履行期限等主要条款应当与招标文件和中标人的投标文件的内容一致。招标人和中标人不得再行订立背离合同实质性内容的其他协议，否则应当承担相应法律责任。 根据本款约定，除法律另有规定或合同另有约定外，合同通常在发包人和承包人的法定代表人或其委托代理人在合同协议书上签字并加盖单位公章后生效。法律、行政法规规定合同应当办理批准、登记等手续生效的，依照其规定。当事人对合同的效力可以约定附条件。附生效条件的合同，自条件成就时生效。当事人对合同的效力可以约定附期限，附生效期限的合同，自期限届至时生效。 承发包双方均应注意查验对方委托代理人所持有的《授权委托书》。
1.6　图纸和承包人文件	1.6款是关于承发包双方提供文件的程序及照管义务的约定。 建设工程项目通常会涉及大量合同文件和施工文件，因此必须进行有效管理。
1.6.1　图纸的提供 除专用合同条款另有约定外，图纸应在合理的期限内按照合同约定的数量提供给承包人。由于发包人未按时提供图纸造成工期延误的，按第11.3款的约定办理。	1.6.1款是关于发包人提供图纸的程序及未按时提供的责任承担约定。 承包人实施工程项目需要大量的基础数据和资料，其中很多都应由发包人提供，包括项目现场的地质、水文和环境资料及与项目实施有关的其他资料。发包人应按约定及时提供给承包人。发包人未按约定履行此义务，应承担相应的责任。
1.6.2　承包人提供的文件 按专用合同条款约定由承包人提供的文件，包括部分工程的大样图、加工图等，承包人应按约定的数量和期限报送监理人。监理人应在专用合同条款约定的期限内批复。	1.6.2款是关于承包人提供文件的程序约定。 该款对承包人文件所包含的范围进行了界定，承包人应按约定及时提供给监理人。需要监理人批复的文件也应按约定及时批复。承包人、监理人未按约定履行此义务，应承担相应的责任。

中华人民共和国 房屋建筑和市政工程标准施工招标文件 （2010年版） 第四章　第一节　通用合同条款	评　注
1.6.3　图纸的修改 图纸需要修改和补充的，应由监理人取得发包人同意后，在该工程或工程相应部位施工前的合理期限内签发图纸修改图给承包人，具体签发期限在专用合同条款中约定。承包人应按修改后的图纸施工。	1.6.3款是关于图纸修改的程序约定。 承包人没有修改图纸的权利，承包人应按照监理人签发的经发包人同意修改后的图纸施工。 监理人签发图纸修改图的合理期限，承发包双方应在《专用合同条款》中进一步明确。
1.6.4　图纸的错误 承包人发现发包人提供的图纸存在明显错误或疏忽，应及时通知监理人。	1.6.4款是关于承包人“通知错误或疏忽”义务的约定。 本款约定的目的是尽可能避免施工中发生技术方面的问题，亦是为了达到有效管理而约定的操作程序。
1.6.5　图纸和承包人文件的保管 监理人和承包人均应在施工场地各保存一套完整的包含第1.6.1项、第1.6.2项、第1.6.3项约定内容的图纸和承包人文件。	1.6.5款是关于图纸及承包人文件保管义务的约定。 考虑到监理人是工程的监督管理者，承包人是工程的实施者，本款约定了监理人和承包人对图纸和文件各自的保管义务。
1.7　联络	1.7款顺畅的联络能保证双方项目实施过程的交流畅通。
1.7.1　与合同有关的通知、批准、证明、证书、指示、要求、请求、同意、意见、确定和决定等，均应采用书面形式。	1.7.1款由于建设工程涉及标的额大、合同履行周期长、合同内容复杂、合同履行专业化程度高等的特点，本款明确约定与合同有关的所有通知、批准、意见、决定等均应采用书面形式。
1.7.2　第1.7.1项中的通知、批准、证明、证书、指示、要求、请求、同意、意见、确定和决定等来往函件，均应在合同约定的期限内送达指定地点和接收人，并办理签收手续。	1.7.2款是关于来往函件送达形式的约定。 在合同履行过程中，双方往往会对工程变更或索赔事项以签证的形式加以确定，而签证往往又是通过往来函件来体现的，因此为了要证明自己已表示了自己权利的主张，不仅要证明自己在合同约定的期限内，以书面形式向对方送出了权利主张，且更重要的、更具有现实意义的是要证明自己在合同约定的期限内向对方主张的权利意思表示，在约定的期限内对方已经收到。本款约定在合同约定的期限内，送到指定的地点、指定的接收人并办理签收手续。

中华人民共和国 房屋建筑和市政工程标准施工招标文件 （2010年版） 第四章 第一节 通用合同条款	评 注
	关于送达的方式，可参照我国《民事诉讼法》规定的六种方式，即直接送达、留置送达、委托送达、邮寄送达、转交送达、公告送达。在实践中应用的比较多的是直接送达和邮寄送达，但在应用直接送达时，应注意送达人不仅要取得曾经送达的证据，且要取得曾经对方收到过的证据。在应用邮寄送达时，必须写明邮寄的内容，对于特别重要的文件最好采用公证加挂号邮寄的办法进行邮寄送达。
1.8 转让 除合同另有约定外，未经对方当事人同意，一方当事人不得将合同权利全部或部分转让给第三人，也不得全部或部分转移合同义务。	1.8款是关于合同权利义务不得转让的约定。 当事人在订立合同时可以对权利的转让作出特别的约定，禁止债权人将权利转让给第三人。这种约定只要是当事人真实意思表示，同时不违反法律禁止性规定，那么对当事人就有法律的效力。 本款与我国《合同法》第七十九条规定相同。该条规定，债权人可以将合同的权利全部或者部分转让给第三人，但有下列情形之一的除外：（一）根据合同性质不得转让；（二）按照当事人约定不得转让；（三）依照法律规定不得转让。
1.9 严禁贿赂 合同双方当事人不得以贿赂或变相贿赂的方式，谋取不当利益或损害对方权益。因贿赂造成对方损失的，行为人应赔偿损失，并承担相应的法律责任。	1.9款是关于合同双方当事人的禁止性约定。 在工程招投标阶段以及合同执行过程中，如果采用行贿、送礼或其他不正当手段企图获取不正当利益，则其应当对上述行为造成的工程损害、合同相对方的经济损失等承担一切责任，并予以赔偿。因此承发包双方均应采取合理措施，防止本单位人员采用上述行为获取不正当利益。
1.10 化石、文物	1.10款是关于在施工场地发现化石、文物时承包人、发包人以及监理人各方权利义务的约定。
1.10.1 在施工场地发掘的所有文物、古迹以及具有地质研究或考古价值的其他遗迹、化石、钱币或物品属于国家所有。一旦发现上述文物，承包人应采取有效合理的保护措施，防止任何人员移动或损坏上述物品，并立即报告当地文物行政部门，同时通知监理人。发包人、监理人和承包人应按文物行政部门要求采取妥善保护措施，由此导致费用增加和（或）工期延误由发包人承担。	1.10.1款约定“承包人作为信息披露的义务人”即在施工过程中发现化石、文物时，明确承包人报告的“时间”和“报告对象”，约定立即报告当地文物行政部门，报告的同时通知监理工程师。由发包人承担因发现文物而导致的费用及工期损失。 本款实际上属于一种“激励”条款，通过约定承包人有权索赔来鼓励承包人愿意为保护文物而付出积极的努力。

中华人民共和国 房屋建筑和市政工程标准施工招标文件 （2010年版） 第四章　第一节　通用合同条款	评　注
1.10.2　承包人发现文物后不及时报告或隐瞒不报，致使文物丢失或损坏的，应赔偿损失，并承担相应的法律责任。	1.10.2款是承包人未及时或隐瞒报告时的责任承担约定。 施工场地内的化石、文物的所有权属于国家所有。我国《文物保护法》规定，出土文物属于国家所有，一切机关、组织和个人都有依法保护文物的义务。故意或者过失损毁国家保护的珍贵文物，构成犯罪的依法追究刑事责任。违反规定造成文物毁损、灭失的，依法承担民事责任。
1.11　专利技术 **1.11.1**　承包人在使用任何材料、承包人设备、工程设备或采用施工工艺时，因侵犯专利权或其他知识产权所引起的责任，由承包人承担，但由于遵照发包人提供的设计或技术标准和要求引起的除外。 **1.11.2**　承包人在投标文件中采用专利技术的，专利技术的使用费包含在投标报价内。 **1.11.3**　承包人的技术秘密和声明需要保密的资料和信息，发包人和监理人不得为合同以外的目的泄露给他人。	1.11款是关于专利技术侵权的责任承担约定。 1.11.1款确定了知识产权的侵权责任，明确了侵犯第三方知识产权"责任自负"的原则。 此约定有利于规范承发包双方的行为，也明确了侵犯第三方知识产权的责任承担者，避免了责任承担的纠纷和施工中专利技术使用的纠纷。 1.11.2款对施工范围内承包人采用的技术、设备所涉及的知识产权使用费加以了明确。 1.11.3款约定了发包人和监理人对承包人的保密义务。
1.12　图纸和文件的保密 **1.12.1**　发包人提供的图纸和文件，未经发包人同意，承包人不得为合同以外的目的泄露给他人或公开发表与引用。	1.12款是关于合同当事方的保密义务约定。 1.12.1款、1.12.2款承发包双方之间相互提供的图纸和文件只供对方实施本合同工程，不得为其他目的泄露给第三方或公开发表与引用。 发包人提供给承包人的图纸、发包人为实施工程自行编制或委托编制的技术规范以及反映发包人关于本合同的要求或其他类似性质的文件的著作权属于发包人，承包人可因实施本合同的目的而复制、使用此类文件，但不能用于与本合同无关的其他事项。在征得发包人书面同意前，承包人不得为了实施其他目的而复制、使用发包人的文件或将之提供给任何第三方。

中华人民共和国 房屋建筑和市政工程标准施工招标文件 （2010年版） 第四章　第一节　通用合同条款	评　注
1.12.2　承包人提供的文件，未经承包人同意，发包人和监理人不得为合同以外的目的泄露给他人或公开发表与引用。	承包人为实施本工程所编制的施工文件的著作权属于承包人，发包人可因实施本工程的竣工、运行、调试、维修、改造等目的而复制、使用此类文件，但不能用于其他无关的事项。在征得承包人书面同意前，发包人不得为了实施其他目的而复制、使用承包人的此类文件或将之提供给任何第三方。

第2条　发包人义务，通用合同条款评注

中华人民共和国 房屋建筑和市政工程标准施工招标文件 （2010年版） 第四章　第一节　通用合同条款	评　注
2.1　遵守法律 发包人在履行合同过程中应遵守法律，并保证承包人免于承担因发包人违反法律而引起的任何责任。	2.1款是关于发包人遵守法律及对承包人的保障义务的约定。 一个建设项目通常会涉及区域规划、施工许可、税收、环保等法律，发包人必须遵守。 发包人在合同履行中应保证承包人免于承担因自己违反法律而引起的任何责任，以保证工程顺利进行。
2.2　发出开工通知 发包人应委托监理人按第11.1款的约定向承包人发出开工通知。	2.2款约定发包人应及时委托监理人向承包人发出开工通知，监理人应在开工日期7天前向承包人发出开工通知。迟延发出开工通知有可能会使承包人失去最佳开工时机，影响进度计划，导致工程建设项目延误并可能形成索赔。
2.3　提供施工场地 发包人应按专用合同条款约定向承包人提供施工场地，以及施工场地内地下管线和地下设施等有关资料，并保证资料的真实、准确、完整。	2.3款约定了发包人应及时向承包人提供施工场地及施工条件，这是工程顺利开工的关键。发包人做好工程建设的前期准备工作，提供施工所需的条件和基础资料，涉及承包人是否能按期开工，能否在合同约定的工期内按质按量完成建设工程，因此发包人的这项义务很重要，亦是发包人的一项核心义务。 发包人提供施工场地的时间通常在《专用合同条款》中约定。有时由于发包人对完成征地的时间没有把握，在合同中没有给出明确的时间约定。此种情况下发包人提供施工场地的时间应在开工日期前。另外，如发包人不能完成施工现场用地的全部征用，可以分次分部分地提供给承包人，在没有约定具体提供时间的情况下，分期提供以不影响承包人的总体进度计划为条件。承包人总体进度计划的界定以监理人批准的工程进度计划为准。 《建设工程安全生产管理条例》第六条第一款规定，建设单位应当向施工单位提供施工现场及毗邻区域内供水、排水、供电、供气、供热、通信、广播电视等地下管线资料，气象和水文观测资

中华人民共和国 房屋建筑和市政工程标准施工招标文件 （2010 年版） 第四章　第一节　通用合同条款	评　　注
	料，相邻建筑物和构筑物、地下工程的有关资料，并保证资料的真实、准确、完整。
2.4　协助承包人办理证件和批件 发包人应协助承包人办理法律规定的有关施工证件和批件。	2.4 款是关于发包人协助承包人办理各项许可或批准的义务约定。在承包人实施项目过程中，为了提高工作效率，在办理有关施工证件和批件时需要发包人协助的，发包人应及时提供协助。
2.5　组织设计交底 发包人应根据合同进度计划，组织设计单位向承包人进行设计交底。	2.5 款是关于发包人组织设计单位向承包人进行设计交底的义务约定。设计单位应向承包人作出详细说明，其目的是对承包人正确贯彻设计意图，使其加深对设计文件特点、难点、疑点的理解，掌握关键工程部位的质量要求，确保工程质量。 《建设工程质量管理条例》第二十三条规定，设计单位应当就审查合格的施工图设计文件向施工单位作出详细说明。
2.6　支付合同价款 发包人应按合同约定向承包人及时支付合同价款。	2.6 款约定了发包人按时支付承包人合同约定的价款是发包人最主要的合同义务，也是工程顺利完工的重要保障。发包人不但有义务支付整个合同价款（包括项目实施过程中因变更等因素而增加的各类调整款项），还必须按约定的时间与方式支付。通常来说，支付的合同价款包括预付款、进度款和最终结算余款。如果发包人未履行合同约定的支付义务，应承担相应的责任。
2.7　组织竣工验收 发包人应按合同约定及时组织竣工验收。	2.7 款是关于发包人及时组织工程竣工验收的义务约定。《建设工程质量管理条例》第十六条规定，建设单位收到建设工程竣工报告后，应当组织设计、施工、工程监理等有关单位进行竣工验收。本合同范围内的竣工验收属于发包人按合同接收承包人工程的竣工验收；竣工验收后，需要国家验收的，国家有关部门对工程建设项目进行国家验收。

中华人民共和国 房屋建筑和市政工程标准施工招标文件 （2010年版） 第四章　第一节　通用合同条款	评　注
2.8　其他义务 发包人应履行合同约定的其他义务。	2.8款中的“其他义务”是一个兜底条款，例如协调勘察、设计、施工、监理以及其他与工程施工有关的关系等均可视为列入发包人的“其他义务”。承发包双方还可在《专用合同条款》中进一步约定列入发包人其他义务的范围。 以上列举的是发包人的主要义务，合同条款中涉及发包人的工作均属发包人的义务。在工程实践中，承包人常常会以发包人的义务未及时履行而提出索赔。对于发包人来讲，应按照合同约定的内容履行合同义务；同时在合同中对于发包人的义务进行明确约定，防止因约定不明确而产生争议。

第 3 条　监理人，通用合同条款评注

中华人民共和国 房屋建筑和市政工程标准施工招标文件 （2010 年版） 第四章　第一节　通用合同条款	评　注
3.1　监理人的职责和权力	3.1 款是关于监理人职责和权力的约定。 监理人是受发包人委托对合同履行实施管理的法人或其他组织。监理人是代表发包人对承包人的施工质量、施工进度、造价及安全等方面实施监督的合同管理者，监理人的职责包括但不限于就工程质量和进度发出指示、进行检查、现场管理、在权限范围内合理调整量价、进行变更估价、索赔等。
3.1.1　监理人受发包人委托，享有合同约定的权力。监理人在行使某项权力前需要经发包人事先批准而通用合同条款没有指明的，应在专用合同条款中指明。	3.1.1 款明确了监理人的权限来源，即监理人应按合同约定行使发包人委托的权力。监理人实施监理的前提即是接受了发包人的委托，订立了书面的建设工程监理合同，明确了监理的范围、内容、权利义务等，监理人才能在约定的范围内对承包人进行监督管理，开展工程监理业务。一般情况下，需要发包人事先批准的事项主要是计日工支付、工程变更及支付、工程进度款中的限额以上支付和工期变更。在《专用合同条款》中，发包人可对监理人的权限作进一步扩大或缩小。
3.1.2　监理人发出的任何指示应视为已得到发包人的批准，但监理人无权免除或变更合同约定的发包人和承包人的权利、义务和责任。	3.1.2 款是关于监理人发出指示的效力以及对其权力的限制约定。 根据我国相关法律规定和法理，合同是平等主体的自然人、法人、其他组织之间设立、变更、终止民事权利义务关系的协议。作为一种民事法律关系，合同关系不同于其他民事法律关系的重要特点就是在于合同关系的相对性，即“合同相对性”。合同相对性是指合同仅于合同当事人之间发生法律效力，合同当事人不得约定涉及第三人利益的事项并在合同中设定第三人的权利义务，否则该约定无效。鉴于监理人与承包人之间并无任何合同关系，因此监理人的权力存在着“基于法律规定赋予的权力”和“基于发包人授权赋予的权力”两种情形，可能会导致在监理人和发包人

中华人民共和国 房屋建筑和市政工程标准施工招标文件 （2010年版） 第四章　第一节　通用合同条款	评　注
	的权限分配中产生突破合同相对性的情形而容易引发承发包双方甚至是发包人和监理人、承包人和监理人之间的争议。 为了避免上述情形的发生，3.1.2款约定“监理人所发出的任何指示应视为已得到发包人的批准”，即默示监理人已取得发包人授权。发包人对此条款应当予以高度重视。
3.1.3　合同约定应由承包人承担的义务和责任，不因监理人对承包人提交文件的审查或批准，对工程、材料和设备的检查和检验，以及为实施监理作出的指示等职务行为而减轻或解除。	3.1.3款明确了监理人实施的审查或批准等监督管理行为的性质。在建设工程合同中，监理人承担发包人委托的工程监督、检查、验收等监理工作，监理人按与发包人签署的建设工程监理合同承担工程监理责任。监理人不是工程施工的直接责任人，承包人履行合同中的任何错误造成的损失，不因监理人的任何失职行为而减轻承包人应承担的责任。
3.2　总监理工程师 发包人应在发出开工通知前将总监理工程师的任命通知承包人。总监理工程师更换时，应在调离14天前通知承包人。总监理工程师短期离开施工场地的，应委派代表代行其职责，并通知承包人。	3.2款是关于总监理工程师任命及更换程序的约定。 我国推行建筑工程监理及总监理工程师制度，因此监理人必须授权由总监理工程师全面负责监理合同的履行。《建设工程监理规范》第1.0.4条规定：“建设工程监理应实行总监理工程师负责制”。 总监理工程师是监理人派驻工地履行监理人职责的全权负责人，主持现场监理机构的日常工作，履行合同约定的职责。总监理工程师由监理人任命，并在发出开工通知前由发包人通知承包人，以便承包人提前做好总监理工程师进驻工地开展监理工作的准备。任命总监理工程师的通知应以书面形式发出并保留签收记录。 优秀的工程师是保证项目成功的一个重要因素。鉴于总监理工程师的管理水平对工程的实施影响很大，从管理角度而言，不应轻易更换，以保持项目执行的连续性。

中华人民共和国 房屋建筑和市政工程标准施工招标文件 （2010年版） 第四章　第一节　通用合同条款	评　注
3.3　监理人员	3.3款是关于监理工程师的权利及义务的约定。
3.3.1　总监理工程师可以授权其他监理人员负责执行其指派的一项或多项监理工作。总监理工程师应将被授权监理人员的姓名及其授权范围通知承包人。被授权的监理人员在授权范围内发出的指示视为已得到总监理工程师的同意，与总监理工程师发出的指示具有同等效力。总监理工程师撤销某项授权时，应将撤销授权的决定及时通知承包人。	3.3.1款约定总监理工程师可以决定授权或撤销其他监理人员，并将决定通知承包人；被授权的监理人员对总监理工程师负责，被授权的监理人员在授权范围内行使其权力与总监理工程师行使权力具有同等效力。
3.3.2　监理人员对承包人的任何工作、工程或其采用的材料和工程设备未在约定的或合理的期限内提出否定意见的，视为已获批准，但不影响监理人在以后拒绝该项工作、工程、材料或工程设备的权利。	3.3.2款约定了监理人员的“默示条款”。默示条款是指一方当事人在合理或约定的期限内对另一方当事人提出的申请或要求未予回应，则视为对方当事人的申请或要求被接受。但是监理人员仍可在事后检查并拒绝该项工作、工程或其采用的材料或工程设备。 “视为认可”或“视为同意”或“视为批准”，对监理人“视为”的约定，除本款外，在《通用合同条款》中还有五个条款，分别是：3.4.3款、10.1款、12.3.2款、17.5.2款、17.6.2款；在《专用合同条款》中还有四个条款，分别是：1.6.1款、2.8款、17.1.5款、18.9款。承包人应充分注意这些条款，尤其是“视为”条款的法律后果。 《最高人民法院关于贯彻执行〈中华人民共和国民法通则〉若干问题的意见》第六十六条规定，一方当事人向对方当事人提出民事权利的要求，对方未用语言或者文字明确表示意见，但其行为表明已接受的，可以认定为默示。不作为的默示只有在法律有规定或者当事人双方有约定的情况下，才可以视为意思表示。
3.3.3　承包人对总监理工程师授权的监理人员发出的指示有疑问的，可向总监理工程师提出书面异议，总监理工程师应在48小时内对该指示予以确认、更改或撤销。	3.3.3款约定了承包人对监理人员发出指示的“质疑权”，并对总监理工程师的答复义务作出了时限约定，即应在48小时内作出答复。 承包人应充分行使自己的合同权利，如认为总监理工程师指示超越了合同约定的工作范围，应及时提出，并提出有关证据，保护自己的利益。

中华人民共和国 房屋建筑和市政工程标准施工招标文件 （2010 年版） 第四章　第一节　通用合同条款	评　注
3.3.4　除专用合同条款另有约定外，总监理工程师不应将第 3.5 款约定应由总监理工程师作出确定的权力授权或委托给其他监理人员。	3.3.4 款是关于对总监理工程师授权范围限制的约定。鉴于 3.5 款赋予总监理工程师的确定权力非常广泛，包括了工期、造价等涉及承发包双方重大利益的事项，除《专用合同条款》另有约定外，不能授权或委托给其他监理人员行使。
3.4　监理人的指示	3.4 款是关于监理人发出指示的形式、程序及相关责任的约定。监理人发出的所有指示是合同管理的重要文件，承包人应注意妥善保存。
3.4.1　监理人应按第 3.1 款的约定向承包人发出指示，监理人的指示应盖有监理人授权的施工场地机构章，并由总监理工程师或总监理工程师按第 3.3.1 项约定授权的监理人员签字。	3.4.1 款明确监理人发出监理指示的形式要件，即应当采用书面形式。指示应由总监理工程师或其授权的监理人员签字，并同时加盖有监理人授权的项目管理机构用章。
3.4.2　承包人收到监理人按第 3.4.1 项作出的指示后应遵照执行。指示构成变更的，应按第 15 条处理。	3.4.2 款是关于承包人有执行监理人指示义务的约定。 承包人应按监理人的指示遵照执行，构成变更的则按合同约定的变更程序处理。
3.4.3　在紧急情况下，总监理工程师或被授权的监理人员可以当场签发临时书面指示，承包人应遵照执行。承包人应在收到上述临时书面指示后 24 小时内，向监理人发出书面确认函。监理人在收到书面确认函后 24 小时内未予答复的，该书面确认函应被视为监理人的正式指示。	3.4.3 款是关于监理人签发监理书面指示的程序约定。 如果发生紧急情况，总监理工程师或其被授权的监理人员认为将造成人员伤亡、或危及实施工程或邻近的财产需立即采取措施，有权在未征得发包人批准的情况下发出紧急情况所必需的指令，承包人应予执行。并在收到该指示后 24 小时内要求监理人书面确认。监理人在收到确认函后 24 小时内未答复的，视同确认。因此紧急情况造成的费用增加由监理人按约定程序确定。
3.4.4　除合同另有约定外，承包人只从总监理工程师或按第 3.3.1 项被授权的监理人员处取得指示。	3.4.4 款为保证合同履行的沟通顺畅，通常承包人只从总监理工程师或其授权的监理人员处取得指示，如某些指示需要由发包人直接发出的，发包人需要在《专用合同条款》中明确；承包人应分清指示是合同约定范围内的工作，还是变更工作。

中华人民共和国 房屋建筑和市政工程标准施工招标文件 （2010年版） 第四章　第一节　通用合同条款	评　注
3.4.5　由于监理人未能按合同约定发出指示、指示延误或指示错误而导致承包人费用增加和（或）工期延误的，由发包人承担赔偿责任。	3.4.5款因监理工程师未及时或错误发出指示导致承包人的损失，由发包人承担赔偿责任。发包人先行承担赔偿责任后，可根据监理工程师过错程度向监理单位追偿。
3.5　**商定或确定**	3.5款是关于总监理工程师的独立地位条款。 总监理工程师应与承发包双方经常通过协商处理好各项合同事宜，及时解决合同争议，提高合同管理效能与水平。
3.5.1　合同约定总监理工程师应按照本款对任何事项进行商定或确定时，总监理工程师应与合同当事人协商，尽量达成一致。不能达成一致的，总监理工程师应认真研究后审慎确定。	3.5.1款约定赋予总监理工程师对合同当事人不能达成一致意见的任何事项的确定权力。鉴于"任何事项"包括了工期、造价等涉及承发包双方重大利益的事项，总监理工程师应当认真研究后审慎确定。 涉及总监理工程师商定或确定的条款，其中《通用合同条款》共有十一个条款，分别是4.1.8款、9.2.5款、15.3.2款、15.4.2款、15.4.3款、16.2款、21.1.2款、21.3.4款、22.1.4款、23.2款和23.4.2款；《专用合同条款》共有两个条款，分别是15.4.4款和15.4.5款。
3.5.2　总监理工程师应将商定或确定的事项通知合同当事人，并附详细依据。对总监理工程师的确定有异议的，构成争议，按照第24条的约定处理。在争议解决前，双方应暂按总监理工程师的确定执行，按照第24条的约定对总监理工程师的确定作出修改的，按修改后的结果执行。	3.5.2款约定了当对总监理工程师的确定有异议时的处理方法，构成争议的可按争议解决条款处理。监理人的确定不是强制的，也不是最终的决定，但为提高合同执行效率，在此争议解决前，双方应暂按总监理工程师的确定执行。按合同争议解决条款处理程序约定对总监理工程师作出的确定有修改的，则按修改后的结果执行。 根据《建设工程监理规范》6.5.2款规定，在总监理工程师签发合同争议处理意见后，建设单位或承包单位在施工合同规定的期限内未对合同争议处理决定提出异议，在符合施工合同的前提下，此意见应成为最后的决定，双方必须执行。第6.5.3款规定，在合同争议的仲裁或诉讼过程中，项目监理机构接到仲裁机关或法院要求提供有关证据的通知后，应公正地向仲裁机关或法院提供与争议有关的证据。

第 4 条　承包人，通用合同条款评注

中华人民共和国 房屋建筑和市政工程标准施工招标文件 （2010 年版） 第四章　第一节　通用合同条款	评　　注
4.1　承包人的一般义务	4.1 款是关于承包人义务的一般原则性约定。 承包人是工程的具体实施者，不仅有义务按期、保质地完成建设工程，还有义务保证在项目实施过程中的行为方式正确、恰当，不损害发包人、项目其他参与人、公众、雇员等各方利益，不得对环境造成损害等义务。
4.1.1　遵守法律 承包人在履行合同过程中应遵守法律，并保证发包人免于承担因承包人违反法律而引起的任何责任。	4.1.1 款是关于承包人遵守法律的义务。 遵守法律是承包人的基本义务。承包人在合同履行中应保证发包人免于承担因自己违反法律而引起的任何责任。
4.1.2　依法纳税 承包人应按有关法律规定纳税，应缴纳的税金包括在合同价格内。	4.1.2 款是关于承包人依法纳税的义务。 承包人应按照国家税法等有关法律规定缴纳包括营业税、城建税、教育费附加、企业所得税、增值税等在内的所有税费。为统一报价内容，本款约定承包人应缴纳的税金应包含在合同价格内。
4.1.3　完成各项承包工作 承包人应按合同约定以及监理人根据第 3.4 款作出的指示，实施、完成全部工程，并修补工程中的任何缺陷。除专用合同条款另有约定外，承包人应提供为完成合同工作所需的劳务、材料、施工设备、工程设备和其他物品，并按合同约定负责临时设施的设计、建造、运行、维护、管理和拆除。	4.1.3 款是关于承包人提供工程物资及完成各项承包工作的义务。 承包人应按合同文件约定及监理人指示完成全部工程及修补工程中的任何缺陷。 承包人负责按合同约定提供所需的劳务、材料等工程设备和其他物品，以及临时设施等，保证工程建设顺利进行。 承包人未按合同约定履行义务时，应承担相应的责任。
4.1.4　对施工作业和施工方法的完备性负责 承包人应按合同约定的工作内容和施工进度要求，编制施工组织设计和施工措施计划，并对所有施工作业和施工方法的完备性和安全可靠性负责。	4.1.4 款是关于承包人对施工作业和施工方法的完备性负责的义务。 承包人应确保工程能满足合同约定的质量标准和国家安全法规要求，且对所有施工作业和施工方法的完备性和安全可靠性负有全部责任，包括合同没有约定的具体施工作业和施工方法。《建设工程安全生产管理条例》第二十六条规定，施工

中华人民共和国 房屋建筑和市政工程标准施工招标文件 （2010年版） 第四章　第一节　通用合同条款	评　注
	单位应当在施工组织设计中编制安全技术措施和施工现场临时用电方案，对达到一定规模的危险性较大的分部分项工程编制专项施工方案，并附具安全验算结果，经施工单位技术负责人、总监理工程师签字后实施，由专职安全生产管理人员进行现场监督。
4.1.5　保证工程施工和人员的安全 承包人应按第9.2款约定采取施工安全措施，确保工程及其人员、材料、设备和设施的安全，防止因工程施工造成的人身伤害和财产损失。	4.1.5款是关于承包人采取安全措施保证工程施工和人员安全的义务。 对安全文明施工的重视程度在日益提升，承包人应遵守各类安全规章制度，指派专业的安全工程师，消除现场中存在的危险源，在现场提供各类安全设施和服务，如照明、围栏及守卫等，保障项目人员的安全，同时也应保障公众的生命安全与财产安全不受项目实施的影响。
4.1.6　负责施工场地及其周边环境与生态的保护工作 承包人应按照第9.4款约定负责施工场地及其周边环境与生态的保护工作。	4.1.6款是关于承包人对施工场地及其周边环境与生态保护的义务。 承包人应遵守有关环境与生态保护的法律、法规规定。承包人应采取切实的施工安全措施及环境保护措施，确保工程及其人员、材料、设备和设施的安全。《建设工程安全生产管理条例》第三十条第二款规定，施工单位应当遵守有关环境保护法律、法规的规定，在施工现场采取措施，防止或者减少粉尘、废气、废水、固体废物、噪声、振动和施工照明对人和环境的危害和污染。
4.1.7　避免施工对公众与他人的利益造成损害 承包人在进行合同约定的各项工作时，不得侵害发包人与他人使用公用道路、水源、市政管网等公共设施的权利，避免对邻近的公共设施产生干扰。承包人占用或使用他人的施工场地，影响他人作业或生活的，应承担相应责任。	4.1.7款是关于承包人施工应避免造成干扰的义务。 由于工程施工活动的特殊性，可能对周围环境产生不利影响，如噪声、污染等。特别是在市区等人口稠密地区施工，如土方开挖需要洒水，防止尘土飞扬；我国许多城市规定，高考期间在考场附近必须停止一切有噪声的施工作业。因此本款在合同条款上约束承包人在施工作业时尽可能减少对公众及他人的影响。

中华人民共和国 房屋建筑和市政工程标准施工招标文件 （2010年版） 第四章　第一节　通用合同条款	评　注
4.1.8　为他人提供方便 承包人应按监理人的指示为他人在施工场地或附近实施与工程有关的其他各项工作提供可能的条件。除合同另有约定外，提供有关条件的内容和可能发生的费用，由监理人按第3.5款商定或确定。	4.1.8款是关于承包人为他人提供方便的义务。 工程的施工往往分为若干标段或不同的施工内容，各承包人在同一时段和相邻场地进行施工时会形成交叉作业，在使用施工场地、道路和公用设施等方面需要相互提供方便。承包人按监理人指示为他人提供可能的工作条件，由此发生的费用由监理人按约定程序商定或确定，承发包双方也可在《专用合同条款》中对此费用另行约定。
4.1.9　工程的维护和照管 工程接收证书颁发前，承包人应负责照管和维护工程。工程接收证书颁发时尚有部分未竣工工程的，承包人还应负责该未竣工工程的照管和维护工作，直至竣工后移交给发包人为止。	4.1.9款是关于承包人对工程维护和照管的义务。 承包人在工程接收证书颁发前，直至竣工后将工程移交给发包人为止的期间内，应照管和维护好工程，包括尚未竣工的工程部分。除了工程接收证书颁发时尚有部分未竣工工程的情形外，承包人责任期间截止日是“工程接收证书颁发前”。承包人在工程移交时应特别注意，取得工程接收证书是结束工程的维护和照管义务的重要标志性事件。
4.1.10　其他义务 承包人应履行合同约定的其他义务。	4.1.10款是关于承包人的其他义务。 合同约定的其他义务，包括合同文件中约定承包人应做的其他工作。如承包人对发包人的保障义务；对分包人承担的管理义务；保密义务；保证对分包人、供货商的恰当支付义务等。承包人的义务散见于《通用合同条款》和《专用合同条款》的各条款中，实践中要注意特别约定承包人其他义务的费用承担问题。
4.2　履约担保 承包人应保证其履约担保在发包人颁发工程接收证书前一直有效。发包人应在工程接收证书颁发后28天内把履约担保退还给承包人。	4.2款是关于提供履约担保时承发包双方各自义务的约定。 发包人要求承包人提交履约担保，是预防承包人在工期延误和施工工程质量达不到约定标准的情况下，能够得到相应的赔偿。有了履约担保，合同履行就有了保证，对于违约行为就有了补救措施。履约担保文件通常在合同签订前由承包人提交给发包人，履约担保的格式在合同附件中予以

中华人民共和国 房屋建筑和市政工程标准施工招标文件 （2010年版） 第四章　第一节　通用合同条款	评　注
	列明；履约担保的方式，可以是银行保函、或是担保公司保证担保以及承发包双方同意的其他担保方式；履约担保的金额用以补偿发包人因承包人违约造成的损失，其担保额度可视项目合同的具体情况约定。 《招标投标法》第四十六条规定，招标文件要求中标人提交履约保证金的，中标人应当提交。本款约定承包人应保证其履约担保在发包人颁发工程接收证书前一直有效。为保护承包人利益，本款也约定发包人在工程接收证书颁发之日起28天内把履约担保“退还”给承包人。此处的“退还”应理解为解除履约担保。
4.3　分包	4.3款是关于对承包人分包的限制及责任承担的约定。 对于承包人来说，分包人工作的好坏，也直接影响整个建设工程的执行。
4.3.1　承包人不得将其承包的全部工程转包给第三人，或将其承包的全部工程肢解后以分包的名义转包给第三人。	4.3.1款是关于对承包人分包的限制。 最高人民法院《关于审理建设工程施工合同纠纷案件适用法律问题的解释》第四条规定，承包人非法转包、违法分包建设工程或者没有资质的实际施工人借用有资质的建筑施工企业名义与他人签订建设工程施工合同的行为无效。 我国法律禁止承包人非法转包和违法分包建设工程。
4.3.2　承包人不得将工程主体、关键性工作分包给第三人。除专用合同条款另有约定外，未经发包人同意，承包人不得将工程的其他部分或工作分包给第三人。	4.3.2款是关于对承包人有条件的分包限制。 根据我国《建筑法》的规定，建筑工程总承包单位可以将承包工程中的部分工程发包给具有相应资质条件的分包单位；但是，除总承包合同中约定的分包外，必须经建设单位认可。施工总承包的，建筑工程主体结构的施工必须由总承包单位自行完成。禁止总承包单位将工程分包给不具备相应资质条件的单位。禁止分包单位将其承包的工程再分包。
4.3.3　分包人的资格能力应与其分包工程的标准和规模相适应。	4.3.3款是关于对分包人资格条件的限制。 在选择分包人时除必需具备的条件外，还要注

中华人民共和国 房屋建筑和市政工程标准施工招标文件 （2010年版） 第四章　第一节　通用合同条款	评　注
	意其综合实力，通常可从以下几个方面综合考虑：（1）分包人从事类似项目的经验；（2）项目实际完成绩效、信誉是否良好；（3）分包人的施工机具情况；（4）分包人的管理人员素质情况；（5）分包人的财务情况。
4.3.4　按投标函附录约定分包工程的，承包人应向发包人和监理人提交分包合同副本。	4.3.4款是关于要求承包人提供分包合同副本的义务约定。 本款要求承包人向发包人和监理人提交分包合同副本的目的，是为了统一项目管理，以便于监理人履行监管职责。
4.3.5　承包人应与分包人就分包工程向发包人承担连带责任。	4.3.5款是关于分包人责任承担的约定。 《合同法》第二百七十二条规定，分包人就其完成的工作成果与承包人向发包人承担连带责任。《招标投标法》第四十八条规定，中标人应当就分包项目向招标人负责，接受分包的人就分包项目承担连带责任。
4.4　联合体	4.4款是关于对联合体各方的要求及责任承担的约定。 本合同条款中约定承包人的责任、权利和义务，亦适用于联合体承包人。
4.4.1　联合体各方应共同与发包人签订合同协议书。联合体各方应为履行合同承担连带责任。	4.4.1款约定联合体各方共同与发包人签订合同协议书，各方对发包人就履行合同的义务负有连带责任。《建筑法》第二十七条规定，大型建筑工程或者结构复杂的建筑工程，可以由两个以上的承包单位联合共同承包。共同承包的各方对承包合同的履行承担连带责任。两个以上不同资质等级的单位实行联合共同承包的，应当按照资质等级低的单位的业务许可范围承揽工程。
4.4.2　联合体协议经发包人确认后作为合同附件。在履行合同过程中，未经发包人同意，不得修改联合体协议。	4.4.2款是关于联合体协议书的效力约定。经发包人确认后作为合同附件，具有合同约束力。联合体协议对联合体以及各成员均十分重要，因此联合体协议的修改须经发包人同意且不得违反法律的规定。 联合体协议应当包括以下主要内容：（1）联合

中华人民共和国 房屋建筑和市政工程标准施工招标文件 （2010年版） 第四章　第一节　通用合同条款	评　　注
	体基本信息；（2）连带责任的承诺；（3）联合体成员的分工；（4）牵头人的权利及限制；（5）责任的承担及利益的分配等。
4.4.3　联合体牵头人负责与发包人和监理人联系，并接受指示，负责组织联合体各成员全面履行合同。	4.4.3款是关于联合体牵头人的职责约定。 由于牵头人是联合体的受托人，为了避免发生表见代理的情况，因此对牵头人的权利及限制应是清晰明确的，并应以合理的方式告知各与联合体建立合同关系的各相对人。 通常对于一个工程承包人来说，与其他公司组成联合体来投标和完成工程，有利有弊。有利在于各方优势互补，分工合作，能够增强竞争力，容易中标；不利在于联合体之间可能会出现矛盾，增加了工程管理的复杂程度，如处理不好，会使工程不能顺利进行。因此，承包人在选择合作伙伴时，需要综合考虑，尤其是其实力和信誉。
4.5　承包人项目经理	4.5款是关于项目经理职责和权力及其工作程序的约定。 项目经理的资质、能力、经验、专业水平的高低，业绩的好坏对建设工程项目能否顺利组织实施起到了关键性的作用。
4.5.1　承包人应按合同约定指派项目经理，并在约定的期限内到职。承包人更换项目经理应事先征得发包人同意，并应在更换14天前通知发包人和监理人。承包人项目经理短期离开施工场地，应事先征得监理人同意，并委派代表代行其职责。	4.5.1款是关于承包人项目经理指派及更换的程序约定。 项目经理由承包人按合同协议书的约定指派，并在约定期限内到职。在建设工程施工过程中，项目经理处于核心的地位，更换项目经理对于承发包双方来讲，都是一项重要的决定，如有不善，会影响到建设工程工期及造价等重要内容。为了保证工程顺利施工，承包人更换项目经理应事先征得发包人同意。项目经理短期离开施工场地应事先征得监理人同意并委派代表代行其职责。 承包人应注意防范因授权不明发生表见代理的后果，要高度重视对项目经理的授权范围和项目经理部印章的刻制和管理，必要时应咨询专业律师。
4.5.2　承包人项目经理应按合同约定以及监理人按第3.4款作出的指示，负责组织合同工程的	4.5.2款是关于承包人项目经理具体职责的约定。

中华人民共和国 房屋建筑和市政工程标准施工招标文件 （2010年版） 第四章　第一节　通用合同条款	评　　注
实施。在情况紧急且无法与监理人取得联系时，可采取保证工程和人员生命财产安全的紧急措施，并在采取措施后24小时内向监理人提交书面报告。	项目经理的具体职责即按合同约定和监理人指示组织实施合同。在情况紧急且无法与监理人取得联系时，可采取保证工程和人员生命财产安全的紧急措施，并及时向监理人提交书面报告。向监理人提交书面报告的时间为24小时内。
4.5.3　承包人为履行合同发出的一切函件均应盖有承包人授权的施工场地管理机构章，并由承包人项目经理或其授权代表签字。	4.5.3款约定承包人发出的函件必须符合的形式：必须要有项目经理或授权代表签字，并加盖施工场地管理机构章。
4.5.4　承包人项目经理可以授权其下属人员履行其某项职责，但事先应将这些人员的姓名和授权范围通知监理人。	4.5.4款约定项目经理授权的其下属人员在授权范围内履行职责应视为已得到项目经理同意，与项目经理履行职责具有同等效力。项目经理撤销某项授权时，应将撤销授权的决定及时通知监理人。承包人应注意防范因“授权不明、管理不善产生表见代理”的后果而承担责任。
4.6　承包人人员的管理	4.6款是关于承包人人员管理的各项约定。 承包人高水平的管理和工作质量来自于高素质的管理人员和技术人员。
4.6.1　承包人应在接到开工通知后28天内，向监理人提交承包人在施工场地的管理机构以及人员安排的报告，其内容应包括管理机构的设置、各主要岗位的技术和管理人员名单及其资格，以及各工种技术工人的安排状况。承包人应向监理人提交施工场地人员变动情况的报告。	4.6.1款是关于要求承包人提交报告的程序约定。 为保证项目顺利和安全进行，通常合同条款均要求承包人实施良好的项目管理，作为承包人用来保证其履行合同义务的一项措施。本款对项目管理人员及素质提出了要求。 为了了解项目实施情况以及监理人监督管理承包人的工作，本款要求承包人应按约定期限向监理人提交项目管理机构及人员安排报告，并保证主要管理人员和技术人员相对稳定；若需要更换主要管理人员和技术人员时，应用同等资格和类似经历的人员替换，并经监理人同意。
4.6.2　为完成合同约定的各项工作，承包人应向施工场地派遣或雇佣足够数量的下列人员： （1）具有相应资格的专业技工和合格的普工；	4.6.2款是关于对承包人主要管理人员和技术人员包含的范围约定。 承包人的主要管理人员和技术人员应是各自工

中华人民共和国 房屋建筑和市政工程标准施工招标文件 （2010年版） 第四章　第一节　通用合同条款	评　注
（2）具有相应施工经验的技术人员； （3）具有相应岗位资格的各级管理人员。	种或专业的具有相应技能和经验，拥有整体高素质的人员。
4.6.3　承包人安排在施工场地的主要管理人员和技术骨干应相对稳定。承包人更换主要管理人员和技术骨干时，应取得监理人的同意。	4.6.3款是关于对承包人主要施工管理人员的限制约定。 为了保证施工的顺利进行，承包人应尽量保证项目经理及其主要施工管理人员的相对稳定。若需要更换主要管理人员和技术人员时，应用同等资格和类似经历的人员替换，并经监理人同意。
4.6.4　特殊岗位的工作人员均应持有相应的资格证明，监理人有权随时检查。监理人认为有必要时，可进行现场考核。	4.6.4款是关于对特种作业人员的资格要求及接受检查义务的约定。 《建设工程安全生产管理条例》第二十五条规定：“垂直运输机械作业人员、安装拆卸工、爆破作业人员、起重信号工、登高架设作业人员等特种作业人员，必须按照国家有关规定经过专门的安全作业培训，并取得特种作业操作资格证书后，方可上岗作业。” 本款还约定了监理人对持证上岗工作人员的能力有疑义时，可以当场进行考核，承包人应当予以配合。
4.7　撤换承包人项目经理和其他人员 承包人应对其项目经理和其他人员进行有效管理。监理人要求撤换不能胜任本职工作、行为不端或玩忽职守的承包人项目经理和其他人员的，承包人应予以撤换。	4.7款是关于监理人撤换承包人人员的权利约定。 承包人应注意，本款赋予了监理人独立撤换项目经理及其人员的权利，无须发包人另行特别授权。但是监理人对于项目经理及其人员有异议的情形，应界定一个范围或程度，因为一旦监理人提出撤换建议承包人就应当撤换，随意性相对过大，可能对管理工作产生不利影响。 为保障工程施工的连续性和顺利进行，项目经理及其人员应相对稳定，监理人应谨慎作出撤换决定。当项目经理及其人员出现不当行为时，应根据其危害程度，可首先提出警告，无效果时监理人再行发出撤换的书面决定并通知承包人。
4.8　保障承包人人员的合法权益	4.8款是关于承包人应保障其人员合法权益的义务约定。 项目人力资源管理水平的高低，对项目执行力有着非常大的影响。如何激励自己的人员，是承包人项目经理应当关注的问题。

中华人民共和国 房屋建筑和市政工程标准施工招标文件 （2010年版） 第四章　第一节　通用合同条款	评　　注
4.8.1　承包人应与其雇佣的人员签订劳动合同，并按时发放工资。	4.8.1款明确承包人应与其雇佣的人员签订书面的劳动合同，并按时发放工资。 我国《劳动法》和《劳动合同法》均规定，建立劳动关系应当订立书面劳动合同。明确双方权利义务，保护劳动者的合法权益。 用人单位自用工之日起超过一个月不满一年未与劳动者订立书面劳动合同的，应当向劳动者每月支付二倍的工资。 工程项目施工人员流动性强，数量大，出现工伤等劳动风险的几率也大。承包人对属于本企业的人员应当与其签订劳动合同；对非承包人内部人员，可采取与劳务公司签订劳务分包合同，由劳务公司与劳动者签订以完成某项工程为期限的劳动合同；对于零星用工情况，承包人可采取劳务派遣或非全日制用工等形式来解决。这样可以一定程度减少直接用工，最大限度降低人员使用的风险。 劳务分包企业和劳务派遣企业应依法与劳动者签订劳动合同并办理工伤、医疗或综合保险等社会保险。承包人可与劳务分包企业和劳务派遣企业约定，对用工情况和工资支付进行监督。
4.8.2　承包人应按劳动法的规定安排工作时间，保证其雇佣人员享有休息和休假的权利。因工程施工的特殊需要占用休假日或延长工作时间的，应不超过法律规定的限度，并按法律规定给予补休或付酬。	4.8.2款明确约定承包人雇佣人员享有的休息和休假权利。 雇佣人员各项基本权利可以在劳动合同条款中进行进一步约定。《劳动法》、《建设工程安全生产管理条例》等都有明确的规定。承包人应遵守与雇佣人员相关的一切劳动法规，并保障他们享有法定的权利。
4.8.3　承包人应为其雇佣人员提供必要的食宿条件，以及符合环境保护和卫生要求的生活环境，在远离城镇的施工场地，还应配备必要的伤病防治和急救的医务人员与医疗设施。	4.8.3款明确约定承包人有为其雇佣人员提供必要生活条件的义务。遵照《劳动合同法》及《建设工程安全生产管理条例》第二十九条规定，施工单位应当将施工现场的办公、生活区与作业区分开设置，并保持安全距离；办公、生活区的选址应当符合安全性要求。职工的膳食、饮水、休息场所等应当符合卫生标准。施工单位不得在尚未竣工的建筑物内设置员工集体宿舍。施工现场临

中华人民共和国 房屋建筑和市政工程标准施工招标文件 （2010年版） 第四章　第一节　通用合同条款	评　注
	时搭建的建筑物应当符合安全使用要求。施工现场使用的装配式活动房屋应当具有产品合格证。
4.8.4　承包人应按国家有关劳动保护的规定，采取有效的防止粉尘、降低噪声、控制有害气体和保障高温、高寒、高空作业安全等劳动保护措施。其雇佣人员在施工中受到伤害的，承包人应立即采取有效措施进行抢救和治疗。	4.8.4款是关于承包人对雇佣人员劳动保护的义务约定。 承包人在施工过程中应遵守工程建设安全生产管理各项规定，严格按安全标准组织施工，并采取必要的安全防护措施，确保员工的健康和安全。
4.8.5　承包人应按有关法律规定和合同约定，为其雇佣人员办理保险。	4.8.5款是关于承包人为其雇佣人员办理保险的义务约定。 本款应与第20条的约定相联系，第20条进一步明确约定承包人应为其雇佣人员办理工伤保险和人身意外伤害险。
4.8.6　承包人应负责处理其雇佣人员因工伤亡事故的善后事宜。	4.8.6款，承包人在其雇佣人员发生工伤时，应当采取措施使工伤人员得到及时救治，并妥善处理好后续事宜。
4.9　工程价款应专款专用 发包人按合同约定支付给承包人的各项价款应专用于合同工程。	4.9款是关于承包人对工程价款专款专用的义务约定。 虽然承包人可能同时承揽几项工程，但是本款约定要求承包人应严格做到工程价款专用于特定发包人名下的工程，不得挪用或拆借。工程价款专款专用是保证工程顺利实施的重要保障。发包人还可以要求承包人授予其随时或定期查询本工程资金使用状况的权利。 工程价款专款专用涉及预付款、工程进度付款、计日工付款、价格调整付款等条款约定。对政府投资、国库资金支付有专门和严格的规定，承包人也必须切实履行。
4.10　承包人现场查勘	4.10款是关于承包人现场查勘工作及风险承担的约定。 现场查勘，即对施工场地和周围环境进行查看、勘察，这是承包人进行施工前非常重要的工作内容，决定着后续施工能否顺利进行。
4.10.1　发包人应将其持有的现场地质勘探资料、水文气象资料提供给承包人，并对其准确性负	4.10.1款是关于发包人提供现场查勘相关资料的义务约定。

中华人民共和国 房屋建筑和市政工程标准施工招标文件 （2010年版） 第四章　第一节　通用合同条款	评　注
责。但承包人应对其阅读上述有关资料后所作出的解释和推断负责。	发包人应向承包人提供与建设工程有关的地质资料、水文气象资料及原始资料等，并承担因原始资料错误造成的全部责任。 施工工程所在地的自然、经济和社会条件，这些条件都与将来工程施工密切相关，对施工成本有着重大影响，因此承包人必须对这些条件予以准确把握，并对发包人提供的基础资料所作出的解释、推论和应用所产生的风险负责。
4.10.2 承包人应对施工场地和周围环境进行查勘，并收集有关地质、水文、气象条件、交通条件、风俗习惯以及其他为完成合同工作有关的当地资料。在全部合同工作中，应视为承包人已充分估计了应承担的责任和风险。	4.10.2款是关于承包人现场查勘风险责任承担的约定。 承包人应认真研究发包人提供的现场资料的数据，特别是一些可能存在多种解释的数据；应认真对施工场地和周围环境进行查勘，并收集为完成合同工作有关的其他当地资料，并将此风险反映在投标报价中。 对于承包人的“视为”条款，除本款外，《通用合同条款》中还有两处，即12.5.2款和17.1.4款。承包人也应注意自己的默示条款的法律后果，建立默示后果的预警机制，做到“心中有数、落实到人、强调重点、防患于未然”；同时也应该对监理人和发包人的“视为”条款进行梳理，并对其制定相应的合同管理措施。
4.11　不利物质条件	4.11款是关于不利物质条件的界定及责任承担的约定。
4.11.1 不利物质条件，除专用合同条款另有约定外，是指承包人在施工场地遇到的不可预见的自然物质条件、非自然的物质障碍和污染物，包括地下和水文条件，但不包括气候条件。	4.11.1款对不利物质条件的界定，明确不包括气候条件，亦不包括不可抗力。承发包双方须注意，“不利物质条件”可以由双方在《专用合同条款》中自行约定。
4.11.2 承包人遇到不利物质条件时，应采取适应不利物质条件的合理措施继续施工，并及时通知监理人。监理人应当及时发出指示，指示构成变更的，按第15条约定办理。监理人没有发出指示的，承包人因采取合理措施而增加的费用和（或）工期延误，由发包人承担。	4.11.2款约定了在遇到不利物质条件时承包人的义务。此时，承包人应采取适应不利物质条件的合理措施继续设计或施工，并及时通知监理人。监理人也应及时发出指示，指示构成变更的按变更约定执行。监理人没有发出指示的或监理人发出的指示不构成变更的，承包人因采取合理措施而增加的费用和（或）工期延误，均由发包人承担。

第 5 条　材料和工程设备，通用合同条款评注

中华人民共和国 房屋建筑和市政工程标准施工招标文件 （2010 年版） 第四章　第一节　通用合同条款	评　注
5.1　承包人提供的材料和工程设备	5.1 款是关于承包人提供材料和设备的程序及责任承担约定。 “质量是工程的生命”。采购材料和设备是工程项目实施期间的核心环节之一，对实现工程设计的意图、顺利实施工程项目的基本保障。工程材料和设备既是整个工程进度的支撑，也是工程质量的重要保障。为了保证工程项目达到投资建设的预期目的，对工程质量进行严格控制，应从使用的材料和设备质量控制开始。
5.1.1　除专用合同条款另有约定外，承包人提供的材料和工程设备均由承包人负责采购、运输和保管。承包人应对其采购的材料和工程设备负责。	5.1.1 款承包人对其采购的工程材料和设备负责。 承包人采购材料和设备应严格遵循合同约定，并应满足设计以及相关标准的要求。另外，除应保证材料和设备的质量外，还应遵守有关采购程序的规定，依法必须招标的重要材料和设备必须通过招标确定供应商。承包人对于其采购的材料和设备承担全部责任。
5.1.2　承包人应按专用合同条款的约定，将各项材料和工程设备的供货人及品种、规格、数量和供货时间等报送监理人审批。承包人应向监理人提交其负责提供的材料和工程设备的质量证明文件，并满足合同约定的质量标准。	5.1.2 款约定承包人应将提供材料和设备的供货商及技术要求等信息报监理人批准，并提交产品合格证明等质量证明文件。承包人应采购符合工程设计要求、施工技术标准和合同约定的质量标准的建筑材料、建筑构配件和设备。
5.1.3　对承包人提供的材料和工程设备，承包人应会同监理人进行检验和交货验收，查验材料合格证明和产品合格证书，并按合同约定和监理人指示，进行材料的抽样检验和工程设备的检验测试，检验和测试结果应提交监理人，所需费用由承包人承担。	5.1.3 款约定承包人应在材料设备到货前合理时间内通知监理人共同进行到货清点，办理验收手续。为了防止材料和设备在现场储存时间过长或保管不善而导致质量的降低，本款约定承包人提供的材料和设备在使用前，均应按照监理人的要求进行必要的检验测试，并承担由此发生的全部费用。材料和设备只有检验测试合格后方可使用于工程。 《建设工程质量管理条例》第三十七条规定，未经监理工程师签字，建筑材料、建筑构配件和设备不得在工程上使用或安装，施工单位不得进行下一道工序的施工。

中华人民共和国 房屋建筑和市政工程标准施工招标文件 （2010年版） 第四章　第一节　通用合同条款	评　注
5.2　发包人提供的材料和工程设备	5.2款是关于发包人提供材料和设备的程序及责任承担约定。 《建设工程质量管理条例》第十四条规定，按照合同约定，由建设单位采购建筑材料、建筑构配件和设备的，建设单位应当保证建筑材料、建筑构配件和设备符合设计文件和合同要求。建设单位不得明示或者暗示施工单位使用不合格的建筑材料、建筑构配件和设备。
5.2.1　发包人提供的材料和工程设备，应在专用合同条款中写明材料和工程设备的名称、规格、数量、价格、交货方式、交货地点和计划交货日期等。	5.2.1款约定发包人对其采购的工程材料和设备负责。 承发包双方应在《专用合同条款》中进一步明确发包人供应的部分材料和设备的相关信息及交货程序。
5.2.2　承包人应根据合同进度计划的安排，向监理人报送要求发包人交货的日期计划。发包人应按照监理人与合同双方当事人商定的交货日期，向承包人提交材料和工程设备。	5.2.2款约定由承包人向监理人提交发包人交货的日期计划表，并最终按协商确定的日期向承包人移交发包人提供的材料和设备。
5.2.3　发包人应在材料和工程设备到货7天前通知承包人，承包人应会同监理人在约定的时间内，赴交货地点共同进行验收。除专用合同条款另有约定外，发包人提供的材料和工程设备验收后，由承包人负责接收、运输和保管。	5.2.3款是关于发包人移交材料和设备的程序约定。 本款约定发包人在其所提供的材料和设备到货前7天，应以书面形式通知承包人，以便承包人提前做好接收等准备工作。发包人提供的材料和设备由承包人承担保管责任，因此承包人应充分注意，尽到合理的保管义务，避免因材料和设备损失而导致承担赔偿责任。 承包人应注意在发包人提供材料和设备情况下保管风险的控制。尽管约定由承包人承担保管责任，但并非由承包人承担对材料和设备的全部毁损、灭失的风险。若因不可抗力或发包人未通知承包人清点材料和设备等非承包人原因，风险由发包人承担。只有材料和设备因承包人原因发生丢失损坏的，才由承包人负责赔偿。
5.2.4　发包人要求向承包人提前交货的，承包人不得拒绝，但发包人应承担承包人由此增加的费用。	5.2.4款约定了如果发包人提供的材料和设备到货时间早于合同约定时间，承包人也应遵照执行因发包人原因提前交货的要求，但因此增加的费用由发包人承担。

中华人民共和国 房屋建筑和市政工程标准施工招标文件 （2010年版） 第四章　第一节　通用合同条款	评　　注
5.2.5　承包人要求更改交货日期或地点的，应事先报请监理人批准。由于承包人要求更改交货时间或地点所增加的费用和（或）工期延误由承包人承担。	5.2.5款约定因承包人自身原因需要改变交货日期或地点时，应事先得到监理人批准，并承担因此增加的费用和（或）工期延误损失。
5.2.6　发包人提供的材料和工程设备的规格、数量或质量不符合合同要求，或由于发包人原因发生交货日期延误及交货地点变更等情况的，发包人应承担由此增加的费用和（或）工期延误，并向承包人支付合理利润。	5.2.6款约定了因发包人提供的材料和设备与合同约定不符，或因发包人原因需要改变交货日期或地点时的处理方法。承包人可以索赔因此增加的费用和（或）工期延误损失以及合理利润。 发包人提供的材料和设备，应由发包人对供货的货源质量承担全部责任（包括侵权责任）。在履行合同过程中因供货厂家责任不能按时交货，延误承包人施工进度时，亦应由发包人承担相应费用及工期责任。
5.3　材料和工程设备专用于合同工程	5.3款是关于材料和设备专用于工程的约定。
5.3.1　运入施工场地的材料、工程设备，包括备品备件、安装专用工器具与随机资料，必须专用于合同工程，未经监理人同意，承包人不得运出施工场地或挪作他用。	5.3.1款约定运入施工场地的材料和工程设备应专供于本工程使用。为保证合同顺利履行，未经监理人同意，不得运出工地或挪作他用。经监理人同意，承包人可以撤走在完工前不再使用的闲置施工设备。
5.3.2　随同工程设备运入施工场地的备品备件、专用工器具与随机资料，应由承包人会同监理人按供货人的装箱单清点后共同封存，未经监理人同意不得启用。承包人因合同工作需要使用上述物品时，应向监理人提出申请。	5.3.2款约定随同工程设备运入工地的备品备件等是设备安装和运行不能缺少的物品，应共同封存，以防丢失。承包人因安装和试运行等需要使用时，应先得到监理人的批准。
5.4　禁止使用不合格的材料和工程设备	5.4款是关于使用不合格的材料和设备的责任承担约定。
5.4.1　监理人有权拒绝承包人提供的不合格材料或工程设备，并要求承包人立即进行更换。监理人应在更换后再次进行检查和检验，由此增加的费用和（或）工期延误由承包人承担。	5.4.1款是关于承包人提供不合格的材料或设备时的更换程序及责任承担约定。本款赋予监理人有权拒绝接收承包人提供的不合格材料或设备的权利，有权要求承包人进行更换，承包人应更换并承担因此增加的费用和（或）工期延误损失。

中华人民共和国 房屋建筑和市政工程标准施工招标文件 （2010 年版） 第四章　第一节　通用合同条款	评　　注
5.4.2　监理人发现承包人使用了不合格的材料和工程设备，应即时发出指示要求承包人立即改正，并禁止在工程中继续使用不合格的材料和工程设备。	5.4.2 款是关于承包人使用了不合格的材料或设备时的责任承担约定。《建设工程质量管理条例》第二十九条规定，施工单位必须按照工程设计要求、施工技术标准和合同约定，对建筑材料、建筑构配件、设备和商品混凝土进行检验，检验应当有书面记录和专人签字；未经检验或者检验不合格的，不得使用。
5.4.3　发包人提供的材料或工程设备不符合合同要求的，承包人有权拒绝，并可要求发包人更换，由此增加的费用和（或）工期延误由发包人承担。	5.4.3 款是关于发包人提供不合格的材料或设备时的更换程序及责任承担约定。承包人有权拒绝接收发包人提供的不合格材料或设备的权利，有权要求发包人更换，发包人应更换并承担因此增加的费用和（或）工期延误损失。

第6条　施工设备和临时设施，通用合同条款评注

中华人民共和国 房屋建筑和市政工程标准施工招标文件 （2010年版） 第四章　第一节　通用合同条款	评　　注
6.1　承包人提供的施工设备和临时设施	6.1款是关于由承包人提供施工设备和临时设施的约定。
6.1.1　承包人应按合同进度计划的要求，及时配置施工设备和修建临时设施。进入施工场地的承包人设备需经监理人核查后才能投入使用。承包人更换合同约定的承包人设备的，应报监理人批准。	6.1.1款是关于配置施工设备和修建临时设施的约定。 通常承包人在投标时会提交拟投入投标工程的主要施工设备明细以及修建临时设施项目的内容，并在《专用合同条款》中约定施工设备进场及修建临时设施的具体时间，待发包人认可后，在签订《合同协议书》时作为合同附件列明。为保证进场施工设备的可靠性，在进场前需经监理人核查合格方能使用于工程。若需变更时也应经监理人批准。
6.1.2　除专用合同条款另有约定外，承包人应自行承担修建临时设施的费用，需要临时占地的，应由发包人办理申请手续并承担相应费用。	6.1.2款是关于修建临时设施费用的承担约定。 根据合同工程的施工需要，通常由承包人自行承担修建临时设施的相关费用。涉及需办理临时占地手续的，由发包人办理并承担相应费用。
6.2　发包人提供的施工设备和临时设施 发包人提供的施工设备或临时设施在专用合同条款中约定。	6.2款是关于由发包人提供施工设备和临时设施的约定。 若约定由发包人提供施工设备和临时设施时，承发包双方应在《专用合同条款》中作出明确约定。 一般情况下，发包人不宜提供施工设备和临时设施，以免承担施工责任。发包人如将自有设备和临时设施租赁给承包人使用时，不应以赢利为主要目的，也不能强行约定承包人租用其施工设备和临时设施。
6.3　要求承包人增加或更换施工设备 承包人使用的施工设备不能满足合同进度计划和（或）质量要求时，监理人有权要求承包人增加或更换施工设备，承包人应及时增加或更换，由此增加的费用和（或）工期延误由承包人承担。	6.3款是关于增加或更换施工设备的责任承担约定。 约定由承包人提供的施工设备，应按时到达施工现场，不得拖延、短缺或任意更换。尽管承包人已按约定提供了设备，但承包人使用的施工设备不能满足合同进度计划和（或）质量要求时，监理人有权要求承包人及时增加或更换施工设备，以保证施工进度及施工质量，承包人应及时增加或更换。由此增加的费用和（或）工期延误损失由承包人自行承担。

中华人民共和国 房屋建筑和市政工程标准施工招标文件 （2010年版） 第四章　第一节　通用合同条款	评　　注
6.4　施工设备和临时设施专用于合同工程	6.4款是关于施工设备和临时设施专用于工程的约定。
6.4.1　除合同另有约定外，运入施工场地的所有施工设备以及在施工场地建设的临时设施应专用于合同工程。未经监理人同意，不得将上述施工设备和临时设施中的任何部分运出施工场地或挪作他用。	6.4.1款为保证工程的顺利实施，约定运入施工场地的施工设备和临时设施，未经监理人同意，不得将其运出施工场地或挪作他用。
6.4.2　经监理人同意，承包人可根据合同进度计划撤走闲置的施工设备。	6.4.2款根据合同进度计划，经监理人同意，承包人可以撤走在工程完工前不再使用的闲置的施工设备。

第7条　交通运输，通用合同条款评注

中华人民共和国 房屋建筑和市政工程标准施工招标文件 （2010年版） 第四章　第一节　通用合同条款	评　　注
7.1　道路通行权和场外设施 除专用合同条款另有约定外，发包人应根据合同工程的施工需要，负责办理取得出入施工场地的专用和临时道路的通行权，以及取得为工程建设所需修建场外设施的权利，并承担有关费用。承包人应协助发包人办理上述手续。	7.1款是关于由发包人办理道路通行权和场外设施使用权的约定。 在施工过程中，承包人施工设备和人员需要往来于施工现场，若施工现场不靠近公共道路，则需要一些专用或临时的道路通行权。根据工程实施需要，由发包人统一与当地行政管理部门办理工程建设所需的道路通行权及场外设施使用权，并承担相应办理费用。需要承包人协调时，承包人应协助发包人办理相关手续。
7.2　场内施工道路	7.2款是关于场内交通承包人义务及责任承担的约定。
7.2.1　除专用合同条款另有约定外，承包人应负责修建、维修、养护和管理施工所需的临时道路和交通设施，包括维修、养护和管理发包人提供的道路和交通设施，并承担相应费用。	7.2.1款约定承包人负责施工所需的临时施工道路和交通设施的修建、维护和管理。在实践中，属于公用的场内施工道路和交通设施通常由发包人提供给相关承包人使用，但需要约定各自的维护和管理责任。
7.2.2　除专用合同条款另有约定外，承包人修建的临时道路和交通设施应免费提供发包人和监理人使用。	7.2.2款约定发包人和监理人有免费使用承包人修建的临时施工道路和交通设施的权利，前提是为了实施工程所必需。
7.3　场外交通	7.3款是关于场外交通承包人义务及责任承担的约定。
7.3.1　承包人车辆外出行驶所需的场外公共道路的通行费、养路费和税款等由承包人承担。	7.3.1款约定承包人承担因自身车辆场外交通所产生的各项相关费用。
7.3.2　承包人应遵守有关交通法规，严格按照道路和桥梁的限制荷重安全行驶，并服从交通管理部门的检查和监督。	7.3.2款约定承包人有遵守场外交通各项规定及服从监督的义务。我国《公路法》第五十条规定，超过公路、公路桥梁、公路隧道或者汽车渡船的限载、限高、限宽、限长标准的车辆，不得在有限定标准的公路、公路桥梁上或者公路隧道内行驶，不得使用汽车渡船。

中华人民共和国 房屋建筑和市政工程标准施工招标文件 （2010年版） 第四章　第一节　通用合同条款	评　注
7.4　超大件和超重件的运输 由承包人负责运输的超大件或超重件，应由承包人负责向交通管理部门办理申请手续，发包人给予协助。运输超大件或超重件所需的道路和桥梁临时加固改造费用和其他有关费用，由承包人承担，但专用合同条款另有约定除外。	7.4款是关于工程物资超限运输责任承担的约定。 我国《公路法》第五十条规定，超过公路或者公路桥梁限载标准确需行驶的，必须经县级以上地方人民政府交通主管部门批准，并按要求采取有效的防护措施；影响交通安全的，还应当经同级公安机关批准；运载不可解体的超限物品的，应当按照指定的时间、路线、时速行驶，并悬挂明显标志。运输单位不能按照前款规定采取防护措施的，由交通主管部门帮助其采取防护措施，所需费用由运输单位承担。 超限工程物资是指包装后的总重量、总长度、总宽度或总高度超过国家、行业有关规定的物资。承包人对于超限和有特殊要求的工程物资，应制定专项运输方案，并委托专门的运输机构承担。 承包人在投标阶段现场考察时，对进出场路线，尤其是运输大型设备的路线是否适宜，应当特别注意。
7.5　道路和桥梁的损坏责任 因承包人运输造成施工场地内外公共道路和桥梁损坏的，由承包人承担修复损坏的全部费用和可能引起的赔偿。	7.5款是关于道路和桥梁损坏责任承担的约定。 承包人为避免承担赔偿责任，应注意选择好运输路线和运输工具，采取合理措施，防止道路和桥梁的损坏。
7.6　水路和航空运输 本条上述各款的内容适用于水路运输和航空运输，其中“道路”一词的涵义包括河道、航线、船闸、机场、码头、堤防以及水路或航空运输中其他相似结构物；“车辆”一词的涵义包括船舶和飞机等。	7.6款是对本条交通运输适用范围的约定。 本款约定前述交通运输条款的内容适用于水路和航空运输，并对“道路”及“车辆”的涵义进行了明确。

第8条　测量放线，通用合同条款评注

中华人民共和国 房屋建筑和市政工程标准施工招标文件 （2010年版） 第四章　第一节　通用合同条款	评　注
8.1　施工控制网	8.1款是关于承发包双方在施工控制网方面各自的义务约定。 承包人现场开始工作的第一步即是由测量工程师在现场进行测量放线，以确定整个工程的位置。
8.1.1　发包人应在专用合同条款约定的期限内，通过监理人向承包人提供测量基准点、基准线和水准点及其书面资料。除专用合同条款另有约定外，承包人应根据国家测绘基准、测绘系统和工程测量技术规范，按上述基准点（线）以及合同工程精度要求，测设施工控制网，并在专用合同条款约定的期限内，将施工控制网资料报送监理人审批。	8.1.1款约定发包人应按约定时间向承包人提供测量基准点、基准线和水准点及其书面资料。《建设工程质量管理条例》第九条规定："建设单位必须向有关的勘察、设计、施工、工程监理等单位提供与建设工程有关的原始资料。原始资料必须真实、准确、齐全。"承包人也应按规定测设施工控制网，并将施工控制网相关资料按约定期限报监理人批准。 施工控制网为该施工区域设置的测量控制网，作用就是控制该区域施工三维位置（平面位置和高程），即施工放样用的众多已知点（导线点、水准点）组成的一个控制网。
8.1.2　承包人应负责管理施工控制网点。施工控制网点丢失或损坏的，承包人应及时修复。承包人应承担施工控制网点的管理与修复费用，并在工程竣工后将施工控制网点移交发包人。	8.1.2款约定承包人在整个施工过程中，应负责管理施工控制网点，并承担由此发生的管理与修复费用，直至工程竣工后将施工控制网点移交发包人。
8.2　施工测量	8.2款是关于承包人与监理人在施工测量方面各自的义务约定。 施工测量的质量好坏，直接影响工程产品的综合质量，并且制约着施工过程中有关工序的质量。例如测量控制基准点或标高有误，会导致建筑物或结构的位置或高程出现差误，从而影响工程整体质量。因此施工测量控制是施工中事前质量控制的基础性工作，亦是保证工程质量的重要内容。
8.2.1　承包人应负责施工过程中的全部施工测量放线工作，并配置合格的人员、仪器、设备和其他物品。	8.2.1款约定承包人负责施工过程中的全部施工测量放线工作，实践中通常包括地形测量、放样测量、断面测量和验收测量等工作。

中华人民共和国 房屋建筑和市政工程标准施工招标文件 （2010年版） 第四章　第一节　通用合同条款	评　注
8.2.2　监理人可以指示承包人进行抽样复测，当复测中发现错误或出现超过合同约定的误差时，承包人应按监理人指示进行修正或补测，并承担相应的复测费用。	8.2.2款约定监理人应按合同约定对承包人的测量数据进行检查，必要时可指示承包人进行抽样复测。如需要进行修正或补测时，由承包人承担相应的复测费用。
8.3　基准资料错误的责任 发包人应对其提供的测量基准点、基准线和水准点及其书面资料的真实性、准确性和完整性负责。发包人提供上述基准资料错误导致承包人测量放线工作的返工或造成工程损失的，发包人应当承担由此增加的费用和（或）工期延误，并向承包人支付合理利润。承包人发现发包人提供的上述基准资料存在明显错误或疏忽的，应及时通知监理人。	8.3款是关于发包人对其提供的基准资料出现错误所应承担的责任以及承包人发现错误时的通知义务约定。 根据我国《合同法》第一百一十三条的规定，发包人提供的基准资料错误导致承包人测量放线工作的返工或造成工程损失的，承包人有要求发包人延长工期或增加费用并支付合理利润的权利。 承包人在设计或施工中发现发包人提供的基准资料存在明显错误的，有通知监理人的义务。但本款并没有约定承包人需承担信息不反馈带来的损失赔偿责任。如果承包人在事后据此提出索赔时，首先应证明损失是由于基准资料的错误或疏忽造成的，并导致了额外费用和（或）延误工期；然后证明其是无法合理发现的错误或疏忽；最后按约定期限和程序及时发出索赔通知。 对于承包人来讲，从项目一开始就应建立一套内部的文件管理及审核系统，对提交给监理人或发包人的文件，以及从监理人或发包人那里接收的文件按程序进行审核，并作好相应记录和保存，这样出现问题时，可以从程序方面表明自己履行了核实义务，查清是否在使用之前就有发现数据中存在的问题等。
8.4　监理人使用施工控制网 监理人需要使用施工控制网的，承包人应提供必要的协助，发包人不再为此支付费用。	8.4款是关于监理人有免费使用施工控制网的权利，且承包人有提供必要协助的义务。

第9条　施工安全、治安保卫和环境保护，通用合同条款评注

中华人民共和国 房屋建筑和市政工程标准施工招标文件 （2010年版） 第四章　第一节　通用合同条款	评　注
9.1　发包人的施工安全责任	9.1款是关于发包人的施工安全责任约定。 安全施工应当受到包括发包人、承包人、监理人在内的各相关方的重视。为了规范建筑安全施工，国家出台了一系列建设施工安全标准和规范。这些安全标准及规范都对建筑施工过程中的具体操作进行了规制，是必须遵循的操作规范性文件。
9.1.1　发包人应按合同约定履行安全职责，授权监理人按合同约定的安全工作内容监督、检查承包人安全工作的实施，组织承包人和有关单位进行安全检查。	9.1.1款是关于发包人的安全管理职责的约定。发包人授权监理人对安全工作实施监督管理，以保证工程安全符合法律安全管理的要求。《建设工程安全生产管理条例》第四条规定，建设单位必须遵守安全生产法律、法规的规定，保证建设工程安全生产，依法承担建设工程安全生产责任。
9.1.2　发包人应对其现场机构雇佣的全部人员的工伤事故承担责任，但由于承包人原因造成发包人人员工伤的，应由承包人承担责任。	9.1.2款约定发包人负责承担自身雇佣人员工伤事故的赔偿责任，承包人负责承担因自身原因造成发包人雇佣人员的工伤事故赔偿责任。
9.1.3　发包人应负责赔偿以下各种情况造成的第三者人身伤亡和财产损失： （1）工程或工程的任何部分对土地的占用所造成的第三者财产损失； （2）由于发包人原因在施工场地及其毗邻地带造成的第三者人身伤亡和财产损失。	9.1.3款是关于发包人对第三者人身伤亡和财产损失的责任承担约定。发包人承担责任的范围包括：一是因工程本身占地对第三者造成的财产损失；二是因发包人自身原因造成的第三者人身伤亡和财产损失。
9.2　承包人的施工安全责任	9.2款是关于承包人的施工安全责任约定。 在施工过程中，承包人当然的负有安全施工的主要义务，要严格遵守工程建设安全生产的有关管理规定，严格按安全标准组织施工，在施工现场采取维护安全、防范危险、预防火灾等安全防护措施，消除事故隐患，确保施工现场内人身和财产安全。承包人还应遵守“技术标准和要求”中约定的施工安全规定。
9.2.1　承包人应按合同约定履行安全职责，执行监理人有关安全工作的指示，并在专用合同条	9.2.1款是关于承包人的安全管理职责的约定，以保证全体承包人人员的生命财产安全，保障

中华人民共和国 房屋建筑和市政工程标准施工招标文件 （2010年版） 第四章　第一节　通用合同条款	评　注
款约定的期限内，按合同约定的安全工作内容，编制施工安全措施计划报送监理人审批。	施工过程全部施工作业的安全。《建设工程安全生产管理条例》第四条规定，施工单位必须遵守安全生产法律、法规的规定，保证建设工程安全生产，依法承担建设工程安全生产责任。 承包人编制的施工安全技术措施包括但不限于施工安全保障体系，安全生产责任制，安全生产管理规章制度，安全防护施工方案，施工现场临时用电方案，施工安全评估，安全预控及保证措施方案，紧急应变措施，安全标志、警示和围护方案等。对影响安全的重要工序和危险性较大的工程应编制专项施工方案，并附安全验算结果。
9.2.2　承包人应加强施工作业安全管理，特别应加强易燃、易爆材料、火工器材、有毒与腐蚀性材料和其他危险品的管理，以及对爆破作业和地下工程施工等危险作业的管理。	9.2.2款是关于承包人的施工作业安全职责的约定。承包人的施工作业安全职责应包括对各种灾害的预防、制定紧急预案、各种救助物资的准备、抢救队伍的组织、事故发生后的紧急抢救措施等全方位的施工安全工作。
9.2.3　承包人应严格按照国家安全标准制定施工安全操作规程，配备必要的安全生产和劳动保护设施，加强对承包人人员的安全教育，并发放安全工作手册和劳动保护用具。	9.2.3款是关于承包人配备劳动保护设施和实施安全教育的安全职责的约定。承包人配备的劳动保护设施应根据不同的工种需要发放到现场的每位作业人员手中；实施安全教育的对象应包括临时雇佣人员在内的全体承包人人员。
9.2.4　承包人应按监理人的指示制定应对灾害的紧急预案，报送监理人审批。承包人还应按预案做好安全检查，配置必要的救助物资和器材，切实保护好有关人员的人身和财产安全。	9.2.4款是关于承包人按监理人指示制定灾害紧急预案以及配置救助物资及器材的安全职责的约定。《建设工程安全生产管理条例》第四十八条规定，施工单位应当制定本单位生产安全事故应急救援预案，建立应急救援组织或者配备应急救援人员，配备必要的应急救援器材、设备，并定期组织演练。
9.2.5　合同约定的安全作业环境及安全施工措施所需费用应遵守有关规定，并包括在相关工作的合同价格中。因采取合同未约定的安全作业环境及安全施工措施增加的费用，由监理人按第3.5款商定或确定。	9.2.5款是关于工程安全作业环境及安全施工措施费用的解决办法。《建设工程安全生产管理条例》第二十二条规定，施工单位对列入建设工程概算的安全作业环境及安全施工措施所需费用，应当用于施工安全防护用具及设施的采购和更新、安全施工措施的落实、安全生产条件的改善，不得

中华人民共和国 房屋建筑和市政工程标准施工招标文件 （2010 年版） 第四章　第一节　通用合同条款	评　注
	挪作他用。若遇紧急情况，采取了合同约定范围以外的安全作业环境及安全施工措施费用，则由监理人按约定程序商定或确定。
9.2.6　承包人应对其履行合同所雇佣的全部人员，包括分包人人员的工伤事故承担责任，但由于发包人原因造成承包人人员工伤事故的，应由发包人承担责任。	9.2.6 款约定承包人承担自身雇佣的全部人员，包括分包人员的工伤事故责任。发包人负责承担因自身原因造成承包人雇佣人员的工伤事故责任。对于分包人，承包人要尽到合理注意及监督提示的义务。 对于发包人向承包人提出对施工的各种要求，承包人要注意留存好各种证据，以避免因无证据证明事故发生是源自于发包人原因，而不得不自行承担相关责任及费用的情况。
9.2.7　由于承包人原因在施工场地内及其毗邻地带造成的第三者人员伤亡和财产损失，由承包人负责赔偿。	9.2.7 款是关于承包人对第三者人身伤亡和财产损失的责任承担约定。 在整个施工过程中对承包人采取的施工安全措施，监理人和发包人有监督的权利。如果由于承包人未能对其应负责的事项采取各种必要的措施而导致或发生与此有关的人身伤亡和（或）财产损失，由承包人承担相应的责任。 不论是发包人、承包人，都应坚持“安全第一，预防为主”的安全生产管理方针，必须加强对安全责任的认识，安全生产的责任是至关重要的。因为如发生安全事故须承担相应的责任及费用。这里的责任包括民事责任、行政责任以及刑事责任。而且对企业承包的资质评级、建设项目的奖项评选等均会产生不利影响，亦对发包人、承包人的企业整体形象带来负面效应。
9.3　治安保卫	9.3 款是关于承发包双方的施工治安保卫责任的约定。
9.3.1　除合同另有约定外，发包人应与当地公安部门协商，在现场建立治安管理机构或联防组织，统一管理施工场地的治安保卫事项，履行合同工程的治安保卫职责。	9.3.1 款是关于由发包人承担治安保卫职责的约定。 为维持施工场地及其附近区域的社会治安，保障工程施工的顺利进行，发包人应与当地公安部门协商，在现场建立治安管理机构或与公安部门

中华人民共和国 房屋建筑和市政工程标准施工招标文件 （2010年版） 第四章　第一节　通用合同条款	评　注
	共同建立联防组织，维护施工场地及其附近区域的社会治安，保障人民生命及财产安全。
9.3.2　发包人和承包人除应协助现场治安管理机构或联防组织维护施工场地的社会治安外，还应做好包括生活区在内的各自管辖区的治安保卫工作。	9.3.2款是关于承发包双方共同的治安保卫义务约定。 发包人和承包人也可建立专设的治安保卫部门，协助做好现场治安管理机构或联防组织的治安保卫工作，且更要做好各自管辖区域内的治安保卫工作。
9.3.3　除合同另有约定外，发包人和承包人应在工程开工后，共同编制施工场地治安管理计划，并制定应对突发治安事件的紧急预案。在工程施工过程中，发生暴乱、爆炸等恐怖事件，以及群殴、械斗等群体性突发治安事件的，发包人和承包人应立即向当地政府报告。发包人和承包人应积极协助当地有关部门采取措施平息事态，防止事态扩大，尽量减少财产损失和避免人员伤亡。	9.3.3款是关于承发包双方在发生治安事件时各自的义务约定。 为防止和解决发生的治安事件，本款约定由发包人和承包人共同编制施工场地治安管理计划和应对突发治安事件时的紧急预案。当发生治安事件时，承发包双方均应立即报告当地政府部门，并积极配合当地有关部门平息事态，防止事态扩大，尽量避免人员伤亡，减少财产损失。
9.4　环境保护	9.4款是关于承包人环境保护责任的约定。
9.4.1　承包人在施工过程中，应遵守有关环境保护的法律，履行合同约定的环境保护义务，并对违反法律和合同约定义务所造成的环境破坏、人身伤害和财产损失负责。	9.4.1款是关于承包人环境保护内容的约定。 承包人在进行工程建设时，应将遵守国家有关环境保护的法律、法规作为工程设计、施工，以及投标和履行合同的指导原则。承包人须对环境污染问题引起足够重视，不仅要承担因施工作业导致的环境污染侵权责任损害赔偿，而且要承担因环境污染导致的停工损失。 承包人在实践中还应当注意，因安全防护工作管理不善造成的侵权，如高度危险作业、环境污染等，按照《侵权责任法》的规定实行举证责任倒置，由侵权人承担无过错的证明责任。
9.4.2　承包人应按合同约定的环保工作内容，编制施工环保措施计划，报送监理人审批。	9.4.2款是关于承包人编制环保措施计划的义务约定。 承包人在编制环保措施计划时，根据工程实际情况和相关环保的法律、法规规定，应对工程项目环境保护的实施标准、保护内容及具体措施等进行明确，并报监理人批准。

中华人民共和国 房屋建筑和市政工程标准施工招标文件 （2010年版） 第四章　第一节　通用合同条款	评　注
9.4.3　承包人应按照批准的施工环保措施计划有序地堆放和处理施工废弃物，避免对环境造成破坏。因承包人任意堆放或弃置施工废弃物造成妨碍公共交通、影响城镇居民生活、降低河流行洪能力、危及居民安全、破坏周边环境，或者影响其他承包人施工等后果的，承包人应承担责任。	9.4.3款是关于承包人环境保护责任的约定。 《建筑法》第四十一条规定："建筑施工企业应当遵守有关环境保护和安全生产的法律、法规的规定，采取控制和处理施工现场的各种粉尘、废气、废水、固体废物以及噪声、振动对环境的污染和危害的措施。"
9.4.4　承包人应按合同约定采取有效措施，对施工开挖的边坡及时进行支护，维护排水设施，并进行水土保护，避免因施工造成的地质灾害。	9.4.4款约定承包人应做好水资源保护措施，避免因施工造成排水设施损坏或地质灾害发生。
9.4.5　承包人应按国家饮用水管理标准定期对饮用水源进行监测，防止施工活动污染饮用水源。	9.4.5款约定承包人应采取有效管理措施，防止污染饮用水源。
9.4.6　承包人应按合同约定，加强对噪声、粉尘、废气、废水和废油的控制，努力降低噪声，控制粉尘和废气浓度，做好废水和废油的治理和排放。	9.4.6款约定承包人应做好噪声污染防治措施，扬尘控制措施以及废气排放控制措施等，最大限度减少施工活动对环境造成的影响。
9.5　事故处理 工程施工过程中发生事故的，承包人应立即通知监理人，监理人应立即通知发包人。发包人和承包人应立即组织人员和设备进行紧急抢救和抢修，减少人员伤亡和财产损失，防止事故扩大，并保护事故现场。需要移动现场物品时，应作出标记和书面记录，妥善保管有关证据。发包人和承包人应按国家有关规定，及时如实地向有关部门报告事故发生的情况，以及正在采取的紧急措施等。	9.5款是关于承发包双方事故处理责任的约定。 《建设工程安全生产管理条例》第五十一条规定，发生生产安全事故后，施工单位应当采取措施防止事故扩大，保护事故现场。需要移动现场物品时，应当做出标记和书面记录，妥善保管有关证据。 当施工过程中发生事故时，发包人和承包人应立即启动应急预案，并共同采取措施进行抢救，尽量减少人员伤亡和财产损失，妥善处理好事故。 最终事故责任由相关行政部门认定，若双方对结论不服，可以通过相关法律、法规规定的行政或司法救济途径解决。

第10条　进度计划，通用合同条款评注

中华人民共和国 房屋建筑和市政工程标准施工招标文件 （2010年版） 第四章　第一节　通用合同条款	评　　注
10.1　合同进度计划 承包人应按专用合同条款约定的内容和期限，编制详细的施工进度计划和施工方案说明报送监理人。监理人应在专用合同条款约定的期限内批复或提出修改意见，否则该进度计划视为已得到批准。经监理人批准的施工进度计划称合同进度计划，是控制合同工程进度的依据。承包人还应根据合同进度计划，编制更为详细的分阶段或分项进度计划，报监理人审批。	10.1款是关于承包人进度计划的编制和报送的约定。 编制进度计划的目的在于确定各个建筑产品及其主要工种、分部分项工程的准备工作和工程的施工期限、开工、竣工日期和各个期限之间的相互关系，以及施工场地布置、临时设施、机械设备、临时用水用电、交通运输安排和投入使用情况。承包人在编制进度计划时，需要综合考虑自身的人工、机械、材料投入情况，综合各类工作界面的划分和施工作业的搭接时间，综合其他各种影响因素（如设计单位、分包单位工作进展情况），力求科学合理地编制进度计划，作为有效控制项目建设进度的依据。 本款明确监理人未在约定期限内答复时视为同意，以确保工程实施的进度。为便于工程进度管理，本款还约定承包人在合同进度计划的基础上编制分阶段和分项的进度计划，特别是关键线路上的单位工程或分部工程，并报监理人批准。
10.2　合同进度计划的修订 不论何种原因造成工程的实际进度与第10.1款的合同进度计划不符时，承包人可以在专用合同条款约定的期限内向监理人提交修订合同进度计划的申请报告，并附有关措施和相关资料，报监理人审批；监理人也可以直接向承包人作出修订合同进度计划的指示，承包人应按该指示修订合同进度计划，报监理人审批。监理人应在专用合同条款约定的期限内批复。监理人在批复前应获得发包人同意。	10.2款是关于承包人进度计划修订和确认的约定。 承包人应注意本款约定，不论是何种原因造成工程实际完成情况落后于计划进度时，承包人应在约定期限内提交修订进度计划的申请，报监理人批准。除承包人可以提交修订进度报告外，本款赋予监理人也可以直接做出修订合同进度计划的指示。 承包人报送修订后的进度计划，经监理人批准并获得发包人同意后作为合同进度计划的补充文件。 项目建设的进度是工程项目管理始终围绕的核心因素之一，进度计划显然是衡量施工进度是否符合预期目标的重要参考文件，通过修订施工进度计划则可有效控制项目在建设过程中的施工进度，也有助于控制发包人和承包人在工期上的法律风险，有利于保障承发包双方的权益。

第11条　开工和竣工，通用合同条款评注

中华人民共和国 房屋建筑和市政工程标准施工招标文件 （2010年版） 第四章　第一节　通用合同条款	评　注
11.1　开工	11.1款是关于开工日期的确定方法以及开工时的程序约定。
11.1.1　监理人应在开工日期7天前向承包人发出开工通知。监理人在发出开工通知前应获得发包人同意。工期自监理人发出的开工通知中载明的开工日期起计算。承包人应在开工日期后尽快施工。	11.1.1款承包人须特别注意开工日期的确定：须监理人在开工日期7天前向承包人发出开工通知，监理人在发出开工通知前应获得发包人同意。工期的起算日期是以开工通知中载明的为准。开工日期是发包人批准的日期，而不一定是合同约定的日期。 在实践中往往会由于发包人原因使得承包人不能按约定开始工作，通常有以下原因：（1）未取得施工许可证被责令停工；（2）未按时提供符合条件的施工场地；（3）未按时提供符合条件的施工图纸；（4）未按约定支付工程预付款无法施工；（5）提供“甲供材”不符合强制性规定等。 监理人应及时向承包人发出开工通知，因为承包人在中标之后，就会全力投入施工准备，如监理人迟迟不签发开工通知，承包人就无法做出合理的开工安排，可能导致施工设备和人员的闲置，增加费用。
11.1.2　承包人应按第10.1款约定的合同进度计划，向监理人提交工程开工报审表，经监理人审批后执行。开工报审表应详细说明按合同进度计划正常施工所需的施工道路、临时设施、材料设备、施工人员等施工组织措施的落实情况以及工程的进度安排。	11.1.2款是关于承包人开工时的程序约定。承包人在工程准备工作完成后，计划开工前应先向监理人提交工程开工报审表，本款明确了开工报审表应包括的内容。承包人应提前准备好开工报审的各项手续，报监理人批准后尽快开工。
11.2　竣工 承包人应在第1.1.4.3目约定的期限内完成合同工程。实际竣工日期在接收证书中写明。	11.2款是关于承包人应按时开工及按期竣工的义务约定。 实际竣工日期应在工程接收证书中写明，接收证书上写明的日期将作为衡量工期延误或提前的依据。
11.3　发包人的工期延误 在履行合同过程中，由于发包人的下列原因造成工期延误的，承包人有权要求发包人延长工期和	11.3款是关于因发包人原因导致工期延误的情况及其责任承担约定。 我国《合同法》第二百八十三条规定，发包人

中华人民共和国 房屋建筑和市政工程标准施工招标文件 （2010年版） 第四章　第一节　通用合同条款	评　注
（或）增加费用，并支付合理利润。需要修订合同进度计划的，按照第10.2款的约定办理。 （1）增加合同工作内容； （2）改变合同中任何一项工作的质量要求或其他特性； （3）发包人迟延提供材料、工程设备或变更交货地点的； （4）因发包人原因导致的暂停施工； （5）提供图纸延误； （6）未按合同约定及时支付预付款、进度款； （7）发包人造成工期延误的其他原因。	未按照约定的时间和要求提供原材料、设备、场地、资金、技术资料的，承包人可以顺延工程日期，并有权要求赔偿停工、窝工等损失。 本款列举了发包人造成工期延误的7项原因，第（7）项其他原因承发包双方可在《专用合同条款》中作进一步补充和明确。本款约定“因发包人原因导致的工期延误，承包人有要求支付合理利润的权利”。 工期延误涉及工程的竣工、工期违约等重大权利义务的行使和分担，也是引发承发包双方争议的重大事项，因此双方应给予足够的重视。工期延误亦是工程建设过程中最常见的现象，承发包双方可合理利用合同条款赋予双方的权利和义务，做好工期方面纠纷的防范、控制和解决。
11.4　异常恶劣的气候条件 由于出现专用合同条款规定的异常恶劣气候的条件导致工期延误的，承包人有权要求发包人延长工期。	11.4款是关于因异常恶劣的气候条件导致工期延误时的责任承担约定。 当工程所在地发生危及施工安全的异常恶劣气候时，承包人和发包人均应采取合理措施，如及时采取暂停施工或部分暂停施工措施，避免因异常恶劣的气候条件造成损失。承包人有权要求发包人延长工期和（或）增加费用。异常恶劣的气候条件如工程所在地发生几十年一遇的罕见气候现象，包括温度、降水、降雪、大风等。异常恶劣的气候条件的具体范围，应由承发包双方在《专用合同条款》中作进一步明确。
11.5　承包人的工期延误 由于承包人原因，未能按合同进度计划完成工作，或监理人认为承包人施工进度不能满足合同工期要求的，承包人应采取措施加快进度，并承担加快进度所增加的费用。由于承包人原因造成工期延误，承包人应支付逾期竣工违约金。逾期竣工违约金的计算方法在专用合同条款中约定。承包人支付逾期竣工违约金，不免除承包人完成工程及修补缺陷的义务。	11.5款是关于因承包人原因导致工期延误的情况及其责任承担约定。 因承包人自身原因导致工期延误，应采取有效措施赶上施工进度，赶工费用由承包人自行承担。但采取赶工措施仍不能按合同约定完工时，应按《专用合同条款》的约定支付逾期竣工违约金。承包人因工期延误承担违约责任的主要形式是继续履行、违约金、损害赔偿。 避免和减少工期延误以及由此造成的损失，承包人可以从下列两方面加以控制：（1）通过科学编制进度计划，并根据工程的实际进度适时进行调整；（2）在《专用合同条款》中进一步明确工期延误的具体情形。

中华人民共和国 房屋建筑和市政工程标准施工招标文件 （2010 年版） 第四章　第一节　通用合同条款	评　注
	如果合同中约定工期延误违约金的数额过高或者过低，当事人可否请求法院予以调整？我国《合同法》第一百一十四条的规定：“当事人可以约定一方违约时应当根据违约情况向对方支付一定数额的违约金，也可以约定因违约产生的损失赔偿额的计算方法。约定的违约金低于造成的损失的，当事人可以请求人民法院或者仲裁机构予以增加；约定的违约金过分高于造成的损失的，当事人可以请求人民法院或者仲裁机构予以适当减少。当事人就迟延履行约定违约金的，违约方支付违约金后，还应当履行债务”。 违约方也应注意最高人民法院关于适用《中华人民共和国合同法》若干问题的解释（二）（法释〔2009〕5 号）第二十九条的规定，当事人主张约定的违约金过高请求予以适当减少的，人民法院应当以实际损失为基础，兼顾合同的履行情况、当事人的过错程度以及预期利益等综合因素，根据公平原则和诚实信用原则予以衡量，并作出裁决。当事人约定的违约金超过造成损失的百分之三十的，一般可以认定为合同法第一百一十四条第二款规定的“过分高于造成的损失。” 在工程实践中，对于是否逾期竣工，以及造成逾期竣工的责任方，是最容易引发承发包双方之间争议的事项，因此双方都有必要对关于本款在《专用合同条款》中的约定给予足够的重视。
11.6　工期提前 发包人要求承包人提前竣工，或承包人提出提前竣工的建议能够给发包人带来效益的，应由监理人与承包人共同协商采取加快工程进度的措施和修订合同进度计划。发包人应承担承包人由此增加的费用，并向承包人支付专用合同条款约定的相应奖金。	11.6 款是关于工期提前处理方法的约定。 在实践中，发包人不得随意要求承包人提前竣工，承包人也不得随意提出提前竣工的建议。如遇特殊情况，确需将工期提前的，承发包双方均必须采取有效措施，确保工程质量。 通常在施工实践中发包人要求提前竣工，双方协商一致后应在专业律师的指导下签订提前竣工协议，明确双方的责权利关系，并作为合同文件的组成部分。 不论是发包人要求承包人提前竣工，或是承包人提出提前竣工的建议，均会对工程原来的整体进度安排产生重大的变化，故需要承发包双方共同协商采取赶工措施和修订合同进度计划。

中华人民共和国 房屋建筑和市政工程标准施工招标文件 （2010年版） 第四章　第一节　通用合同条款	评　注
	发包人要求提前竣工的，双方协商一致后应签订提前竣工协议，协议内容包括：（1）提前的时间和修订的进度计划；（2）承包人的赶工措施；（3）发包人为赶工提供的条件；（4）赶工费用（包括利润和奖金）。 承包人提出提前竣工建议并经发包人同意的，发包人应支付提前竣工奖励，以增强承包人施工的积极性。承发包双方应在《专用合同条款》中进一步详细约定提前竣工奖励的数额或方式。建设项目的高效率、高质量地完成，有助于发包人投资回报尽快实现，对于承发包双方来讲，将是一个双赢的结果。 另外，不论是发包人要求的提前竣工，或是承包人建议的提前竣工，在进行协商的过程中，承包人需要收集、保存好提前竣工所作的努力和工作的相关往来函件，留有各方签章的验收记录等，可以将此作为解决日后有关已发生的赶工费用以及竣工日期等争议的证据材料。

第12条　暂停施工，通用合同条款评注

中华人民共和国 房屋建筑和市政工程标准施工招标文件 （2010年版） 第四章　第一节　通用合同条款	评　注
12.1　承包人暂停施工的责任 因下列暂停施工增加的费用和（或）工期延误由承包人承担： （1）承包人违约引起的暂停施工； （2）由于承包人原因为工程合理施工和安全保障所必需的暂停施工； （3）承包人擅自暂停施工； （4）承包人其他原因引起的暂停施工； （5）专用合同条款约定由承包人承担的其他暂停施工。	12.1款是关于承包人承担暂停施工责任的情形。 由于工程项目的建设周期相对比较长，受外部条件，如地质、气候，以及付款、施工质量、安全等各种因素影响，都可能导致工程项目暂停施工。暂停施工可能是暂时的，也有可能是长期的，因此事先对暂停施工涉及的相关事项以及各方应承担的责任进行约定是非常有必要的。 工程暂停条款亦是工程合同的重要条款之一，在工程实施过程中如出现不能持续实施工程的情况发生，应按照本条约定处理。 承包人应注意履行好自己的合同义务，避免承担因自身原因造成发包人暂停工作导致的费用和（或）工期延误损失。
12.2　发包人暂停施工的责任 由于发包人原因引起的暂停施工造成工期延误的，承包人有权要求发包人延长工期和（或）增加费用，并支付合理利润。	12.2款是关于发包人暂停施工的责任承担约定。 我国《合同法》第二百八十四条对发包人原因造成工程中途停建、缓建时承包人的索赔权利即发包人的赔偿范围提供了法律依据。 因发包人原因暂停施工造成的工期延误，承包人有权按约定程序提出索赔，包括合理的利润。
12.3　监理人暂停施工指示	12.3款是关于监理人指示暂停施工的程序约定。
12.3.1　监理人认为有必要时，可向承包人作出暂停施工的指示，承包人应按监理人指示暂停施工。不论由于何种原因引起的暂停施工，暂停施工期间承包人应负责妥善保护工程并提供安全保障。	12.3.1款约定暂停施工确有必要时，监理人可向承包人作出书面暂停施工指示，承包人应按监理人要求停止施工，并有义务妥善保护好已完工程，并提供安全保障。如在暂停施工状态下，因承包人未尽到妥善保护义务出现质量、安全等事故，承包人需承担相应的责任。 在工程实践中，通常监理人指示暂停工作的原因包括：（1）外部条件变化。如后续法规政策的变化导致工程缓建、停建或是工程当地行政管理机构依据法律规定要求在某一时段内不允许施工

中华人民共和国 房屋建筑和市政工程标准施工招标文件 （2010年版） 第四章　第一节　通用合同条款	评　注
	等；（2）发包人导致，如发包人未能按时完成后续施工的现场或通道的移交工作或发包人提供的设备不能按时到货等。（3）协调管理需要。如同时在现场的承包人及/或分包人之间出现施工交叉影响，需要暂停工作进行必要的协调。 在工程建设过程中，监理人的指示是承包人工作的依据之一，如因监理的指示有误造成承包人返工、窝工或有其他损失时，承包人只能依约定程序向发包人提出索赔。
12.3.2　由于发包人的原因发生暂停施工的紧急情况，且监理人未及时下达暂停施工指示的，承包人可先暂停施工，并及时向监理人提出暂停施工的书面请求。监理人应在接到书面请求后的24小时内予以答复，逾期未答复的，视为同意承包人的暂停施工请求。	12.3.2款是关于因紧急情况暂停工作时的程序约定。由于发包人原因出现需要紧急暂停工作的情况时，承包人可先行暂停工作，但须及时向监理人提交暂停工作的书面请求。监理人也应及时予以答复，逾期答复则视为默示承包人的暂停工作请求。
12.4　暂停施工后的复工	12.4款是关于工程暂停后的复工程序及责任承担约定。
12.4.1　暂停施工后，监理人应与发包人和承包人协商，采取有效措施积极消除暂停施工的影响。当工程具备复工条件时，监理人应立即向承包人发出复工通知。承包人收到复工通知后，应在监理人指定的期限内复工。	12.4.1款是关于暂停工作后的复工程序约定。暂停工作后，监理人应充分发挥协调作用，当工程具备复工条件时，应立即向承包人发出复工通知，承包人也应在监理人指定的期限内尽快组织复工。
12.4.2　承包人无故拖延和拒绝复工的，由此增加的费用和工期延误由承包人承担；因发包人原因无法按时复工的，承包人有权要求发包人延长工期和（或）增加费用，并支付合理利润。	12.4.2款是关于“谁的原因造成无法复工由谁承担责任”的约定。 若无法复工的原因在承包人，则增加的费用和延误的工期由承包人承担；若无法复工的原因在发包人，则承包人有权延长工期，要求发包人支付增加的费用及合理的利润。
12.5　暂停施工持续56天以上	12.5款是关于暂停工作持续达到56天以上时承包人享有的权利及责任承担约定。
12.5.1　监理人发出暂停施工指示后56天内未向承包人发出复工通知，除了该项停工属于第12.1	12.5.1款是关于承包人享有的权利约定。 暂停工作持续时间过长将严重影响工程完工日

中华人民共和国 房屋建筑和市政工程标准施工招标文件 （2010 年版） 第四章　第一节　通用合同条款	评　　注
款的情况外，承包人可向监理人提交书面通知，要求监理人在收到书面通知后 28 天内准许已暂停施工的工程或其中一部分工程继续施工。如监理人逾期不予批准，则承包人可以通知监理人，将工程受影响的部分视为按第 15.1（1）项的可取消工作。如暂停施工影响到整个工程，可视为发包人违约，应按第 22.2 款的规定办理。	期并造成重大经济损失，因此本款约定暂停工作持续达到 56 天以上，承包人可以要求监理人准许其继续施工。若监理人在收到复工通知后 28 天内未给予复工指示的，承包人可以按照变更条款将暂停工作作为消项工作处理，但需要通知监理人。若暂停工作涉及整个工程，承包人可向发包人发出解除合同通知。 本款约定限制了发包人的暂停施工行为，亦是对承包人的保护条款。如果暂停时间过长，虽然可以索赔，但会打乱承包人整体的业务安排，这时应允许承包人作出对自己有利的选择。
12.5.2　由于承包人责任引起的暂停施工，如承包人在收到监理人暂停施工指示后 56 天内不认真采取有效的复工措施，造成工期延误，可视为承包人违约，应按第 22.1 款的规定办理。	12.5.2 款承包人应避免和减少工期延误，严格按合同约定履行合同。 承包人也应注意，因自身原因导致的停工，在监理人发出暂停工作指示后，应认真采取有效的复工措施，否则因此造成工期延误的，应承担相应的违约责任。 承发包双方在暂停工作期应注意以下几方面：(1) 不论是因何原因导致暂停施工，在此期间，依照《合同法》“减损规则”的规定，双方都应当采取有效措施积极消除停工因素的影响，减少因停工可能造成的损失，否则，任何一方都无权利就扩大损失部分要求违约方赔偿；(2) 在施工暂停前后，需要收集相关的资料，往来函件，整理会议纪要等，为将来有可能发生工期索赔时留下证据材料；(3) 对于复工项目还应依照法律法规的规定申报施工许可延期等手续；(4) 在施工暂停结束后，应严格按照合同中关于索赔的约定及时提出赔偿请求。

第 13 条　工程质量，通用合同条款评注

中华人民共和国 房屋建筑和市政工程标准施工招标文件 （2010 年版） 第四章　第一节　通用合同条款	评　注
13.1　工程质量要求	13.1 款是关于对承包人工程质量要求的约定。 工程质量的法律风险控制贯穿于工程项目建设的全过程，尤其是建造阶段，隐蔽工程和中间验收、竣工验收均是质量控制的关键点。
13.1.1　工程质量验收按合同约定验收标准执行。	13.1.1 款工程质量的具体验收标准和要求，通常在“技术标准和要求”中进行约定。 承包人的质量义务内容一般可概括为：（1）按设计图纸及技术标准施工；（2）对建筑材料、配件、设备进行检验；（3）竣工工程符合质量标准；（4）质量保修及缺陷责任期的缺陷修复。 工程质量标准与工程质量检验标准是两个不同概念。前者主要是规定工程质量应达到的状态；而后者主要是规定如何进行评定。前者主要涉及的是实体内容，而后者主要涉及的是程序内容。
13.1.2　因承包人原因造成工程质量达不到合同约定验收标准的，监理人有权要求承包人返工直至符合合同要求为止，由此造成的费用增加和（或）工期延误由承包人承担。	13.1.2 款是关于因承包人原因造成工程质量不符合合同约定验收标准的处理方法及责任承担约定。最高人民法院《关于审理建设工程施工合同纠纷案件适用法律问题的解释》第十一条规定，因承包人的过错造成建设工程质量不符合约定，承包人拒绝修理、返工或者改建，发包人请求减少支付工程价款的，应予支持。我国法律对承包人质量责任的归责原则实行的是过错责任原则。
13.1.3　因发包人原因造成工程质量达不到合同约定验收标准的，发包人应承担由于承包人返工造成的费用增加和（或）工期延误，并支付承包人合理利润。	13.1.3 款是关于因发包人原因造成工程质量不符合合同约定验收标准的处理方法及责任承担约定。 发包人的质量义务内容一般可概括为：（1）提供符合工程质量要求的设计文件；（2）提供的建筑材料、设备应符合质量标准；（3）不得干预依法实施的招投标；（4）依法进行工程竣工验收，未经验收或者验收不合格的工程，不得使用。

中华人民共和国 房屋建筑和市政工程标准施工招标文件 （2010年版） 第四章　第一节　通用合同条款	评　注
13.2　承包人的质量管理	13.2款是关于对承包人工程质量管理的约定。
13.2.1　承包人应在施工场地设置专门的质量检查机构，配备专职质量检查人员，建立完善的质量检查制度。承包人应在合同约定的期限内，提交工程质量保证措施文件，包括质量检查机构的组织和岗位责任、质检人员的组成、质量检查程序和实施细则等，报送监理人审批。	13.2.1款是关于承包人应建立完善的质量检查制度的约定。承包人应建立、健全施工质量的检验制度，严格工序管理，并作好隐蔽工程的质量检查和记录。严格工序管理，不仅指对单一工序加强管理，而是对整个过程网络进行全面管理。用前一道或横向相关的工序保证后续工序的质量，从而使整个工程施工质量达到预期目标。 监理人监督管理承包人的主要依据是合同文件，就质量方面依据的是规范和图纸之类的技术文件。但要使工程质量最终得到保证，还是要通过承包人内部管理来实现。因此，本款要求承包人编制工程质量保证措施文件，提交监理人批准后遵照执行。
13.2.2　承包人应加强对施工人员的质量教育和技术培训，定期考核施工人员的劳动技能，严格执行规范和操作规程。	13.2.2款是关于要求承包人加强对人员培训的管理约定。《建设工程质量管理条例》第三十三条规定，施工单位应当建立、健全教育培训制度，加强对职工的教育培训；未经教育培训或者考核不合格的人员，不得上岗作业。
13.3　承包人的质量检查 承包人应按合同约定对材料、工程设备以及工程的所有部位及其施工工艺进行全过程的质量检查和检验，并作详细记录，编制工程质量报表，报送监理人审查。	13.3款是关于对承包人工程质量检查的约定。 承包人应按合同约定负责对工程设计、材料和工程设备以及工程所有部位及其施工工艺进行全过程的质量检查和检验，尤其应做好隐蔽工程和隐蔽部位的质量检查和检验工作。 承包人还应做好对上述工程质量检查和检验的记录及报表编制，以便于监理人审查检验和在将来发生质量争议时，作为解决合同争议的证据材料。
13.4　监理人的质量检查 监理人有权对工程的所有部位及其施工工艺、材料和工程设备进行检查和检验。承包人应为监理人的检查和检验提供方便，包括监理人到施工场地，或制造、加工地点，或合同约定的其他地方进行察看和查阅施工原始记录。承包人还应按监理人指示，进行施工场地取样试验、工程复核测量和设备性能检测，提供试验样品、提交试验报告和测量成果以及监理人要求进行的其他工作。监理人的检	13.4款是关于监理人对工程质量检查和检验的权利约定。 监理人及其委派的检查和检验人员，应能进入工程现场，以及材料（或）工程设备的制造、加工或制配的车间或场所进行检查或检验。 监理人的检查和检验应尽量避免影响施工正常进行。监理人检查和检验的工作方式是按照工程监理规范的要求，采取旁站、巡视、平行检验等形式，对建设工程实施监理。因监理人在检查和

中华人民共和国 房屋建筑和市政工程标准施工招标文件 （2010年版） 第四章　第一节　通用合同条款	评　注
查和检验，不免除承包人按合同约定应负的责任。	检验中出现的错误或不当指示产生的法律责任将由发包人承担。 承包人应随时接受监理人的检查和检验并为检查和检验提供便利条件。工程质量达不到约定标准的部分，监理人可要求承包人拆除及/或返工，承包人应遵照履行，并因此承担由于自身原因导致增加的费用和（或）工期延误损失。 《建设工程质量管理条例》第三十六条规定，工程监理单位应当依照法律、法规以及有关技术标准、设计文件和建设工程承包合同，代表建设单位对施工质量实施监理，并对施工质量承担监理责任。
13.5　工程隐蔽部位覆盖前的检查	13.5款是关于工程隐蔽部位进行覆盖前各方义务的约定。 隐蔽工程完成隐蔽后，将难以再对其进行质量检查或者说这种检查成本相对较大，因此必须在隐蔽前进行检查验收。隐蔽部位质量缺陷是导致工程重大安全、质量事故的根本原因，隐蔽部位覆盖前的质量检查应成为确保工程质量的关键。承包人应重视隐蔽部位检查签证管理的重要性，强化对隐蔽工程覆盖检查的确认，尤其是要强化监理人未参加隐蔽工程覆盖检查的签证管理，预防因签证资料不全产生的法律风险。
13.5.1　通知监理人检查 经承包人自检确认的工程隐蔽部位具备覆盖条件后，承包人应通知监理人在约定的期限内检查。承包人的通知应附有自检记录和必要的检查资料。监理人应按时到场检查。经监理人检查确认质量符合隐蔽要求，并在检查记录上签字后，承包人才能进行覆盖。监理人检查确认质量不合格的，承包人应在监理人指示的时间内修整返工后，由监理人重新检查。	13.5.1款是关于承包人通知监理人检查的程序约定。 承包人应先做好自检，在确认工程隐蔽部位具备覆盖条件后及时书面通知监理人，通知应明确隐蔽的内容、验收时间和地点。监理人也应及时到场检查，经监理人检验合格并签字后，承包人才能进行下一道工序。 《建设工程质量管理条例》第三十条规定，施工单位必须建立、健全施工质量的检验制度，严格工序管理，作好隐蔽工程的质量检查和记录。隐蔽工程在隐蔽前，施工单位应当通知建设单位和建设工程质量监督机构。
13.5.2　监理人未到场检查 监理人未按第13.5.1项约定的时间进行检查	13.5.2款是关于监理人未按时到场检查时的责任承担约定。

中华人民共和国 房屋建筑和市政工程标准施工招标文件 （2010年版） 第四章　第一节　通用合同条款	评　　注
的，除监理人另有指示外，承包人可自行完成覆盖工作，并作相应记录报送监理人，监理人应签字确认。监理人事后对检查记录有疑问的，可按第13.5.3项的约定重新检查。	监理人未按约定时间到场检验也未提出延期要求，承包人有自行覆盖的权利，以确保工程能按计划顺利实施。承包人经过验收的检查后，将检查、隐蔽记录送交监理人。此检验视为监理人在场情况下进行的验收，监理人应承认验收记录的正确性。 本款约定是为了防止监理人故意拖延验收进程而给承包人带来额外损失，保护承包人利益，促使监理人尽快对隐蔽工程的验收，以确保工程能按计划顺利实施。
13.5.3　监理人重新检查 承包人按第13.5.1项或第13.5.2项覆盖工程隐蔽部位后，监理人对质量有疑问的，可要求承包人对已覆盖的部位进行钻孔探测或揭开重新检验，承包人应遵照执行，并在检验后重新覆盖恢复原状。经检验证明工程质量符合合同要求的，由发包人承担由此增加的费用和（或）工期延误，并支付承包人合理利润；经检验证明工程质量不符合合同要求的，由此增加的费用和（或）工期延误由承包人承担。	13.5.3款是关于监理人在“质量存疑”时重新检查的程序及责任承担约定。 无论监理人是否参加了验收，当其对某部分的工程质量有怀疑，均可要求承包人对已经隐蔽的工程进行重新检验。承包人接到通知后，应按要求进行剥离或开孔，并在检验后重新覆盖或修复。 本款赋予监理人在“质量存疑”情况下拥有绝对的重新检验权利，约定监理人此项权利的目的是为提高工程整体建设质量，以及加强承包人的责任心。按照公平原则，本款对重新检验结果和责任作了合理划分：（1）如重新检验质量不合格，则由承包人承担由此造成的费用和（或）工期延误损失；（2）如重新检验质量合格，由发包人承担由此增加的费用和（或）工期延误损失，并支付承包人合理利润。
13.5.4　承包人私自覆盖 承包人未通知监理人到场检查，私自将工程隐蔽部位覆盖的，监理人有权指示承包人钻孔探测或揭开检查，由此增加的费用和（或）工期延误由承包人承担。	13.5.4款是关于承包人私自覆盖时的责任承担约定。 因承包人未通知监理人在场私自将工程隐蔽部位覆盖后，监理人要求重新检验而增加的费用和工期延误责任则由承包人自行承担。
13.6　清除不合格工程	13.6款是关于不合格工程的责任承担约定。 我国《合同法》第一百零七条规定，当事人一方不履行合同义务或者履行合同义务不符合约定的，应当承担继续履行、采取补救措施或者赔偿损失等违约责任。

中华人民共和国 房屋建筑和市政工程标准施工招标文件 （2010年版） 第四章　第一节　通用合同条款	评　　注
13.6.1　承包人使用不合格材料、工程设备，或采用不适当的施工工艺，或施工不当，造成工程不合格的，监理人可以随时发出指示，要求承包人立即采取措施进行补救，直至达到合同要求的质量标准，由此增加的费用和（或）工期延误由承包人承担。	13.6.1款是关于因承包人原因造成工程不合格的责任承担约定。承包人不按合同约定，因设计失误和（或）使用了不合格的材料和工程设备，或采用了不适宜的施工工艺造成工程缺陷，监理人可发出指示要求承包人采取合理的补救措施包括进行替换、补救或拆除重建，直至达到合格标准。承包人承担由此导致的费用和（或）工期延误损失。
13.6.2　由于发包人提供的材料或工程设备不合格造成的工程不合格，需要承包人采取措施补救的，发包人应承担由此增加的费用和（或）工期延误，并支付承包人合理利润。	13.6.2款是关于因发包人原因造成工程不合格的责任承担约定。发包人不按合同约定，提供了不合格的材料或工程设备造成工程缺陷，需要承包人采取补救措施的，发包人承担由此导致的费用和（或）工期延误损失，并支付承包人合理利润。

第14条　试验和检验，通用合同条款评注

中华人民共和国 房屋建筑和市政工程标准施工招标文件 （2010年版） 第四章　第一节　通用合同条款	评　注
14.1　材料、工程设备和工程的试验和检验	14.1款是关于使用于工程的材料、设备及工程本身试验和检验的约定。 《建设工程质量管理条例》第二十九条规定，施工单位必须按照工程设计要求、施工技术标准和合同约定，对建筑材料、建筑构配件、设备和商品混凝土进行检验，检验应当有书面记录和专人签字；未经检验或者检验不合格的，不得使用。
14.1.1　承包人应按合同约定进行材料、工程设备和工程的试验和检验，并为监理人对上述材料、工程设备和工程的质量检查提供必要的试验资料和原始记录。按合同约定应由监理人与承包人共同进行试验和检验的，由承包人负责提供必要的试验资料和原始记录。	14.1.1款承包人应按本条约定的试验和检验程序，以及“技术标准和要求”中约定的质量标准对工程使用的各项材料和设备以及工程本身进行各项试验和检验。 承包人进行前述试验和检验，包括与监理人共同进行的试验和检验，均应做好记录，特别是保存好当时的原始记录。
14.1.2　监理人未按合同约定派员参加试验和检验的，除监理人另有指示外，承包人可自行试验和检验，并应立即将试验和检验结果报送监理人，监理人应签字确认。	14.1.2款约定监理人未按约定时间参加试验和检验的，承包人可自行试验和检验，监理人应签字确认承包人的试验和检验结果。
14.1.3　监理人对承包人的试验和检验结果有疑问的，或为查清承包人试验和检验成果的可靠性要求承包人重新试验和检验的，可按合同约定由监理人与承包人共同进行。重新试验和检验的结果证明该项材料、工程设备或工程的质量不符合合同要求的，由此增加的费用和（或）工期延误由承包人承担；重新试验和检验结果证明该项材料、工程设备和工程符合合同要求，由发包人承担由此增加的费用和（或）工期延误，并支付承包人合理利润。	14.1.3款是关于监理人对试验和检验结果存疑时的处理约定。 按照公平原则，本款对重新试验和检验结果责任作了合理划分：（1）如重新试验和检验质量不符合要求，则由承包人承担由此造成的费用和（或）工期延误损失；（2）如重新试验和检验质量符合要求，由发包人承担由此增加的费用和（或）工期延误损失，并支付承包人合理利润。
14.2　现场材料试验	14.2款是关于对工程现场材料的试验约定。
14.2.1　承包人根据合同约定或监理人指示进行的现场材料试验，应由承包人提供试验场所、试	14.2.1款约定由承包人提供现场材料试验条件的义务。

中华人民共和国 房屋建筑和市政工程标准施工招标文件 （2010年版） 第四章　第一节　通用合同条款	评　注
验人员、试验设备器材以及其他必要的试验条件。	承包人现场材料试验，主要是常规试验，包括对水泥、钢材、土料以及混凝土等材料的试验工作。
14.2.2　监理人在必要时可以使用承包人的试验场所、试验设备器材以及其他试验条件，进行以工程质量检查为目的的复核性材料试验，承包人应予以协助。	14.2.2款约定监理人在必要时可免费使用承包人提供的试验条件进行复核性材料试验，承包人有协助的义务。
14.3　现场工艺试验 承包人应按合同约定或监理人指示进行现场工艺试验。对大型的现场工艺试验，监理人认为必要时，应由承包人根据监理人提出的工艺试验要求，编制工艺试验措施计划，报送监理人审批。	14.3款是关于对现场工艺的试验约定。 常规的现场工艺试验是指在国家或行业的规程、规范中规定的工艺试验或为进行某项成熟的工艺所必须进行的试验；而特殊的、大型的新工艺试验，通常需要编制专项工艺措施计划，报监理人批准后实施。如果在施工过程中，监理人要求进行的试验和检验为合同未约定或是该材料、工程设备的制造、加工、制配厂以外的场所进行的，承包人也应遵照实施，其所需费用和利润则由发包人承担，因此而影响的工期也应予以延长。

第15条　变更，通用合同条款评注

中华人民共和国 房屋建筑和市政工程标准施工招标文件 （2010年版） 第四章　第一节　通用合同条款	评　　注
15.1　变更的范围和内容 除专用合同条款另有约定外，在履行合同中发生以下情形之一，应按照本条规定进行变更。 （1）取消合同中任何一项工作，但被取消的工作不能转由发包人或其他人实施； （2）改变合同中任何一项工作的质量或其他特性； （3）改变合同工程的基线、标高、位置或尺寸； （4）改变合同中任何一项工作的施工时间或改变已批准的施工工艺或顺序； （5）为完成工程需要追加的额外工作。	15.1款是关于工程变更的范围和内容的约定。 工程项目的复杂性决定了发包人在招标阶段所确定的方案往往存在某方面的不足。随着工程的进展和对工程本身的认识加深，以及其他外部因素的影响，往往在工程施工期间需要对工程的范围，技术要求等进行修改，就产生了工程的变更问题。 本款约定的五项变更范围和内容属通用性的内容，各行业可针对具体工程作出详细约定，但不能删除其中任何一项，可在《专用合同条款》中增加约定新项。工程变更条款在整个施工合同条件中的地位举足轻重，工程变更条款不仅与合同价款有关，更与工期的延误或者索赔直接相关，对此应引起承发包双方的高度重视。
15.2　变更权 在履行合同过程中，经发包人同意，监理人可按第15.3款约定的变更程序向承包人作出变更指示，承包人应遵照执行。没有监理人的变更指示，承包人不得擅自变更。	15.2款是关于有权提请变更主体的约定。 本款约定发包人通过监理人可以在施工期间对工程进行变更，并对变更时间作了限制；承包人不得自行对工程进行变更。
15.3　变更程序 **15.3.1　变更的提出** （1）在合同履行过程中，可能发生第15.1款约定情形的，监理人可向承包人发出变更意向书。变更意向书应说明变更的具体内容和发包人对变更的时间要求，并附必要的图纸和相关资料。变更意向书应要求承包人提交包括拟实施变更工作的计划、措施和竣工时间等内容的实施方案。发包人同意承包人根据变更意向书要求提交的变更实施方案的，由监理人按第15.3.3项约定发出变更指示。 （2）在合同履行过程中，发生第15.1款约定情形的，监理人应按照第15.3.3项约定向承包人发出变更指示。	15.3款是关于变更执行程序的约定。 15.3.1款是关于监理人和承包人认为可能发生变更时的处理程序约定。 第（1）项约定监理人认为可能发生变更情形时，可向承包人发出变更意向书。承包人应根据变更意向书的要求提交变更实施方案；监理人审查后报发包人审批，发包人审批后由监理人发出变更指示，承包人应遵照执行。 第（2）项在合同实施过程中，发生合同约定变更情形的，监理人应按约定程序向承包人发出变更指示。

中华人民共和国 房屋建筑和市政工程标准施工招标文件 （2010年版） 第四章　第一节　通用合同条款	评　注
（3）承包人收到监理人按合同约定发出的图纸和文件，经检查认为其中存在第15.1款约定情形的，可向监理人提出书面变更建议。变更建议应阐明要求变更的依据，并附必要的图纸和说明。监理人收到承包人书面建议后，应与发包人共同研究，确认存在变更的，应在收到承包人书面建议后的14天内作出变更指示。经研究后不同意作为变更的，应由监理人书面答复承包人。	第（3）项约定承包人认为可能发生变更情形时，可向监理人提出变更建议书。承包人在其变更建议书中应明确提出变更对工期与价款的影响；监理人首先应与发包人共同审查承包人的变更建议书是否合理，然后决定是否进行变更。如认为承包人的变更建议书合理，则应在约定期限内指示承包人进行变更工作；如认为不合理，则应及时答复承包人。
（4）若承包人收到监理人的变更意向书后认为难以实施此项变更，应立即通知监理人，说明原因并附详细依据。监理人与承包人和发包人协商后确定撤销、改变或不改变原变更意向书。	第（4）项约定承包人认为无法实施监理人提出的变更意向的，应及时通知监理人，由监理人、发包人与承包人共同协商决定改变、不改变或撤销变更意向书。承包人应当注意的是，在监理人正式发出变更指示之前，应正常进行工作，而不能停下来等待变更指示。
15.3.2　变更估价	15.3.2款是关于发生工程变更时如何调整价格和工期的约定。
（1）除专用合同条款对期限另有约定外，承包人应在收到变更指示或变更意向书后的14天内，向监理人提交变更报价书，报价内容应根据第15.4款约定的估价原则，详细开列变更工作的价格组成及其依据，并附必要的施工方法说明和有关图纸。	第（1）项是承包人提交变更报价书的时限，即在收到监理人变更指示或变更意向书后14天内；本项亦明确了变更报价书应包含的内容，承包人应按约定期限和程序及时做好变更估价工作。
（2）变更工作影响工期的，承包人应提出调整工期的具体细节。监理人认为有必要时，可要求承包人提交要求提前或延长工期的施工进度计划及相应施工措施等详细资料。	第（2）项是变更涉及工期提前或延长的调整程序约定，承包人可向监理人提出，监理人认为必要时也可要求承包人提供相关详细资料。
（3）除专用合同条款对期限另有约定外，监理人收到承包人变更报价书后的14天内，根据第15.4款约定的估价原则，按照第3.5款商定或确定变更价格。	第（3）项是监理人商定或确定变更价格的时限：即收到承包人变更报价书后的14天内；监理人亦应及时按约定期限和程序确定变更价格。
15.3.3　变更指示 （1）变更指示只能由监理人发出。 （2）变更指示应说明变更的目的、范围、变更内容以及变更的工程量及其进度和技术要求，并附有关图纸和文件。承包人收到变更指示后，应按变更指示进行变更工作。	15.3.3款是关于变更指示的限制约定。 本款对变更指示作了三个限定：一是监理人是唯一作出变更指示的主体；二是变更指示应当包括的内容；三是承包人应按变更指示实施变更。 承包人要对工程任何的变更给予足够的重视，及时办理变更签证，变更是签证的原因，签证是变更的结果。保留由此形成的洽商单、签证等任何形式的书面文件，作为日后确认实际变更发生工程量的证据材料。

中华人民共和国 房屋建筑和市政工程标准施工招标文件 （2010年版） 第四章　第一节　通用合同条款	评　注
	最高人民法院《关于审理建设工程施工合同纠纷案件适用法律问题的解释》第十九条规定："当事人对工程量有争议的，按照施工过程中形成的签证等书面文件确认。承包人能够证明发包人同意其施工，但未能提供签证文件证明工程量发生的，可以按照当事人提供的其他证据确认实际发生的工程量"。该解释为解决签证未获成功时如何补救提供了思路，承包人可以通过会议纪要、经发包人批准的施工方案设计、来往函件、监理证明或录音录像等其他形式固定证据，为权利主张提供依据。
15.4　变更的估价原则 除专用合同条款另有约定外，因变更引起的价格调整按照本款约定处理。	15.4款是关于变更估价原则的约定。 变更的估价原则应首先以已标价工程量清单为主要依据。工程量清单的编制也应尽可能的详细、清楚，避免漏项和错项。
15.4.1　已标价工程量清单中有适用于变更工作的子目的，采用该子目的单价。	15.4.1款明确有适用于变更工作子目的则采用该子目的单价调整价格。
15.4.2　已标价工程量清单中无适用于变更工作的子目，但有类似子目的，可在合理范围内参照类似子目的单价，由监理人按第3.5款商定或确定变更工作的单价。	15.4.2款明确无适用于变更工作的子目但有类似子目的，由监理人在合理范围内参照该类似子目的单价商定或确定变更工作的单价。
15.4.3　已标价工程量清单中无适用或类似子目的单价，可按照成本加利润的原则，由监理人按第3.5款商定或确定变更工作的单价。	15.4.3款明确无适用或类似子目的单价，由监理人按照成本加利润的原则商定或确定变更工作的单价，为解决类似的争议提供了解决的方法和思路。 在未约定调价方法的情况下的价格调整，根据最高人民法院《关于审理建设工程施工合同纠纷案件适用法律问题的解释》第十六条第二款规定，如果在合同中未约定有关工程变更部分工程价款结算方式的，可以补充协商，补充协商不能达成一致的，参照签订建设工程施工合同时当地建设行政主管部门发布的计价方法或者计价标准结算工程价款。

中华人民共和国 房屋建筑和市政工程标准施工招标文件 （2010年版） 第四章　第一节　通用合同条款	评　注
15.5　承包人的合理化建议	15.5款是关于承包人合理化建议的程序及奖励的约定。
15.5.1　在履行合同过程中，承包人对发包人提供的图纸、技术要求以及其他方面提出的合理化建议，均应以书面形式提交监理人。合理化建议书的内容应包括建议工作的详细说明、进度计划和效益以及与其他工作的协调等，并附必要的设计文件。监理人应与发包人协商是否采纳建议。建议被采纳并构成变更的，应按第15.3.3项约定向承包人发出变更指示。	15.5.1款中的“合理化建议”是一种承包人主动寻求变更建议的机制，只有发包人接受的合理化建议才按照变更处理。 由于工程项目涉及的资金额度比较大，优化设计和施工方案可能会给项目带来更好的效益。此处的“合理化建议”是指承包人在工程施工过程中，结合自身经验，针对发包人的要求和项目建设特点所采用的较原施工方案、施工工艺更为经济、适宜的方案、工艺，以及建筑材料、设备。 作为一个有经验的承包人，可以根据以往工程项目建设的实践经验，提出可能极大地降低成本、加快施工进度的合理化建议，为发包人带来很好的经济效益和社会效益，同时也提高承包人管理水平，增加效益，有利于创造发包人和承包人“双赢”的局面。
15.5.2　承包人提出的合理化建议降低了合同价格、缩短了工期或者提高了工程经济效益的，发包人可按国家有关规定在专用合同条款中约定给予奖励。	15.5.2款承包人提出的合理化建议，应遵循利益分享原则，本款赋予承发包双方在《专用合同条款》中进一步约定激励承包人提出合理化建议的奖励计算标准，也可以在专业律师的指导下另行签订利益分享补充协议，承包人、发包人均应注意把握谈判协商的时机。
15.6　暂列金额 暂列金额只能按照监理人的指示使用，并对合同价格进行相应调整。	15.6款是关于暂列金额使用程序的约定。 暂列金额在发包人提供的工程量清单中专项列出，用于施工合同签订时尚未确定或者不可预见的所需材料、设备、服务的采购，施工中可能发生的工程变更、合同约定调整因素出现时的工程价款调整以及发生的索赔、现场签证确认等的费用。承包人经发包人同意后按照监理人的指示可按约定程序使用暂列金额。 设立暂列金额并不能保证合同结算价格就不会再出现超过合同价格的情况，是否超出合同价格完全取决于工程量清单编制人对暂列金额预测的准确性，以及工程建设过程是否出现其他事先未预测的事件。

中华人民共和国 房屋建筑和市政工程标准施工招标文件 （2010 年版） 第四章　第一节　通用合同条款	评　注
15.7　计日工	15.7 款是关于采用计日工方式时的程序及支付约定。
15.7.1　发包人认为有必要时，由监理人通知承包人以计日工方式实施变更的零星工作。其价款按列入已标价工程量清单中的计日工计价子目及其单价进行计算。	15.7.1 款是什么情况下采用计日工方式时的约定。 通常在招标文件中有一个计日工表，列出有关施工设备、常用材料和各类人员等，要求承包人填报单价。经发包人确认后列入合同文件，作为计价的依据。设立计日工表，为合同约定之外的零星工作提供了一个快捷计价的途径，尤其是没有时间商量或无法准确计量时值得重视。
15.7.2　采用计日工计价的任何一项变更工作，应从暂列金额中支付，承包人应在该项变更的实施过程中，每天提交以下报表和有关凭证报送监理人审批： （1）工作名称、内容和数量； （2）投入该工作所有人员的姓名、工种、级别和耗用工时； （3）投入该工作的材料类别和数量； （4）投入该工作的施工设备型号、台数和耗用台时； （5）监理人要求提交的其他资料和凭证。	15.7.2 款是采用计日工方式时的支付程序约定。 本款约定承包人应每天将计日工作的报表和相关凭证报送监理人批准。 为了获得合理的计日工单价，计日工表中一定要给出暂定数量，并且需要根据经验，尽可能估算出一个比较贴近实际的数量。 本款约定计日工应从暂列金额中予以支付。
15.7.3　计日工由承包人汇总后，按第 17.3.2 项的约定列入进度付款申请单，由监理人复核并经发包人同意后列入进度付款。	15.7.3 款是关于采用计日工方式时的结算程序约定。 承包人应将汇总后的计日工作量及时列入当期进度付款申请中，监理人核定并报发包人同意后进行结算。
15.8　暂估价	15.8 款是关于暂估价的约定。
15.8.1　发包人在工程量清单中给定暂估价的材料、工程设备和专业工程属于依法必须招标的范围并达到规定的规模标准的，由发包人和承包人以招标的方式选择供应商或分包人。发包人和承包人的权利义务关系在专用合同条款中约定。中标金额与工程量清单中所列的暂估价的金额差以及相应的税金等其他费用列入合同价格。	15.8.1 款约定依法必须招标时的估价通过招标确定。 暂估价是发包人在工程量清单中提供的用于支付必然发生但暂时不能确定的材料的单价以及专业工程的金额。 本款约定依法必须招标的材料、工程设备和专业工程，由承发包双方共同以招标方式确定后列

中华人民共和国 房屋建筑和市政工程标准施工招标文件 （2010年版） 第四章　第一节　通用合同条款	评　　注
	入合同价格。此处的共同招标并不是说共同成为招标人。为了构建顺畅法律关系，以使招标工作顺利进行，因此建议在《专用合同条款》中增加：暂估价共同招标的程序以及承发包双方的权利义务。可约定由承包人组织招投标，发包人在发标、评标、定价、签约等各个关键节点上进行批准，掌握控制权力。
15.8.2　发包人在工程量清单中给定暂估价的材料和工程设备不属于依法必须招标的范围或未达到规定的规模标准的，应由承包人按第5.1款的约定提供。经监理人确认的材料、工程设备的价格与工程量清单中所列的暂估价的金额差以及相应的税金等其他费用列入合同价格。	15.8.2款约定不属于依法必须招标的估价由双方协商确定。 本款约定依法不需要招标的材料和工程设备，由承包人按约定程序提供，经监理人确认后列入合同价格。
15.8.3　发包人在工程量清单中给定暂估价的专业工程不属于依法必须招标的范围或未达到规定的规模标准的，由监理人按照第15.4款进行估价，但专用合同条款另有约定的除外。经估价的专业工程与工程量清单中所列的暂估价的金额差以及相应的税金等其他费用列入合同价格。	15.8.3款约定不属于依法必须招标的专业工程按变更估价确定。 本款约定依法不需要招标的专业工程，由监理人按约定程序进行变更估价后列入合同价格。

第16条　价格调整，通用合同条款评注

中华人民共和国 房屋建筑和市政工程标准施工招标文件 （2010年版） 第四章　第一节　通用合同条款	评　注
16.1　物价波动引起的价格调整 除专用合同条款另有约定外，因物价波动引起的价格调整按照本款约定处理。	16.1款是关于合同价格因物价波动进行调整的约定。 市场经济下物价的波动是一种正常现象，实质是一个风险分担问题。本款约定了两种价格调整方式，可根据投标函附录是否约定了价格指数和权重而选择适用。
16.1.1　采用价格指数调整价格差额	16.1.1款是关于采用价格指数调整价格差额方式时的约定。 本款项下的内容适用于招标人在投标函附录中有约定价格指数和权重的情形。采用价格调整公式的优点是公平分担风险、处理及时，可在每笔进度付款中及时消化价格波动因素，可以根据实际情况灵活运用。
16.1.1.1　价格调整公式 因人工、材料和设备等价格波动影响合同价格时，根据投标函附录中的价格指数和权重表约定的数据，按以下公式计算差额并调整合同价格。 $\Delta P = P_0\left[A + \left(B_1 \times \frac{F_{t1}}{F_{01}} + B_2 \times \frac{F_{t2}}{F_{02}} + B_3 \times \frac{F_{t3}}{F_{03}} + \cdots + B_n \times \frac{F_{tn}}{F_{0n}}\right) - 1\right]$ 式中：ΔP——需调整的价格差额； P_0——第17.3.3项、第17.5.2项和第17.6.2项约定的付款证书中承包人应得到的已完成工程量的金额。此项金额应不包括价格调整、不计质量保证金的扣留和支付、预付款的支付和扣回。第15条约定的变更及其他金额已按现行价格计价的，也不计在内； A——定值权重（即不调部分的权重）；	16.1.1.1款是计算差额并调整合同价格的公式。 从本款约定可看出，调价公式并不适用于所有工程款，而只适用于一般的人工、材料和设备等的价格波动。 应当注意的是：1）本款列出的价格调整公式，用于具体工程时，应与附件格式投标函附录中的价格指数和权重表对照应用；2）定值权重、各可调因子及其变值权重的允许范围由发包人根据工程具体情况而确定；其中，定值权重是指合同价格中可不予调价的权重；变值权重是指各可调价格因子的调价权重；可调因子是指合同约定拟予调整价格的人工费、施工设备使用费、各项工程材料费等占合同价格主要部分的可调价格因子；（3）由于物价指数颁布滞后的原因，对每个月需要调整的工程款来说，适用的指数值也不可能就是该月的当期指数值，本款约定当期适用的指数值取的是进度付款证书、竣工付款证书及最终

中华人民共和国 房屋建筑和市政工程标准施工招标文件 （2010年版） 第四章　第一节　通用合同条款	评　注
B_1；B_2；B_3……B_n——各可调因子的变值权重（即可调部分的权重）为各可调因子在投标函投标总报价中所占的比例； F_{t1}；F_{t2}；F_{t3}……F_{tn}——各可调因子的现行价格指数，指第17.3.3项、第17.5.2项和第17.6.2项约定的付款证书相关周期最后一天的前42天的各可调因子的价格指数； F_{01}；F_{02}；F_{03}……F_{0n}——各可调因子的基本价格指数，指基准日期的各可调因子的价格指数。 以上价格调整公式中的各可调因子、定值和变值权重，以及基本价格指数及其来源在投标函附录价格指数和权重表中约定。价格指数应首先采用有关部门提供的价格指数，缺乏上述价格指数时，可采用有关部门提供的价格代替。	结清证书周期最后一天的前42天当天的有效指数值，当期用的基本上是其上个月的物价指数；（4）价格指数应首先采用国家或省、自治区、直辖市价格部门或统计部门提供的价格指数，缺乏上述价格指数时，才可采用上述部门提供的价格代替。 根据本款的约定，调价可以上调，也可以下调，但物价基本上是上涨趋势，适用本调价条款总体上有利于承包人。
16.1.1.2　暂时确定调整差额 在计算调整差额时得不到现行价格指数的，可暂用上一次价格指数计算，并在以后的付款中再按实际价格指数进行调整。	16.1.1.2款是关于暂时不能确定当期价格指数时如何调整差额的约定。 政府物价管理部门和计划统计部门不一定每月公布价格指数，因此在计算调整差额时将会遇到缺乏公式中当时的现行价格指数，此时可按上一次的价格指数计算，待相关时间的价格指数公布后再进行调整。
16.1.1.3　权重的调整 按第15.1款约定的变更导致原定合同中的权重不合理时，由监理人与承包人和发包人协商后进行调整。	16.1.1.3款是关于对权重进行调整时的约定。 在采用综合调价公式时，当工程发生较大的变更而可能使不同类别的项目在工程总量中所占的比例也发生较大变化，导致原来的调价公式中的权重不合理时而需要进行调整。
16.1.1.4　承包人工期延误后的价格调整 由于承包人原因未在约定的工期内竣工的，则对原约定竣工日期后继续施工的工程，在使用第16.1.1.1目价格调整公式时，应采用原约定竣工	16.1.1.4款是关于承包人工期延误后的价格调整约定。 由于承包人原因导致未在约定的工期内竣工，对继续施工工程进行价格调整时，在原约定竣工日

中华人民共和国 房屋建筑和市政工程标准施工招标文件 （2010年版） 第四章　第一节　通用合同条款	评　注
日期与实际竣工日期的两个价格指数中较低的一个作为现行价格指数。	期与实际竣工日期两个不同的价格指数中，应选用有利于发包人的现行价格指数计算价差。
16.1.2　采用造价信息调整价格差额 施工期内，因人工、材料、设备和机械台班价格波动影响合同价格时，人工、机械使用费按照国家或省、自治区、直辖市建设行政管理部门、行业建设管理部门或其授权的工程造价管理机构发布的人工成本信息、机械台班单价或机械使用费系数进行调整；需要进行价格调整的材料，其单价和采购数应由监理人复核，监理人确认需调整的材料单价及数量，作为调整工程合同价格差额的依据。	16.1.2款是关于采用造价信息调整价格差额方式的约定。 如招标文件约定投标报价时，采用工程造价管理机构发布的价格信息作为人工、材料和机械的市场价格时，可按照本款约定对价格差额进行调整。需调整材料的单价及数量必须由监理人确认，以该确认结果作为调整工程合同价格差额的依据。 在采用工程造价管理机构发布的造价信息调整价差时，这些造价信息应仅限于国家或省、自治区、直辖市物价波动信息，不宜包括其他如法律因素和政策性调整因素（这些因素应反映在物价波动上）。 关于合同涉及的固定价格遭遇市场材料、人工价格异动引起的价格风险，承包人的应对思路和对策主要有：（1）当合同价格固定且同时承担价格风险，合同无预付款和风险费约定，可要求认定在签约时显失公平；地方政府主管部门有关价格异动的调整规定可作为衡量显失公平的标准。（2）根据实际情况或已过除斥期间不能认定为显失公平的，可根据发包人是否按合同约定及时支付工程款，是否因发包人原因逾期开工或工期延长，逾期开工或工期延长与价格异动有因果关系的，可对照我国《合同法》第六十三条、一百零七条的规定，要求价格异动后果为违约所引起损失的组成部分，要求由违约方承担价格异动的相应责任。 我国《合同法》第六十三条规定："执行政府定价或者政府指导价的，在合同约定的交付期限内政府价格调整时，按照交付时的价格计价。逾期交付标的物的，遇价格上涨时，按照原价格执行；价格下降时，按照新价格执行。逾期提取标的物或者逾期付款的，遇价格上涨时，按照新价格执行；价格下降时，按照原价格执行"。 《合同法》一百零七条规定："当事人一方不履行合同义务或者履行合同义务不符合约定的，应当承担继续履行、采取补救措施或者赔偿损失等违约责任"。

中华人民共和国 房屋建筑和市政工程标准施工招标文件 （2010 年版） 第四章　第一节　通用合同条款	评　　注
16.2　法律变化引起的价格调整 在基准日后，因法律变化导致承包人在合同履行中所需要的工程费用发生除第 16.1 款约定以外的增减时，监理人应根据法律、国家或省、自治区、直辖市有关部门的规定，按第 3.5 款商定或确定需调整的合同价款。	16.2 款是关于因法律变化引起的调整约定。 法律变化包括税费调整、行政管理程序变更等情形。 工程建设的时间跨度一般比较长，承包人投标时所考虑的影响标价的因素可能会因建设期间相关立法变动而影响到工程的实际费用，承包人要求对合同价格以及工期作出调整是公平合理的。 根据本款的约定，无论法律变化导致工程费用增加还是减少，合同价格均应作调整。发包人应注意的是，如果法律变化导致工程费用降低，则发包人应承担此举证责任，证明某项法律的变动降低了承包人的工程费用以及降低的额度。

第17条　计量与支付，通用合同条款评注

中华人民共和国 房屋建筑和市政工程标准施工招标文件 （2010年版） 第四章　第一节　通用合同条款	评　注
17.1　计量	17.1款是关于工程计量的约定。 工程价款支付以工程计量为基础，计量则以质量合格为前提。通过计量可以核实承包人为履行合同所完成的准确工程量，并确定其价值；但工程计量并不意味着发包人和监理人对工程的批准，计量不解除承包人在合同中应承担的任何义务。
17.1.1　计量单位 计量采用国家法定的计量单位。	17.1.1款是关于计量单位的约定。 《计量法》第三条对我国采用计量单位制度进行了规定，国家采用国际单位制。国际单位制计量单位和国家选定的其他计量单位，为国家法定计量单位。国家法定计量单位的名称、符号由国务院公布。非国家法定计量单位应当废除。废除的办法由国务院制定。
17.1.2　计量方法 工程量清单中的工程量计算规则应按有关国家标准、行业标准的规定，并在合同中约定执行。	17.1.2款是关于计量方法的约定。 工程量清单中的各个子目的具体计量方法按合同文件技术规范中的约定执行。计量方法指17.1.3款约定的计量周期，以及17.1.4款和17.1.5款、《专用合同条款》、技术标准和要求、工程量清单等约定的方法。
17.1.3　计量周期 除专用合同条款另有约定外，单价子目已完成工程量按月计量，总价子目的计量周期按批准的支付分解报告确定。	17.1.3款是关于计量周期的约定。 该款约定付款周期与计量周期相同。 本款区分单价子目、总价子目，是为了兼顾单价合同和总价合同两种形式，两种都存在单价子目和总价子目。本款约定的计量周期依单价子目与总价子目而有所不同，单价子目以已完工程量按月计量，而总价子目则按批准的支付分解报告确定。 支付分解报告是为每期工程款支付的应付金额所做的计划，条件成就时，按计划金额支付。一般用列表方式，要素包括序号、支付节点的条件（时间或者形象进度描述、支付金额）。支付分解报告可以简化合同管理程序，避免大量的重复计算。

中华人民共和国 房屋建筑和市政工程标准施工招标文件 （2010年版） 第四章　第一节　通用合同条款	评　　注
17.1.4　单价子目的计量 （1）已标价工程量清单中的单价子目工程量为估算工程量。结算工程量是承包人实际完成的，并按合同约定的计量方法进行计量的工程量。	17.1.4 款是关于单价子目计量程序的约定。 第（1）项承包人的工程款结算按照实际完成的工程量进行支付。已完成的单价子目工程量通常按月计量和支付；计量周期的起止日期应在《专用合同条款》中进一步明确。 工程实践中，对于采用招标方式承包的工程，工程量表中开列的是依据图纸确定的估算工程量，不能反映实际工程量。监理人必须对已完的工程进行准确计量，并以实测实量的结果作为向承包人支付工程进度款的依据和凭证。
（2）承包人对已完成的工程进行计量，向监理人提交进度付款申请单、已完成工程量报表和有关计量资料。	第（2）项承包人完成工程计量后，向监理人提交工程量报表及计量资料，申请进度付款。
（3）监理人对承包人提交的工程量报表进行复核，以确定实际完成的工程量。对数量有异议的，可要求承包人按第8.2款约定进行共同复核和抽样复测。承包人应协助监理人进行复核并按监理人要求提供补充计量资料。承包人未按监理人要求参加复核，监理人复核或修正的工程量视为承包人实际完成的工程量。 （4）监理人认为有必要时，可通知承包人共同进行联合测量、计量，承包人应遵照执行。	第（3）、（4）项，监理人根据承包人提交的工程量报表及计量资料，对承包人实际完成的工程量进行复核。首先，监理人对有异议的计量报表，有权要求承包人提供补充资料并进行共同复核； 其次，在复核过程中，监理人认为有必要时才通知承包人共同进行联合测量、计量； 承包人若未参加复核，监理人自行复核的工程量确定有效。
（5）承包人完成工程量清单中每个子目的工程量后，监理人应要求承包人派员共同对每个子目的历次计量报表进行汇总，以核实最终结算工程量。监理人可要求承包人提供补充计量资料，以确定最后一次进度付款的准确工程量。承包人未按监理人要求派员参加的，监理人最终核实的工程量视为承包人完成该子目的准确工程量。	第（5）项承包人应与监理人共同核实最终结算工程量。承包人若未参加，监理人最终核实的工程量确定有效。
（6）监理人应在收到承包人提交的工程量报表后的7天内进行复核，监理人未在约定时间内复核的，承包人提交的工程量报表中的工程量视为承包人实际完成的工程量，据此计算工程价款。	第（6）项为保证工程项目建设的顺利进行，对监理人复核承包人完成工程量作了时间限制，即在收到承包人提交的工程量报表及计量资料后7天内；若未按时复核，则承包人提交的工程量报表确定有效。
17.1.5　总价子目的计量 除专用合同条款另有约定外，总价子目的分解和计量按照下述约定进行。	17.1.5 款是关于总价子目计量程序的约定。 总价子目一般用于不能按照约定的工程量计算规则确定数量的子目。

中华人民共和国 房屋建筑和市政工程标准施工招标文件 （2010年版） 第四章　第一节　通用合同条款	评　注
（1）总价子目的计量和支付应以总价为基础，不因第16.1款中的因素而进行调整。承包人实际完成的工程量，是进行工程目标管理和控制进度支付的依据。 （2）承包人在合同约定的每个计量周期内，对已完成的工程进行计量，并向监理人提交进度付款申请单、专用合同条款约定的合同总价支付分解表所表示的阶段性或分项计量的支持性资料，以及所达到工程形象目标或分阶段需完成的工程量和有关计量资料。 （3）监理人对承包人提交的上述资料进行复核，以确定分阶段实际完成的工程量和工程形象目标。对其有异议的，可要求承包人按第8.2款约定进行共同复核和抽样复测。 （4）除按照第15条约定的变更外，总价子目的工程量是承包人用于结算的最终工程量。	第（1）项明确总价子目的计量和支付须以总价为基础，不因物价波动引起的因素调整而调整。 第（2）项承包人完成工程计量后，向监理人提交支付分解表的支持性资料及相关计量资料。 第（3）项监理人复核承包人实际完成的工程量和工程形象目标。对有异议的有权要求承包人提供补充资料并进行共同复核。 第（4）项在实际建设过程中，除发包人同意的变更外，总价子目的工程量是承包人用于结算的最终工程量。
17.2　预付款	17.2款是关于预付款的用途、预付款保函及预付款的扣回与还清的相关约定。 本合同涉及的支付款项种类有四种，即预付款、进度付款、竣工付款和最终结清付款。
17.2.1　预付款 预付款用于承包人为合同工程施工购置材料、工程设备、施工设备、修建临时设施以及组织施工队伍进场等。预付款的额度和预付办法在专用合同条款中约定。预付款必须专用于合同工程。	17.2.1款是关于预付款用途即“专款专用”性质的约定。 由于工程耗资大，即使在项目启动阶段，承包人就需要大笔投入，为改善承包人前期现金流，帮助承包人顺利开工，发包人通常按预计工程造价的一定比例预先支付承包人的购买工程材料及进行施工前准备工作的款项。承包人应重点在《专用合同条款》中详细约定预付款的额度及预付办法，预付款额度应为保证施工所需材料和构件的正常储备量。
17.2.2　预付款保函 除专用合同条款另有约定外，承包人应在收到预付款的同时向发包人提交预付款保函，预付款保函的担保金额应与预付款金额相同。保函的担保金额可根据预付款扣回的金额相应递减。	17.2.2款是关于预付款保函及担保金额的约定。 担保在工程实践中已获得广泛运用，越来越多的金融机构和专业担保公司愿意成为工程担保中的保证人，保函作为一种简便的担保方式也越来

中华人民共和国 房屋建筑和市政工程标准施工招标文件 （2010年版） 第四章　第一节　通用合同条款	评　注
	越多地被采用。保函受益人应在专业律师的指导下严格审查保函的开立机构和保函的内容及担保范围。在工程建设中涉及的担保主要有：投标保证担保、承包履约保证担保、工程款支付保证担保、预付款保证担保和保修金保证担保。担保的形式一般以保证为主，保证人可以是银行、担保公司或保险公司。 本款的约定有利于承包人，更加贴近工程建设实务。因为目前实行预付款的建设项目中，支付预付款的发包人为防范风险通常要求承包人在签订合同时向发包人提交在形式与数额上均符合发包人要求的预付款保函。而本款约定承包人在收到预付款的同时提交预付款保函。预付款保函的担保金额应与预付款金额相同，并应当根据预付款扣回的金额递减，承包人应注意在保函条款中设立担保金额递减的条款。
17.2.3　预付款的扣回与还清 预付款在进度付款中扣回，扣回办法在专用合同条款中约定。在颁发工程接收证书前，由于不可抗力或其他原因解除合同时，预付款尚未扣清的，尚未扣清的预付款余额应作为承包人的到期应付款。	17.2.3款是关于预付款的扣回与解除合同时尚未还清预付款时的处理约定。 预付款的扣回关系到发包人资金投入的成本和风险，还可能影响承包人的资金安排，从而对工程项目的建设进度造成影响。因此承发包双方可根据不同行业或具体工程项目完成进度情况在《专用合同条款》中进一步作出详细约定。本款还对因不可抗力的特殊情况下的预付款清偿作出了约定。 预付款的扣回有两个关键因素：一是预付款从何时开始扣回即起扣点；二是以何种形式扣回，扣回的比例是多少。
17.3　工程进度付款	17.3款是关于支付工程进度款的相关程序约定。 工程进度款是建设工程工程款支付的主要方式。
17.3.1　付款周期 付款周期同计量周期。	17.3.1款是关于工程进度款的付款周期约定。 本款约定工程进度款的付款周期与计量周期一致。

中华人民共和国 房屋建筑和市政工程标准施工招标文件 （2010年版） 第四章　第一节　通用合同条款	评　　注
17.3.2　进度付款申请单 承包人应在每个付款周期末，按监理人批准的格式和专用合同条款约定的份数，向监理人提交进度付款申请单，并附相应的支持性证明文件。除专用合同条款另有约定外，进度付款申请单应包括下列内容： （1）截至本次付款周期末已实施工程的价款； （2）根据第15条应增加和扣减的变更金额； （3）根据第23条应增加和扣减的索赔金额； （4）根据第17.2款约定应支付的预付款和扣减的返还预付款； （5）根据第17.4.1项约定应扣减的质量保证金； （6）根据合同应增加和扣减的其他金额。	17.3.2款是关于承包人申请进度款的程序和内容约定。 承包人应注意本款约定的申请程序： （1）在每个付款周期末向监理人提交进度付款申请单及附有申请支付价款的证明文件；对承包人提交进度付款申请的时间没有严格作出约定，原因是对承包人来讲，提交的越早，收到的进度款相应会快些，即使不严格限制时间，承包人通常也会尽快提交。承包人提交的工程进度付款申请单的格式和份数应经监理人批准，在实践中，为了避免承包人提交的进度付款申请单因格式和份数不被监理人接受而退还，承发包双方应在《专用合同条款》中对格式和份数作出明确的约定。 （2）明确了进度付款申请应当包括的具体内容。 承包人应及时按约定对工程中出现的合同价款变动与本期进度款同期调整；如调整增加，应一并申请支付；如调整减少，应进行同期扣减。
17.3.3　进度付款证书和支付时间	17.3.3款是关于签发进度付款证书的程序及进度款支付时间的约定。 付款证书是一种用于确认应付给承包人款项的凭证。监理人向承包人出具进度付款证书的目的，是为了分期向承包人支付工程款项，缓解资金压力，保证工程进度；通过进度付款估价工作，确认发包人没有超付或欠付，有利于控制工程造价和方便工程结算。相对于竣工付款证书的结论性，进度付款证书不是结论性的，进度付款证书不体现最终结算的工程价款，也不体现对工程质量的最终认定。
（1）监理人在收到承包人进度付款申请单以及相应的支持性证明文件后的14天内完成核查，提出发包人到期应支付给承包人的金额以及相应的支持性材料，经发包人审查同意后，由监理人向承包人出具经发包人签认的进度付款证书。监理人有权扣发承包人未能按照合同要求履行任何工作或义务的相应金额。	注意第（1）项监理人出具“进度付款证书”的限制条件：监理人在收到承包人的进度付款申请14天内完成核查，并提经发包人审查同意；本项约定了监理人的“默示”条款，监理人应在约定期限内完成审核，否则将视为同意承包人的进度付款申请。同时亦约定了监理人的权利，有权从进度付款证书中扣除承包人未按约定履行的任何

中华人民共和国 房屋建筑和市政工程标准施工招标文件 （2010年版） 第四章　第一节　通用合同条款	评　注
	工作或义务相对应的金额。承包人应注意本款只限于监理人扣发相关金额，不意味着就有权扣发支付证书。 承包人应注意的是，经发包人签认，由监理人颁发给承包人的“证书”，除本款的“进度付款证书”外，还有“竣工付款证书”、“最终结清证书”、“工程接收证书”、“单位工程接收证书”和“缺陷责任期终止证书”。
（2）发包人应在监理人收到进度付款申请单后的28天内，将进度应付款支付给承包人。发包人不按期支付的，按专用合同条款的约定支付逾期付款违约金。	注意第（2）项发包人支付进度款的时间限制：最迟应在监理人收到承包人进度付款申请后28天内。在此承包人应注意：发包人不按期支付进度款只承担《专用合同条款》中约定的逾期付款违约金，此外没有其他权利，延误的工期只能由承包人自己承担。因为承包人索赔工期时，没有合同约定的条款作为依据。 如承发包双方在《专用合同条款》中有进一步约定逾期付款违约金标准的，一般按约定执行；如未进一步约定逾期付款违约金的，则按法定标准，即参照中国人民银行公布的基准贷款利率和金融机构计收逾期贷款利息标准计算违约金。
（3）监理人出具进度付款证书，不应视为监理人已同意、批准或接受了承包人完成的该部分工作。	注意第（3）项监理人签发“进度付款证书”只表明同意支付此笔进度款的数额，并不被视为已同意、批准或接受了承包人完成的该部分工作。
（4）进度付款涉及政府投资资金的，按照国库集中支付等国家相关规定和专用合同条款的约定办理。	注意第（4）项如涉及政府投资资金的，应遵守国库集中支付的规定及《专用合同条款》的约定，并满足合同进度付款程序的要求。 国库集中支付是以国库单一账户体系为基础，以健全的财政支付信息系统和银行间实时清算系统为依托，支付款项时，由预算单位提出申请，经规定审核机构（国库集中支付执行机构或预算单位）审核后，将资金通过单一账户体系支付给收款人的制度。国库单一账户体系包括财政部门在同级人民银行设立的国库单一账户和财政部门在代理银行设立的财政零余额账户、单位零余额账户、预算外财政专户和特设专户。财政性资金的支付实行财政直接支付和财政授权支付两种方式。在国库集中支付方式下，预算单位按照批准的

中华人民共和国 房屋建筑和市政工程标准施工招标文件 （2010年版） 第四章　第一节　通用合同条款	评　　注
	用款计划向财政支付机构提出申请，经支付机构审核同意后在预算单位的零余额账户中向收款人支付款项，然后通过银行清算系统由零余额账户与财政集中支付专户进行清算，再由集中支付专户与国库单一账户进行清算。由于银行间的清算是通过计算机网络实时进行的，因而财政支付专户和预算单位的账户在每天清算结束后都应当是零余额账户，财政资金的日常结余都保留在国库单一账户中。
17.3.4　工程进度付款的修正 在对以往历次已签发的进度付款证书进行汇总和复核中发现错、漏或重复的，监理人有权予以修正，承包人也有权提出修正申请。经双方复核同意的修正，应在本次进度付款中支付或扣除。	17.3.4款是关于监理人修正进度付款证书中款额的权力约定。 监理人有修正的权力，承包人也有提出修正申请的权利。经双方复核同意后的修正，计入当期进度付款中。
17.4　质量保证金	17.4款是关于质量保证金的约定。 为了确保工程质量，《建设工程质量保证金管理暂行办法》第二条规定："建设工程质量保证金（保修金）是指发包人与承包人在建设工程承包合同中约定，从应付的工程款中预留，用以保证承包人在缺陷责任期内对建设工程出现的缺陷进行维修的资金"。
17.4.1　监理人应从第一个付款周期开始，在发包人的进度付款中，按专用合同条款的约定扣留质量保证金，直至扣留的质量保证金总额达到专用合同条款约定的金额或比例为止。质量保证金的计算额度不包括预付款的支付、扣回以及价格调整的金额。	17.4.1款是关于扣留质量保证金的方式及比例的约定。 质量保证金总额视工程项目具体情况而确定，实践中通常约定为合同价格的5%。本款约定扣留质量保证金的方式是逐次预留，即从第一个付款周期开始，承发包双方应在《专用合同条款》中进一步明确扣留比例。质量保证金的总额指的是中标合同款额的百分比，并不是最终合同价格的百分比。
17.4.2　在第1.1.4.5目约定的缺陷责任期满时，承包人向发包人申请到期应返还承包人剩余的质量保证金金额，发包人应在14天内会同承包人按照合同约定的内容核实承包人是否完成缺陷责任。如无异议，发包人应当在核实后将剩余保证金返还承包人。	17.4.2款是关于质量保证金返还程序的约定。 本款对发包人返还质量保证金的时间作了限制。承包人应在约定的缺陷责任期终止后，及时申请发包人退还剩余质量保证金，发包人应按约定期限退还，否则须承担逾期退还违约金。

中华人民共和国 房屋建筑和市政工程标准施工招标文件 （2010年版） 第四章　第一节　通用合同条款	评　注
17.4.3　在第1.1.4.5目约定的缺陷责任期满时，承包人没有完成缺陷责任的，发包人有权扣留与未履行责任剩余工作所需金额相应的质量保证金余额，并有权根据第19.3款约定要求延长缺陷责任期，直至完成剩余工作为止。	17.4.3款是关于发包人扣留质量保证金的权利约定。 本款所指承包人未完成缺陷责任内的工作，主要指颁发接收证书后发现的工程缺陷，由于相关的那部分的工程款已经支付，因此发包人可从本应返还的质量保证金中，将该维修工作所需要的费用额度暂时扣留。且发包人还有延长缺陷责任期的权利，至承包人修复完成缺陷为止。
17.5　竣工结算	17.5款是关于工程竣工结算程序的约定。 承包人应将本条款与23.3.1款联系适用。23.3.1款约定：承包人按第17.5款的约定接受了竣工付款证书后，应被认为已无权再提出在合同工程接收证书颁发前所发生的任何索赔。
17.5.1　竣工付款申请单 （1）工程接收证书颁发后，承包人应按专用合同条款约定的份数和期限向监理人提交竣工付款申请单，并提供相关证明材料。除专用合同条款另有约定外，竣工付款申请单应包括下列内容：竣工结算合同总价、发包人已支付承包人的工程价款、应扣留的质量保证金、应支付的竣工付款金额。 （2）监理人对竣工付款申请单有异议的，有权要求承包人进行修正和提供补充资料。经监理人和承包人协商后，由承包人向监理人提交修正后的竣工付款申请单。	17.5.1款是关于承包人申请竣工结算的条件和依据的约定。 本款是发包人支付承包人剩余工程款的基本程序。为了能够使发包人掌握仍需要支付的工程款数额，本款约定承包人在竣工付款申请中不但要列明已支付的工程价款、还需列明发包人到期需要支付的其他款额，以便于发包人做好资金准备。 在工程接收证书颁发后，承包人应尽早整理好完整的结算资料和相关证明材料，按约定期限和份数向监理人提交竣工付款申请。监理人应及时进行核查，有异议时与承包人协商确认后，承包人再行提交修正后的竣工付款申请。
17.5.2　竣工付款证书及支付时间 （1）监理人在收到承包人提交的竣工付款申请单后的14天内完成核查，提出发包人到期应支付给承包人的价款送发包人审核并抄送承包人。发包人应在收到后14天内审核完毕，由监理人向承包人出具经发包人签认的竣工付款证书。监理人未在约定时间内核查，又未提出具体意见的，视为承包人提交的竣工付款申请单已经监理人核查同意；	17.5.2款是关于签发竣工付款证书及竣工结算的程序约定。 第（1）项对监理人核查竣工付款申请作了时间限制：即应在收到承包人竣工付款申请后14天内完成核查后报发包人审核。根据惯例以及为保证承包人的知情权，监理人还应抄送承包人。本项亦对发包人审核作了时间限制：即收到监理人核查报告后14天内审核完毕，由监理人向承包人出具经发包人签认的竣工付款证书。

中华人民共和国 房屋建筑和市政工程标准施工招标文件 （2010年版） 第四章　第一节　通用合同条款	评　　注
发包人未在约定时间内审核又未提出具体意见的，监理人提出发包人到期应支付给承包人的价款视为已经发包人同意。	本款同时对监理人和发包人无故拖延进行了制约，约定了“默示”条款，监理人和发包人均应及时行使权利否则将承担不利后果。最高人民法院《关于审理建设工程施工合同纠纷案件适用法律问题的解释》第二十条规定，当事人约定，发包人收到竣工结算文件后，在约定期限内不予答复，视为认可竣工结算文件的，按照约定处理。承包人请求按照竣工结算文件结算工程价款的，应予支持。
（2）发包人应在监理人出具竣工付款证书后的14天内，将应支付款支付给承包人。发包人不按期支付的，按第17.3.3（2）目的约定，将逾期付款违约金支付给承包人。	第（2）项对发包人支付结算价款作了时间限制：即在监理人出具竣工付款证书后14天内；承包人须重点注意，本项对发包人不支付结算价款的责任也作了条件限制：即只承担逾期付款违约金。
（3）承包人对发包人签认的竣工付款证书有异议的，发包人可出具竣工付款申请单中承包人已同意部分的临时付款证书。存在争议的部分，按第24条的约定办理。	第（3）项约定承包人对竣工付款证书有异议，为了切实保护承包人的合法权益，不使结算变成僵局，发包人可就已认可的部分先行结算，而存在争议的部分，双方可以通过协商、争议评审、仲裁与诉讼的方式最终来解决。
（4）竣工付款涉及政府投资资金的，按第17.3.3（4）目的约定办理。	第（4）项约定如涉及政府投资资金，应遵守国库集中支付的规定及《专用合同条款》的约定，并满足合同竣工付款程序的要求。
17.6　最终结清	17.6款是关于最终结清证书及最终结算余款支付的程序约定。 由于工程结算相对复杂，通常要求承包人提交一份最终结清单作为一种附加确认。本条款应与前述17.2款工程预付款、17.3款工程进度付款、17.4款工程质量保证金和17.5款工程竣工结算一并联系理解。
17.6.1　最终结清申请单 （1）缺陷责任期终止证书签发后，承包人可按专用合同条款约定的份数和期限向监理人提交最终结清申请单，并提供相关证明材料。 （2）发包人对最终结清申请单内容有异议的，有权要求承包人进行修正和提供补充资料，由承包人向监理人提交修正后的最终结清申请单。	17.6.1款是关于承包人申请最终结清的程序约定。 承包人提交的结清证明，实质是承包人对最终工程款数额的一个确认证明。表明发包人支付到此完结，不再承担支付责任。因此，承包人应谨慎对待并准确核算。 鉴于结清证明对于承包人竣工结算的意义重大，

中华人民共和国 房屋建筑和市政工程标准施工招标文件 （2010年版） 第四章　第一节　通用合同条款	评　　注
	建议在专业律师的指导下拟定，以确保自身利益不受损失。 本款约定发包人在对结清单有异议时有权要求承包人进行修正；承包人提交结清单及修正结清单的对象是监理人。
17.6.2　最终结清证书和支付时间	17.6.2款是关于签发最终结清证书及最终结算余款支付的约定。
（1）监理人收到承包人提交的最终结清申请单后的14天内，提出发包人应支付给承包人的价款送发包人审核并抄送承包人。发包人应在收到后14天内审核完毕，由监理人向承包人出具经发包人签认的最终结清证书。监理人未在约定时间内核查，又未提出具体意见的，视为承包人提交的最终结清申请已经监理人核查同意；发包人未在约定时间内审核又未提出具体意见的，监理人提出应支付给承包人的价款视为已经发包人同意。	第（1）项同上述竣工付款申请程序相同，本项也对监理人和发包人审核最终结清申请作了时间限制；也设置了监理人与发包人各自无故拖延的制约条款。 最终结清证书应当包括的内容：一是最终到期应支付的金额；二是在扣除发包人已支付款额后，还应支付承包人的余额；但如果发包人已经支付了承包人，承包人应退回差额。
（2）发包人应在监理人出具最终结清证书后的14天内，将应支付款支付给承包人。发包人不按期支付的，按第17.3.3（2）目的约定，将逾期付款违约金支付给承包人。	第（2）项对发包人支付最终结算余款作了时间限制：即在监理人出具最终结清证书后14天内；承包人也须重点注意，本项对发包人不支付最终结算余款的责任也作了条件限制：即只承担逾期付款违约金。
（3）承包人对发包人签认的最终结清证书有异议的，按第24条的约定办理。	第（3）项承包人对最终结清证书有异议时，则只能通过协商、争议评审、仲裁与诉讼的方式最终来解决。
（4）最终结清付款涉及政府投资资金的，按第17.3.3（4）目的约定办理。	第（4）项如涉及政府投资资金的，应遵守国库集中支付的规定及《专用合同条款》的约定，并满足合同最终结清付款程序的要求。

第18条　竣工验收，通用合同条款评注

中华人民共和国 房屋建筑和市政工程标准施工招标文件 （2010年版） 第四章　第一节　通用合同条款	评　注
18.1　竣工验收的含义	18.1款对竣工验收和国家验收进行了区分。 “竣工验收”是体现建设工程已完成的一个里程碑，是建设工程施工中的关键环节，亦是建设工程施工合同中的关键条款。竣工验收的通过意味着工程质量已符合相关标准的要求。
18.1.1　竣工验收指承包人完成了全部合同工作后，发包人按合同要求进行的验收。	18.1.1款竣工验收是指承包人按照设计要求和合同约定完成了全部建设工作后，由发包人按合同要求组织的验收。
18.1.2　国家验收是政府有关部门根据法律、规范、规程和政策要求，针对发包人全面组织实施的整个工程正式交付投运前的验收。	18.1.2款国家验收是指政府有关主管部门根据法律、规范、规程和政策要求，在整个工程正式交付使用前，对工程是否合乎设计要求和相关质量标准所进行的检验性工作。
18.1.3　需要进行国家验收的，竣工验收是国家验收的一部分。竣工验收所采用的各项验收和评定标准应符合国家验收标准。发包人和承包人为竣工验收提供的各项竣工验收资料应符合国家验收的要求。	18.1.3款是关于竣工验收的标准和要求的约定。 承包人应提供的竣工资料一般包括各种工程材料的质检合格证明、各分部分项工程验收合格记录、完整的变更资料、有关工程建设的技术档案和施工管理资料等。
18.2　竣工验收申请报告 当工程具备以下条件时，承包人即可向监理人报送竣工验收申请报告： （1）除监理人同意列入缺陷责任期内完成的尾工（甩项）工程和缺陷修补工作外，合同范围内的全部单位工程以及有关工作，包括合同要求的试验、试运行以及检验和验收均已完成，并符合合同要求； （2）已按合同约定的内容和份数备齐了符合要求的竣工资料； （3）已按监理人的要求编制了在缺陷责任期内完成的尾工（甩项）工程和缺陷修补工作清单以及相应施工计划；	18.2款是关于竣工验收条件的约定。 由承包人提交竣工验收申请报告启动竣工验收程序。 建设工程进行竣工验收的技术条件应满足：（1）设计文件和合同约定的各项施工内容已经施工完毕；（2）有完整并经核定的工程竣工资料，符合验收规定；（3）有勘察、设计、施工、监理等单位签署确认的工程质量合格文件；（4）有工程使用的主要建筑材料、构配件和设备进场的证明及试验报告。 承包人应提前做好竣工验收各方面的准备工作，对于竣工资料的分类组卷应符合工程实际形成的规律，并按国家有关规定将所有竣工档案装订

中华人民共和国 房屋建筑和市政工程标准施工招标文件 （2010年版） 第四章　第一节　通用合同条款	评　注
（4）监理人要求在竣工验收前应完成的其他工作； （5）监理人要求提交的竣工验收资料清单。	成册，并达到归档范围的要求。达到约定的所有竣工验收条件后，及时提出竣工验收申请。行业主管部门和城建档案馆对竣工资料内容或份数有规定的，应按规定提交。
18.3　验收 监理人收到承包人按第18.2款约定提交的竣工验收申请报告后，应审查申请报告的各项内容，并按以下不同情况进行处理。	18.3款是关于竣工验收具体程序的约定。 对一个建设项目的全部工程竣工验收而言，竣工验收的组织工作由发包人负责。承包人作为建设工程承包主体，应全过程参加有关的工程竣工验收工作，并为确保顺利进行竣工验收创造必要的条件，这是承包人的合同义务。竣工验收涉及的责任重大，项目各方应引起重视。 承包人报送的竣工验收申请报告的对象为总监理工程师。还应特别注意本款区分不同情况约定的竣工验收程序。
18.3.1　监理人审查后认为尚不具备竣工验收条件的，应在收到竣工验收申请报告后的28天内通知承包人，指出在颁发接收证书前承包人还需进行的工作内容。承包人完成监理人通知的全部工作内容后，应再次提交竣工验收申请报告，直至监理人同意为止。	18.3.1款是关于监理人审查认为尚不具备竣工验收条件时的处理程序约定。监理人应及时通知承包人，说明不具备竣工验收条件的原因，列出还需完成的工作；承包人完成该工作后再提交竣工验收申请，监理人具有最终决定权。 监理人对承包人报送的竣工验收申请报告审查期限为28天，未在此期限内答复视为同意承包人的竣工验收申请。
18.3.2　监理人审查后认为已具备竣工验收条件的，应在收到竣工验收申请报告后的28天内提请发包人进行工程验收。	18.3.2款是关于监理人审查认为具备竣工验收条件时的处理程序约定。监理人应提请发包人在收到竣工验收申请报告28天内对工程进行验收。《建设工程质量管理条例》第十六条规定，建设单位收到建设工程竣工报告后，应当组织设计、施工、工程监理等有关单位进行竣工验收。
18.3.3　发包人经过验收后同意接受工程的，应在监理人收到竣工验收申请报告后的56天内，由监理人向承包人出具经发包人签认的工程接收证书。发包人验收后同意接收工程但提出整修和完善要求的，限期修好，并缓发工程接收证书。整修和完善工作完成后，监理人复查达到要求的，经发包人同意后，再向承包人出具工程接收证书。	18.3.3款是关于发包人验收后同意接收工程的处理程序约定。监理人应在收到竣工验收申请报告56天内出具“工程接收证书”。承包人应注意本款的约定，工程整修和完善将导致发包人缓发“工程接收证书”，因此当发包人提出要求整修或完善时，承包人应尽快修复处理完毕后，申请监理人复查。

中华人民共和国 房屋建筑和市政工程标准施工招标文件 （2010 年版） 第四章　第一节　通用合同条款	评　　注
18.3.4　发包人验收后不同意接收工程的，监理人应按照发包人的验收意见发出指示，要求承包人对不合格工程认真返工重作或进行补救处理，并承担由此产生的费用。承包人在完成不合格工程的返工重作或补救工作后，应重新提交竣工验收申请报告，按第 18.3.1 项、第 18.3.2 项和第 18.3.3 项的约定进行。	18.3.4 款是关于发包人验收后不同意接收工程的处理程序约定。承包人应按监理人发出的指示修复或补救后重新申请竣工验收，并承担由此产生的相关费用。 工程接收证书是竣工验收的证明文件，是证明工程经过竣工检验并已被发包人接收的证明文件。
18.3.5　除专用合同条款另有约定外，经验收合格工程的实际竣工日期，以提交竣工验收申请报告的日期为准，并在工程接收证书中写明。	18.3.5 款约定在工程接收证书上写明的实际竣工日期为承包人提交竣工验收申请报告的日期。
18.3.6　发包人在收到承包人竣工验收申请报告 56 天后未进行验收的，视为验收合格，实际竣工日期以提交竣工验收申请报告的日期为准，但发包人由于不可抗力不能进行验收的除外。	18.3.6 款是关于发包人拖延验收的责任承担约定。 发包人收到承包人竣工验收申请报告 56 天内，还未组织验收即视为验收合格，实际竣工日期以提交竣工验收申请报告的日期为准，但有一个例外条件即发包人由于不可抗力不能进行验收的除外。设置发包人此“默示”条款的目的是敦促发包人及时履行组织竣工验收的义务，并为接收工程做好准备。不及时组织验收，其风险由发包人承担。承包人只要保证施工工程是符合约定要求的，并不会对竣工日期产生影响。 最高人民法院《关于审理建设工程施工合同纠纷案件适用法律问题的解释》第十四条规定，当事人对建设工程实际竣工日期有争议的，按照以下情形分别处理：（1）建设工程经竣工验收合格的，以竣工验收合格之日为竣工日期；（2）承包人已经提交竣工验收报告，发包人拖延验收的，以承包人提交验收报告之日为竣工日期；（3）建设工程未经竣工验收，发包人擅自使用的，以转移占有建设工程之日为竣工日期。
18.4　**单位工程验收**	18.4 款是关于发包人对单位工程验收及责任承担的约定。
18.4.1　发包人根据合同进度计划安排，在全部工程竣工前需要使用已经竣工的单位工程时，或	18.4.1 款在工程实施过程中，工程竣工验收前，发包人为了提前使用工程让其发挥效益或是其

中华人民共和国 房屋建筑和市政工程标准施工招标文件 （2010年版） 第四章　第一节　通用合同条款	评　注
承包人提出经发包人同意时，可进行单位工程验收。验收的程序可参照第18.2款与第18.3款的约定进行。验收合格后，由监理人向承包人出具经发包人签认的单位工程验收证书。已签发单位工程接收证书的单位工程由发包人负责照管。单位工程的验收成果和结论作为全部工程竣工验收申请报告的附件。 **18.4.2**　发包人在全部工程竣工前，使用已接收的单位工程导致承包人费用增加的，发包人应承担由此增加的费用和（或）工期延误，并支付承包人合理利润。	他原因，以及承包人提出建议，均可进行单位工程的验收。本款约定实际上是给予发包人随时可以接收承包人已完成任一单位工程的权利。 单位工程验收合格后，由监理人向承包人出具单位工程验收证书。发包人承担此验收单位工程的照管责任，其验收成果及其验收记录等作为全部工程竣工验收资料的附件保存。 18.4.2款是关于发包人使用单位工程的责任承担约定。 通常单位工程接收大都是发包人随时决定的，可能对承包人的施工部署有影响，因此在此种情形下，本款约定承包人有权要求发包人承担由此增加的费用和（或）工期延误损失，并支付合理利润。
18.5　施工期运行 **18.5.1**　施工期运行是指合同工程尚未全部竣工，其中某项或某几项单位工程或工程设备安装已竣工，根据专用合同条款约定，需要投入施工期运行的，经发包人按第18.4款的约定验收合格，证明能确保安全后，才能在施工期投入运行。 **18.5.2**　在施工期运行中发现工程或工程设备损坏或存在缺陷的，由承包人按第19.2款约定进行修复。	18.5款是关于施工期运行的前提条件及责任承担约定。 施工期运行有两种情况，一是发包人为提前取得工程效益需要；二是由于工程安全施工需要。施工期运行必须通过正式验收。 18.5.1款是关于施工期运行前提条件的约定。 施工期投入运行的前提条件，是经发包人对单位工程验收合格，并证明能够确保安全的前提下才能进行。 18.5.2款是关于施工期运行的责任承担约定。 在施工期运行中新发现工程或工程设备损坏和缺陷，可能是运行管理不当产生的，也可能在投入运行前已隐存的，应按约定由承发包双方各自承担应负的责任。
18.6　试运行	18.6款是关于试运行费用及试运行失败时责任承担约定。 建设工程移交正式投运前，必须经过试运行。

中华人民共和国 房屋建筑和市政工程标准施工招标文件 （2010年版） 第四章　第一节　通用合同条款	评　　注
18.6.1　除专用合同条款另有约定外，承包人应按专用合同条款约定进行工程及工程设备试运行，负责提供试运行所需的人员、器材和必要的条件，并承担全部试运行费用。	18.6.1款是关于试运行费用的承担约定。 除《专用合同条款》另有约定外，由承包人按约定程序组织进行工程及工程设备试运行，并承担试运行的所有费用。
18.6.2　由于承包人的原因导致试运行失败的，承包人应采取措施保证试运行合格，并承担相应费用。由于发包人的原因导致试运行失败的，承包人应当采取措施保证试运行合格，发包人应承担由此产生的费用，并支付承包人合理利润。	18.6.2款是关于试运行失败时的责任承担约定。 试运行失败，或是发现新的缺陷，需要重新修复，并重新进行验收。若是因承包人原因导致试运行失败，由承包人承担相应费用；若是因发包人原因导致试运失败，由发包人承担相应费用，并支付承包人合理利润。
18.7　竣工清场	18.7款是关于竣工清场的范围及责任承担约定。 竣工清场的主要工作是环境恢复问题，包括清理施工废弃物、恢复临时占地及合同约定的环境保护措施。
18.7.1　除合同另有约定外，工程接收证书颁发后，承包人应按以下要求对施工场地进行清理，直至监理人检验合格为止。竣工清场费用由承包人承担。 （1）施工场地内残留的垃圾已全部清除出场； （2）临时工程已拆除，场地已按合同要求进行清理、平整或复原； （3）按合同约定应撤离的承包人设备和剩余的材料，包括废弃的施工设备和材料，已按计划撤离施工场地； （4）工程建筑物周边及其附近道路、河道的施工堆积物，已按监理人指示全部清理； （5）监理人指示的其他场地清理工作已全部完成。	18.7.1款是关于竣工清场包括的范围约定。 本款要求承包人在工程接收证书颁发后，将留存在施工现场的一些施工设备、剩余材料、垃圾等清理掉，如有临时工程的须拆除，做好扫尾工作，清理好现场，直至监理人检验合格后，以便发包人使用已完成的工程。 有时为了工程能尽早投入使用，或因在缺陷责任期内尚留有需使用的部分临时工程和施工设备，可能留下部分清场工作在缺陷责任期终止后完成，如遇此种情况，承发包双方应在《专用合同条款》中另行约定。
18.7.2　承包人未按监理人的要求恢复临时占地，或者场地清理未达到合同约定的，发包人有权委托其他人恢复或清理，所发生的金额从拟支付给承包人的款项中扣除。	18.7.2款是关于竣工清场责任承担的约定。 承包人应按监理人要求做好地表还原工作，否则发包人有权委托其他人进行，所产生的费用须由承包人承担，发包人可从支付给承包人的款项中扣除。

中华人民共和国 房屋建筑和市政工程标准施工招标文件 （2010年版） 第四章　第一节　通用合同条款	评　注
18.8　施工队伍的撤离 工程接收证书颁发后的56天内，除了经监理人同意需在缺陷责任期内继续工作和使用的人员、施工设备和临时工程外，其余的人员、施工设备和临时工程均应撤离施工场地或拆除。除合同另有约定外，缺陷责任期满时，承包人的人员和施工设备应全部撤离施工场地。	18.8款是关于对承包人撤离施工场地的限制约定。 本款对承包人施工队伍撤离施工场地作了两个时间限制：一是经监理人同意在缺陷责任期内继续留用的人员、设备和临时工程外，其余应在工程接收证书颁发后56天内撤离；二是承包人所有人员和设备在缺陷责任期满时全部撤离。

第19条　缺陷责任和保修责任，通用合同条款评注

中华人民共和国 房屋建筑和市政工程标准施工招标文件 （2010年版） 第四章　第一节　通用合同条款	评　　注
19.1　缺陷责任期的起算时间 缺陷责任期自实际竣工日期起计算。在全部工程竣工验收前，已经发包人提前验收的单位工程，其缺陷责任期的起算日期相应提前。	19.1款是关于工程缺陷责任起算时间的约定。 本款约定“缺陷责任期”的起算时间：自工程实际竣工日期起计算，提前验收的单位工程缺陷责任期则相应提前计算。
19.2　缺陷责任 **19.2.1**　承包人应在缺陷责任期内对已交付使用的工程承担缺陷责任。 **19.2.2**　缺陷责任期内，发包人对已接收使用的工程负责日常维护工作。发包人在使用过程中，发现已接收的工程存在新的缺陷或已修复的缺陷部位或部件又遭损坏的，承包人应负责修复，直至检验合格为止。 **19.2.3**　监理人和承包人应共同查清缺陷和（或）损坏的原因。经查明属承包人原因造成的，应由承包人承担修复和查验的费用。经查验属发包人原因造成的，发包人应承担修复和查验的费用，并支付承包人合理利润。 **19.2.4**　承包人不能在合理时间内修复缺陷的，发包人可自行修复或委托其他人修复，所需费用和利润的承担，按第19.2.3项约定办理。	19.2款是关于缺陷责任期内各方的义务及责任承担约定。 19.2.1款约定在缺陷责任期内，承包人承担已交付工程的缺陷责任。 19.2.2款是关于在缺陷责任期内承发包双方各自的义务约定。 发包人负责已接收使用工程的日常维护工作；承包人承担修复所有工程缺陷和损坏的责任，但具体由哪方承担修复和查验所产生的费用，则需共同查清产生缺陷和损坏的原因来最终确定。 19.2.3款是关于修复和查验费用的承担约定。 承包人承担在缺陷责任期内工程因承包人原因导致的修复和查验费用；发包人承担在缺陷责任期内工程因发包人原因导致的修复和查验费用，并支付承包人合理利润。 19.2.4款是针对承包人不履行在缺陷责任期内的修复义务而约定的处理方法。 承包人应在发包人通知的期限内积极履行缺陷修复责任，该期限应根据修复工程具体耗时来确定的合理期限。承包人未能修复缺陷时，发包人可采取的措施：自行修复或委托第三方修复，所需费用及利润由责任方承担。

中华人民共和国 房屋建筑和市政工程标准施工招标文件 （2010年版） 第四章　第一节　通用合同条款	评　　注
19.3　缺陷责任期的延长 由于承包人原因造成某项缺陷或损坏使某项工程或工程设备不能按原定目标使用而需要再次检查、检验和修复的，发包人有权要求承包人相应延长缺陷责任期，但缺陷责任期最长不超过2年。	19.3款是关于对延长缺陷责任期的约定。 因承包人原因导致工程不能使用还需再次查验和修复时，除承包人承担修复和检验的费用外，发包人有延长缺陷责任期的权利，但缺陷责任期最长不超过两年。这里所指的延长通常应只考虑不能使用的相关工程和工程设备的缺陷责任期。 承包人按照合同约定履行了缺陷责任，缺陷责任期满以后，仍应依据法律规定履行法定保修期未满部分的保修义务。
19.4　进一步试验和试运行 任何一项缺陷或损坏修复后，经检查证明其影响了工程或工程设备的使用性能，承包人应重新进行合同约定的试验和试运行，试验和试运行的全部费用应由责任方承担。	19.4款是关于工程还需进一步试验和试运行的约定。 未能修复缺陷影响到工程正常使用时，承包人应重新进行试验和试运行，但发包人应在工程缺陷或损坏修复后的约定期限内通知承包人。
19.5　承包人的进入权 缺陷责任期内承包人为缺陷修复工作需要，有权进入工程现场，但应遵守发包人的保安和保密规定。	19.5款是关于承包人为修复缺陷的进入权利约定。 承包人在缺陷责任期内要进行修复工作，就必须进入工程现场，这是修复缺陷的合理之需，因此本款约定了承包人的“进入权”。但承包人也应遵守发包人的保安及保密规定，并事先办理好进出手续。另外，承包人在缺陷修复施工的过程中，还应服从管理单位的相关安全管理规定，如果因承包人自身原因造成的人员伤亡、设备和材料的损毁和（或）罚款等责任，则由承包人承担。
19.6　缺陷责任期终止证书 在第1.1.4.5目约定的缺陷责任期，包括根据第19.3款延长的期限终止后14天内，由监理人向承包人出具经发包人签认的缺陷责任期终止证书，并退还剩余的质量保证金。	19.6款是关于签认缺陷责任期终止证书的约定。 发包人按约定期限签认缺陷责任期终止证书后，应退还剩余的质量保证金。但若发包人扣留的质量保证金还不足以抵减因承包人原因导致的发包人损失时，承包人还应赔偿发包人此不足部分的损失。
19.7　保修责任 合同当事人根据有关法律规定，在专用合同条款中约定工程质量保修范围、期限和责任。保修期自实际竣工日期起计算。在全部工程竣工验收前，已经发包人提前验收的单位工程，其保修期的起算日期相应提前。	19.7款是关于工程质量保修责任的约定。 工程质量保修期与缺陷责任期起始计算时间相同：均是自工程实际竣工日期起计算，提前验收的单位工程保修期则相应提前计算。 承发包双方应在《专用合同条款》中进一步明确工程质量保修的具体期限，保修的具体范围以

中华人民共和国 房屋建筑和市政工程标准施工招标文件 （2010年版） 第四章　第一节　通用合同条款	评　　注
	及保修责任。 《建设工程质量管理条例》第四十条规定："保修期从竣工验收合格之日起计算，一般不少于2年，防水工程为5年，地基基础工程和主体结构工程为设计文件规定的合理使用年限"。 最高人民法院《关于审理建设工程施工合同纠纷案件适用法律问题的解释》第十三条规定："建设工程未经竣工验收，发包人擅自使用后，又以使用部分质量不符合约定为由主张权利的，不予支持；但是承包人应当在建设工程的合理使用寿命内对地基基础工程和主体结构质量承担民事责任"。

第20条　保险，通用合同条款评注

中华人民共和国 房屋建筑和市政工程标准施工招标文件 （2010年版） 第四章　第一节　通用合同条款	评　注
20.1　工程保险 除专用合同条款另有约定外，承包人应以发包人和承包人的共同名义向双方同意的保险人投保建筑工程一切险、安装工程一切险。其具体的投保内容、保险金额、保险费率、保险期限等有关内容在专用合同条款中约定。	20.1款是关于工程保险的投保约定。 工程保险是应对建设工程风险管理的一个重要措施，所谓工程保险，是指以各种工程项目为主要承保对象的一种财产保险机制。通常工程保险的责任范围由两部分组成，第一部分主要是针对工程项下的物质损失部分，包括工程标的有形财产的损失和相关费用的损失；第二部分主要是针对被保险人在施工过程中因可能产生的第三者责任而承担经济赔偿责任导致的损失。 保险按其实施形式，可分为自愿保险与强制保险。所谓“自愿保险”，是指是否办理该项保险，完全由当事人根据自己的意愿决定。商业保险的绝大多数都属于自愿保险。所谓“强制保险”，也称为“法定保险”，是依照法律、行政法规的规定必须办理的保险，这类保险带有强制性，不论相关当事人是否愿意，都必须依法办理此项保险。强制保险通常是对危险范围较广，公共利益影响较大的保险标的实施。 本款明确约定建筑工程一切险、安装工程一切险由承包人以发包人和承包人双方共同的名义，向双方同意的保险人进行投保，原因是考虑到承包人为建筑工程施工的最直接责任人，由承包人投保比较适宜。 建筑工程一切险承保各类民用、工业和公用事业建筑工程项目，包括道路、水坝、桥梁、港埠等，在建造过程中因自然灾害或意外事故而引起的一切损失；安装工程一切险主要承保机器设备安装、企业技术改造、设备更新等安装工程项目的物质损失和第三者责任。 承发包双方还应在《专用合同条款》中，根据工程项目具体情况，对保险范围、金额、费率、期限作出进一步的明确约定。 承发包双方均需要注意的是：在进行选择保险人的决策时，一般至少应当考虑安全、服务、成本这三项因素。首先应让保险公司了解项目对保

中华人民共和国 房屋建筑和市政工程标准施工招标文件 （2010年版） 第四章　第一节　通用合同条款	评　　注
	险的各项要求，并让保险公司承诺其保险条件符合合同的要求。若保险费较高，可考虑同时向几家保险公司进行保险询价，并根据各保险公司的具体条件，如保费率、放弃责任追偿等择优选择。通常在项目实践中，让一家保险公司进行一揽子的保险往往是一种比较便捷和经济的方式，具体的选择方式可以包括公开招标、邀请招标、议标或直接询价。
20.2　人员工伤事故的保险 **20.2.1　承包人员工伤事故的保险** 承包人应依照有关法律规定参加工伤保险，为其履行合同所雇佣的全部人员，缴纳工伤保险费，并要求其分包人也进行此项保险。 **20.2.2　发包人员工伤事故的保险** 发包人应依照有关法律规定参加工伤保险，为其现场机构雇佣的全部人员，缴纳工伤保险费，并要求其监理人也进行此项保险。	20.2款是关于承包人、分包人、发包人及监理人应依照有关法律参加工伤保险的义务约定。 我国新修订的《建筑法》第四十八条规定，建筑施工企业应当依法为职工参加工伤保险，缴纳工伤保险费。鼓励企业为从事危险作业的职工办理意外伤害保险，支付保险费。 《工伤保险条例》第二条规定，中华人民共和国境内的各类企业、有雇工的个体工商户应当依照本条例的规定参加工伤保险，为本单位全部职工或者雇工缴纳工伤保险费。 由此可以看出，《建筑法》、《工伤保险条例》要求企业为职工参加工伤保险，缴纳工伤保险费是强制性法律规定，企业必须遵守。中华人民共和国境内的各类企业的职工和个体工商户的雇工，均有依照法律的规定享受工伤保险待遇的权利。
20.3　人身意外伤害险 **20.3.1**　发包人应在整个施工期间为其现场机构雇用的全部人员，投保人身意外伤害险，缴纳保险费，并要求其监理人也进行此项保险。 **20.3.2**　承包人应在整个施工期间为其现场机构雇用的全部人员，投保人身意外伤害险，缴纳保险费，并要求其分包人也进行此项保险。	20.3款是关于承包人、分包人、发包人及监理人应投保人身意外伤害险的义务约定。 从上述《建筑法》第四十八的规定可以看出，为从事危险作业的职工办理意外伤害保险是鼓励性质，不是强制性规定，企业可以自主决定是否办理。 但是，本款约定投保意外伤害保险，属于合同双方自愿约定，也应遵守，其目的就是进一步加强对在施工现场从事危险作业人员权益的保障。
20.4　第三者责任险 **20.4.1**　第三者责任系指在保险期内，对因工程意外事故造成的、依法应由被保险人负责的工地	20.4款是关于投保第三者责任险的相关约定。 20.4.1款对第三者责任险的保险范围进行了明确。

中华人民共和国 房屋建筑和市政工程标准施工招标文件 （2010年版） 第四章　第一节　通用合同条款	评　注
上及毗邻地区的第三者人身伤亡、疾病或财产损失（本工程除外），以及被保险人因此而支付的诉讼费用和事先经保险人书面同意支付的其他费用等赔偿责任。	第三者责任险保障的是工地内以及邻近区域内与建设项目不存在直接关系的第三者的人身和财产权利。第三者责任险的保额可根据施工周边的环境，如地理位置、周围人口密度等以及施工可能给第三者造成的损失情况来确定。
20.4.2　在缺陷责任期终止证书颁发前，承包人应以承包人和发包人的共同名义，投保第20.4.1项约定的第三者责任险，其保险费率、保险金额等有关内容在专用合同条款中约定。	20.4.2款约定由承包人以承发包双方共同的名义投保在缺陷责任期终止证书颁发前的第三者责任险，其保险费率、保险金额等在《专用合同条款》中进一步约定。
20.5　其他保险 除专用合同条款另有约定外，承包人应为其施工设备、进场的材料和工程设备等办理保险。	20.5款是关于承包人投保施工设备险的义务约定。 工程本身、相关永久设备、材料以及承包人的施工设备是保险的核心内容。保险的施工设备范围由承包人根据施工设备的损失和损坏对工程施工的影响程度等因素进行确定，可在《专用合同条款》中进行明确约定。
20.6　对各项保险的一般要求	20.6款是对前述投保的各项保险一般要求的约定。
20.6.1　保险凭证 承包人应在专用合同条款约定的期限内向发包人提交各项保险生效的证据和保险单副本，保险单必须与专用合同条款约定的条件保持一致。	20.6.1款是对保险凭证要求的约定。 承包人应在合理期限内，向发包人提交前述投保保险生效的证据和保险单副本，通常为开工后的56天内，以便发包人核查其投保的各项保险条件是否符合约定，并作为审批支付保险费用的凭据。
20.6.2　保险合同条款的变动 承包人需要变动保险合同条款时，应事先征得发包人同意，并通知监理人。保险人作出变动的，承包人应在收到保险人通知后立即通知发包人和监理人。	20.6.2款是对保险合同条款变动要求的约定。 承包人如因保险项目增减或施工期限延长及缩短等需要变动保险条款时，应事先征得发包人同意，并通知监理人后再及时通知保险人，办理保险条款变动手续。当保险人对保险条款作出变动时，承包人也应在收到通知后立即通知发包人和监理人。
20.6.3　持续保险 承包人应与保险人保持联系，使保险人能够随时了解工程实施中的变动，并确保按保险合同条款要求持续保险。	20.6.3款是对持续保险要求的约定。 在项目建设过程中，承包人应注意及时对保险金额进行调整。若工期存在延误情况，应及时续保，以便使建设项目在工程建设的整个期间都处在保险期内。

中华人民共和国 房屋建筑和市政工程标准施工招标文件 （2010年版） 第四章　第一节　通用合同条款	评　注
20.6.4　保险金不足的补偿 保险金不足以补偿损失的，应由承包人和（或）发包人按合同约定负责补偿。	20.6.4款是对保险金不足的补偿要求约定。 当保险金不足以补偿损失时，应由承包人和发包人按《专用合同条款》的约定，根据各自的义务和责任承担补偿数额。
20.6.5　未按约定投保的补救 （1）由于负有投保义务的一方当事人未按合同约定办理保险，或未能使保险持续有效的，另一方当事人可代为办理，所需费用由对方当事人承担。 （2）由于负有投保义务的一方当事人未按合同约定办理某项保险，导致受益人未能得到保险人的赔偿，原应从该项保险得到的保险金应由负有投保义务的一方当事人支付。	20.6.5款是未按约定投保的补救措施及责任承担约定。 第（1）项是关于负有投保义务的一方未办理保险时另一方享有的权利约定。负有投保义务的一方未按合同约定办理某项保险，或未能使保险持续有效时，另一方享有的补救措施，即可代为办理，代为办理所需费用由负有投保义务的一方承担。 第（2）项约定负有投保义务的一方未按合同约定投保，当事故发生时，导致受益人未能得到保险人的赔偿，此时应由责任方赔偿另一方的损失。
20.6.6　报告义务 当保险事故发生时，投保人应按照保险单规定的条件和期限及时向保险人报告。	20.6.6款是投保人报告义务的约定。 当保险事故发生时，投保人应按保险单的约定及时向保险人进行报告。

第21条 不可抗力，通用合同条款评注

中华人民共和国 房屋建筑和市政工程标准施工招标文件 （2010年版） 第四章 第一节 通用合同条款	评 注
21.1 不可抗力的确认	21.1款是关于不可抗力范围及发生不可抗力后承发包双方各自的义务约定。 在发生违约情形时，不可抗力是唯一的法定免责事由。我国《民法通则》第一百零七条规定："因不可抗力不能履行合同或者造成他人损害的，不承担民事责任，法律另有规定的除外"。同时该法第一百五十三条规定："本法所称的'不可抗力'，是指不能预见、不能避免并不能克服的客观情况"。根据我国《合同法》第九十四条的规定，因不可抗力致使不能实现合同目的时，当事人可以解除合同。同时该法第一百一十七条规定："因不可抗力不能履行合同的，根据不可抗力的影响，部分或者全部免除责任，但法律另有规定的除外。当事人迟延履行后发生不可抗力的，不能免除责任。本法所称不可抗力，是指不能预见、不能避免并不能克服的客观情况"。 从上述法律规定可以看出，不可抗力是外来的、不受当事人意志左右的自然现象或者社会现象。可以构成不可抗力的事由必须同时具备三个特征：（一）不可抗力是当事人不能预见的事件。能否"预见"取决于预见能力。判断当事人对某事件是否可以预见，应以现有的科学技术水平和一般人的预见能力为标准，而不是以当事人自身的预见能力为标准。"不能预见"是当事人尽到了一般应有的注意义务仍然不能预见，而不是因为疏忽大意或者其他过错没有预见；（二）不可抗力是当事人不能避免并不能克服的事件。也就是说，对于不可抗力事件的发生和损害结果，当事人即使尽了最大努力仍然不能避免，也不能克服。不可抗力不为当事人的意志和行为所左右、所控制。如果某事件的发生能够避免，或者虽然不能避免但是能够克服，也不能构成不可抗力；（三）不可抗力是一种阻碍合同履行的客观情况。从法律关于不可抗力的规定可以知道，凡是不能预见、不能避免并不能克服的客观情况均属于不可抗力的范

中华人民共和国 房屋建筑和市政工程标准施工招标文件 （2010年版） 第四章　第一节　通用合同条款	评　　注
	围，主要包括自然灾害和社会事件。对于不可抗力范围的确定，目前世界上有两种立法体例：一种是以列举的方式明确规定属于不可抗力的事件，即只有相关法律明确列举的不可抗力事件发生时，当事人才能以不可抗力作为抗辩事由并免除相应的责任；另一种则是采取概括描述的方式对不可抗力的范围进行原则性的规定，并不明确列举不可抗力事件的种类。我国《合同法》的规定即属于后者。
21.1.1　不可抗力是指承包人和发包人在订立合同时不可预见，在工程施工过程中不可避免发生并不能克服的自然灾害和社会性突发事件，如地震、海啸、瘟疫、水灾、骚乱、暴动、战争和专用合同条款约定的其他情形。	21.1.1款是关于不可抗力范围的约定。 本款以概括式的方式对不可抗力条款进行了订立，承发包双方应在《专用合同条款》中以列举式来确定不可抗力的内容，包括不可抗力的范围、性质和等级进行进一步明确约定。在实践中，当事人往往也会在合同中采用列举的方式约定不可抗力的范围（在侵权责任中，当事人不可能对不可抗力的范围进行事先约定）以消除原则性规定所带来的不确定因素，使得合同当事人的权利义务更加明确具体。例如国际咨询工程师联合会（FIDIC）《施工合同条件》（1999年第1版）在第19.1条“不可抗力的定义”中规定“在本条中，‘不可抗力’系指某种异常事件或情况：（a）一方无法控制的，（b）该方在签订合同前，不能对之进行合理准备的，（c）发生后，该方不能合理避免或克服的，（d）不能主要归因于他方的。只要满足上述（a）至（d）项的条件，不可抗力可以包括但不限于下列各种异常事件或情况：（i）战争、敌对行动（不论宣战与否）、入侵、外敌行为，（ii）叛乱、恐怖主义、革命、暴动、军事政变或篡夺政权，或内战，（iii）承包商人员和承包商及其分包商的其他雇员以外的人员的骚乱、喧闹、混乱、罢工或停工，（iv）战争军火、爆炸物资、电离辐射或放射性污染，但可能因承包商使用此类军火、炸药、辐射或放射性引起的除外，（v）自然灾害，如地震、飓风、台风或火山活动。我国目前在建设工程领域仍然普遍采用的《建设工程施工合同（示范文本）》（GF—1999—0201）

中华人民共和国 房屋建筑和市政工程标准施工招标文件 （2010年版） 第四章　第一节　通用合同条款	评　　注
	第39.1条也规定："不可抗力包括因战争、动乱、空中飞行物体坠落或其他非发包人承包人责任造成的爆炸、火灾、以及专用条款约定的风、雨、雪、洪、震等自然灾害"。
21.1.2　不可抗力发生后，发包人和承包人应及时认真统计所造成的损失，收集不可抗力造成损失的证据。合同双方对是否属于不可抗力或其损失的意见不一致的，由监理人按第3.5款商定或确定。发生争议时，按第24条的约定办理。	根据21.1.2款的约定，当工程遭遇不可抗力事件时，承发包双方应及时调查确认不可抗力事件的性质及其受损害程度，收集不可抗力造成损失的证据材料。若双方对不可抗力的认定或对其损害程度的意见不一致时，可由监理人按约定程序商定或确定，总监理工程师应与合同当事人协商，尽量达成一致。不能达成一致的，总监理工程师应认真研究后审慎确定。总监理工程师应将商定或确定的事项通知合同当事人，并附详细依据。对总监理工程师的确定有异议的则按争议解决程序的约定执行。在争议解决前，双方应暂按总监理工程师的确定执行。
21.2　不可抗力的通知	21.2款是关于遇到不可抗力事件影响一方的通知及报告义务的约定。
21.2.1　合同一方当事人遇到不可抗力事件，使其履行合同义务受到阻碍时，应立即通知合同另一方当事人和监理人，书面说明不可抗力和受阻碍的详细情况，并提供必要的证明。	21.2.1款要求遇到不可抗力事件影响的一方"立即通知"另一方和监理人，目的主要在于让对方及时知道，能迅速采取措施，以减轻可能给对方造成的损失。 《合同法》第一百一十八条规定，当事人一方因不可抗力不能履行合同的，应当及时通知对方，以减轻可能给对方造成的损失，并应当在合理期限内提供证据。
21.2.2　如不可抗力持续发生，合同一方当事人应及时向合同另一方当事人和监理人提交中间报告，说明不可抗力和履行合同受阻的情况，并于不可抗力事件结束后28天内提交最终报告及有关资料。	21.2.2款约定如不可抗力事件持续发生时，受不可抗力事件影响的一方履行合同继续受阻，该方也应及时通知另一方和监理人，提交中间报告，并在不可抗力事件结束后28天内提交最终报告。

中华人民共和国 房屋建筑和市政工程标准施工招标文件 （2010年版） 第四章　第一节　通用合同条款	评　注
21.3　不可抗力后果及其处理	21.3款是关于因不可抗力事件造成损害承发包双方各自承担责任的范围及后续处理程序的约定。
21.3.1　不可抗力造成损害的责任 除专用合同条款另有约定外，不可抗力导致的人员伤亡、财产损失、费用增加和（或）工期延误等后果，由合同双方按以下原则承担： （1）永久工程，包括已运至施工场地的材料和工程设备的损害，以及因工程损害造成的第三者人员伤亡和财产损失由发包人承担； （2）承包人设备的损坏由承包人承担； （3）发包人和承包人各自承担其人员伤亡和其他财产损失及其相关费用； （4）承包人的停工损失由承包人承担，但停工期间应监理人要求照管工程和清理、修复工程的金额由发包人承担； （5）不能按期竣工的，应合理延长工期，承包人不需支付逾期竣工违约金。发包人要求赶工的，承包人应采取赶工措施，赶工费用由发包人承担。	21.3.1款约定因不可抗力事件造成后果的责任分担原则，按照公平原则合理分担，即“损失自负”。 发生不可抗力由发包人承担的责任范围：（1）属于永久性工程及其设备、材料、部件等的损失和损害；（2）发包人受雇人员的伤害；（3）发包人迟延履行合同约定的保护义务造成的延续损失和损害；（4）恢复建设时所需的清理、修复费用等。 发生不可抗力由承包人承担的责任范围：（1）承包人受雇人员的伤害；（2）属于承包人的机具、设备、财产和临时工程的损失和损害；（3）承包人迟延履行合同约定的保护义务造成的延续损失和损害；（4）因不可抗力造成的停工损失；因不可抗力导致不能按期竣工，承包人无须支付逾期竣工违约金。 此外，承包人应注意留存不可抗力发生后事故处理费用的相关证据。因为在实践中，由于不可抗力事件发生后，承包人承担责任的部分通常是采取承包人向监理工程师提出索赔的方式进行的，故承包人要注意保存相关的证据，如证明工人受伤的医疗费、施工机械损坏的修理费等费用数额的相关票据等。
21.3.2　延迟履行期间发生的不可抗力 合同一方当事人延迟履行，在延迟履行期间发生不可抗力的，不免除其责任。	21.3.2款约定由于承包人责任引起延误后的履行合同期限发生不可抗力的，不免除其责任。《合同法》第一百一十七条规定，因不可抗力不能履行合同的，根据不可抗力的影响，部分或者全部免除责任，但法律另有规定的除外。当事人迟延履行后发生不可抗力的，不能免除责任。
21.3.3　避免和减少不可抗力损失 不可抗力发生后，发包人和承包人均应采取措施尽量避免和减少损失的扩大，任何一方没有采取有效措施导致损失扩大的，应对扩大的损失承担责任。	21.3.3款约定承发包双方都有义务采取措施将因不可抗力事件导致的损失降低到最低限度。在不可抗力发生后合同任何一方没有采取有效措施的，应对扩大的损失承担责任。

中华人民共和国 房屋建筑和市政工程标准施工招标文件 （2010年版） 第四章　第一节　通用合同条款	评　注
21.3.4　因不可抗力解除合同 合同一方当事人因不可抗力不能履行合同的，应当及时通知对方解除合同。合同解除后，承包人应按照第22.2.5项约定撤离施工场地。已经订货的材料、设备由订货方负责退货或解除订货合同，不能退还的货款和因退货、解除订货合同发生的费用，由发包人承担，因未及时退货造成的损失由责任方承担。合同解除后的付款，参照第22.2.4项约定，由监理人按第3.5款商定或确定。	21.3.4款是关于因不可抗力解除合同后承发包双方各自的义务及责任承担的约定。 因不可抗力导致不能履行合同时，可以通知对方解除合同。合同解除后，承包人按约定撤离施工场地；发包人承担因解除材料、设备订货合同所产生的相关费用。 因不可抗力而解除合同后的付款，与22.2.4款联系理解适用，承包人也应在约定期限内及时向发包人提交有关资料和凭证，由监理人商定或确定并最终结清工程款。

第22条　违约，通用合同条款评注

中华人民共和国 房屋建筑和市政工程标准施工招标文件 （2010年版） 第四章　第一节　通用合同条款	评　注
22.1　承包人违约	22.1款是关于承包人违约情形及违约责任承担等的约定。 违约情形及违约责任的约定是双方处理纠纷、确定诉求的合同依据，是整个合同体系中的关键条款，承发包双方应该尽量详尽的进行约定，以利于日后纠纷的解决。
22.1.1　承包人违约的情形 在履行合同过程中发生的下列情况属承包人违约： （1）承包人违反第1.8款或第4.3款的约定，私自将合同的全部或部分权利转让给其他人，或私自将合同的全部或部分义务转移给其他人； （2）承包人违反第5.3款或第6.4款的约定，未经监理人批准，私自将已按合同约定进入施工场地的施工设备、临时设施或材料撤离施工场地； （3）承包人违反第5.4款的约定使用了不合格材料或工程设备，工程质量达不到标准要求，又拒绝清除不合格工程； （4）承包人未能按合同进度计划及时完成合同约定的工作，已造成或预期造成工期延误； （5）承包人在缺陷责任期内，未能对工程接收证书所列的缺陷清单的内容或缺陷责任期内发生的缺陷进行修复，而又拒绝按监理人指示再进行修补； （6）承包人无法继续履行或明确表示不履行或实质上已停止履行合同； （7）承包人不按合同约定履行义务的其他情况。	22.1.1款列举了构成承包人违约的七种情形，通常承包人违约主要发生在工期和质量两方面，有时还是两种情形同时发生。但本款将承包人私自转让或转移合同权利的行为；擅自撤离已进场施工设备的行为；使用不合格设备、材料并拒绝清除的行为；拒绝对缺陷进行修复的行为以及不履行或停止履行合同的行为一并纳入了承包人违约的范围。 第（7）项不按合同约定履行义务的其他情况，主要是指除前6项情形以外的其他违约事由，具体可在《专用合同条款》中再进一步详细列明，如施工资料的提供义务，或是竣工验收中的配合义务等。 承包人应对本款进行深刻的认识，当自己出现这些违约情形时，应及时采取合理措施予以纠正，避免承担因违约导致的责任。 最高人民法院《关于审理建设工程施工合同纠纷案件适用法律问题的解释》第八条规定：“承包人具有下列情形之一，发包人请求解除建设工程施工合同的，应予支持：（一）明确表示或者以行为表明不履行合同主要义务的；（二）合同约定的期限内没有完工，且在发包人催告的合理期限内仍未完工的；（三）已经完成的建设工程质量不合格，并拒绝修复的；（四）将承包的建设工程非法转包、违法分包的。”
22.1.2　对承包人违约的处理 （1）承包人发生第22.1.1（6）目约定的违约情况时，发包人可通知承包人立即解除合同，并按有关法律处理。	22.1.2款是关于承包人违约责任的承担约定。 本款根据承包人不同的违约情形约定了发包人可以采取的三种处理方式。 通常当出现承包人违约行为时，发包人除个别

中华人民共和国 房屋建筑和市政工程标准施工招标文件 （2010年版） 第四章　第一节　通用合同条款	评　　注
（2）承包人发生除第22.1.1（6）目约定以外的其他违约情况时，监理人可向承包人发出整改通知，要求其在指定的期限内改正。承包人应承担其违约所引起的费用增加和（或）工期延误。 （3）经检查证明承包人已采取了有效措施纠正违约行为，具备复工条件的，可由监理人签发复工通知复工。	确实无法继续履行合同的严重违约情形可立即解除合同外，对于承包人的一般违约情形，监理人应及时向承包人发出整改通知，要求其在一定期限内纠正；如承包人在收到监理人发出整改通知后的指定期限内，已采取有效措施纠正的，监理人在具备复工条件时可签发通知要求承包人继续施工；而不采取措施纠正违约行为的，发包人可行使合同解除权。
22.1.3　承包人违约解除合同 监理人发出整改通知28天后，承包人仍不纠正违约行为的，发包人可向承包人发出解除合同通知。合同解除后，发包人可派员进驻施工场地，另行组织人员或委托其他承包人施工。发包人因继续完成该工程的需要，有权扣留使用承包人在现场的材料、设备和临时设施。但发包人的这一行动不免除承包人应承担的违约责任，也不影响发包人根据合同约定享有的索赔权利。	22.1.3款是关于因承包人违约解除合同承发包双方权利义务的约定。 本款约定承包人在收到监理人整改通知后28天后，仍不采取有效措施纠正其违约行为的，发包人正式通知承包人解除合同。发包人通知承包人解除合同后，为不影响工程施工进度，为继续完成工程的需要，可根据此款约定扣留并使用承包人在现场的材料、设备和临时设施。且发包人前述行为不减除承包人应承担的违约责任，亦不影响发包人按合同约定享有的索赔权利。 发包人应注意法律对合同解除权行使的程序性要件，以避免解除行为无效的后果：主张解除合同应当通知对方。合同自通知到达对方时解除。对方有异议的，可以请求人民法院或者仲裁机构确认解除合同的效力。法律、行政法规规定解除合同应当办理批准、登记等手续的，依照其规定。
22.1.4　合同解除后的估价、付款和结清 （1）合同解除后，监理人按第3.5款商定或确定承包人实际完成工作的价值，以及承包人已提供的材料、施工设备、工程设备和临时工程等的价值。 （2）合同解除后，发包人应暂停对承包人的一切付款，查清各项付款和已扣款金额，包括承包人应支付的违约金。 （3）合同解除后，发包人应按第23.4款的约定向承包人索赔由于解除合同给发包人造成的损失。	22.1.4款是关于合同解除后的估价、付款和结清程序的约定。 承包人在收到发包人通知解除合同后，承发包双方应尽快进行结算，由监理人按约定进行核算，并与承发包双方进行估价及结算。 通常估价的原则是：（1）发包人为继续实施合同，需要使用的承包人材料、设备及临时设施的费用由监理人与承发包双方商定或确定；（2）涉及解除合同前已产生的费用则按原合同约定进行结算；（3）因承包人违约解除合同给发包人造成的损失由承包人承担。

中华人民共和国 房屋建筑和市政工程标准施工招标文件 （2010年版） 第四章　第一节　通用合同条款	评　注
（4）合同双方确认上述往来款项后，出具最终结清付款证书，结清全部合同款项。 （5）发包人和承包人未能就解除合同后的结清达成一致而形成争议的，按第24条的约定办理。	承发包双方经确认合同价款后，应及时予以结清。若不能就合同价款结清达成一致意见，可按争议解决条款的约定处理。
22.1.5　协议利益的转让 因承包人违约解除合同的，发包人有权要求承包人将其为实施合同而签订的材料和设备的订货协议或任何服务协议利益转让给发包人，并在解除合同后的14天内，依法办理转让手续。	22.1.5款是关于合同解除后合同双方协议利益转让的程序约定。 因承包人违约解除合同后，为了尽量减少损失，将由发包人或发包人委托的其他承包人继续施工。为保证工程延续施工的需要，承包人应将在此之前为实施本合同与其他材料、设备供应商签订的任何材料、设备和服务协议及利益，通过法律程序依法转让予发包人。本款对承包人办理转让手续的时间作了限制，即在收到解除合同后14天内。
22.1.6　紧急情况下无能力或不愿进行抢救 在工程实施期间或缺陷责任期内发生危及工程安全的事件，监理人通知承包人进行抢救，承包人声明无能力或不愿立即执行的，发包人有权雇佣其他人员进行抢救。此类抢救按合同约定属于承包人义务的，由此发生的金额和（或）工期延误由承包人承担。	22.1.6款是关于在紧急情况下发生事故时各方的义务及责任承担约定。 在紧急情况下，发生危及工程和（或）人身的安全事故时，若承包人声明无能力或不愿意立即执行监理人的指示进行抢救，为减少损失，发包人应采取紧急措施，并雇佣其他人员进行抢救工作。此类抢救属于承包人责任范围内的工作，应由承包人承担由此发生的费用和（或）工期延误损失。
22.2　发包人违约	22.2款是关于发包人违约情形及违约责任承担等的约定。
22.2.1　发包人违约的情形 在履行合同过程中发生的下列情形，属发包人违约： （1）发包人未能按合同约定支付预付款或合同价款，或拖延、拒绝批准付款申请和支付凭证，导致付款延误的； （2）发包人原因造成停工的； （3）监理人无正当理由没有在约定期限内发出复工指示，导致承包人无法复工的； （4）发包人无法继续履行或明确表示不履行或实质上已停止履行合同的；	22.2.1款列举了构成发包人违约的五种情形，通常发包人违约主要是未按时付款的情形，但本款将拖延、拒绝批准付款申请和支付凭证，导致付款延误的行为；监理人原因导致无法复工的行为也一并纳入了发包人违约的范围。 在合同履行过程中，不论哪方发生违约情形，都应及时收集和整理相关的证据资料，为将来解决争议时分清责任创造条件。 最高人民法院《关于审理建设工程施工合同纠纷案件适用法律问题的解释》第九条规定："发包人具有下列情形之一，致使承包人无法施工，且

中华人民共和国 房屋建筑和市政工程标准施工招标文件 （2010年版） 第四章 第一节 通用合同条款	评 注
（5）发包人不履行合同约定其他义务的。	在催告的合理期限内仍未履行相应义务，承包人请求解除建设工程施工合同的，应予支持：（一）未按约定支付工程价款的；（二）提供的主要建筑材料、建筑构配件和设备不符合强制性标准的；（三）不履行合同约定的协助义务的。"
22.2.2 承包人有权暂停施工 发包人发生除第22.2.1（4）目以外的违约情况时，承包人可向发包人发出通知，要求发包人采取有效措施纠正违约行为。发包人收到承包人通知后的28天内仍不履行合同义务，承包人有权暂停施工，并通知监理人，发包人应承担由此增加的费用和（或）工期延误，并支付承包人合理利润。	22.2.2款是关于因发包人违约解除合同承发包双方权利义务的约定。 同样，本款根据发包人不同的违约情形约定了承包人可以采取的两种处理方式。通常当出现发包人违约行为时，承包人除个别确实无法继续履行合同的严重违约情形可立即解除合同外，对于发包人的一般违约情形，承包人可采取暂停施工措施，在暂停施工28天后，发包人仍不采取有效措施纠正其违约行为的，使承包人无法再继续履行合同，承包人正式通知发包人解除合同。
22.2.3 发包人违约解除合同 （1）发生第22.2.1（4）目的违约情况时，承包人可书面通知发包人解除合同。 （2）承包人按22.2.2项暂停施工28天后，发包人仍不纠正违约行为的，承包人可向发包人发出解除合同通知。但承包人的这一行动不免除发包人承担的违约责任，也不影响承包人根据合同约定享有的索赔权利。	22.2.3款是关于发包人违约责任的承担约定。 我国《合同法》第六十六条至六十九条对先履行抗辩权、同时履行抗辩权、不安抗辩权作了规定。承包人应加强在履约抗辩权行使过程中的签证、索赔管理能力。同时，最高人民法院第40号文件《关于当前形势下审理民商事合同纠纷案件若干问题的指导意见》第十七条也规定："合理适用不安抗辩权规则，维护权利人合法权益"。履约抗辩权理论是应对发包人拖欠工程款，实施工程签证和索赔的法律依据。
22.2.4 解除合同后的付款 因发包人违约解除合同的，发包人应在解除合同后28天内向承包人支付下列金额，承包人应在此期限内及时向发包人提交要求支付下列金额的有关资料和凭证： （1）合同解除日以前所完成工作的价款； （2）承包人为该工程施工订购并已付款的材料、工程设备和其他物品的金额。发包人付还后，该材料、工程设备和其他物品归发包人所有；	22.2.4款是关于因发包人违约解除合同后工程价款的支付约定。 承包人通常行使"履约抗辩权"的形式为：催告→停工→解除合同→提出索赔。索赔通常包括三个部分：1. 已完工程价款。包括：（1）已完工程款；（2）已开始未完成工程价款；（3）开办费等；2. 解除合同前后的直接损失。包括：（1）合同终结前工程延误损失；（2）移走临时设施设备费用；（3）合同终结后遣散期间开办费；（4）履约保函

中华人民共和国 房屋建筑和市政工程标准施工招标文件 （2010 年版） 第四章　第一节　通用合同条款	评　　注
（3）承包人为完成工程所发生的，而发包人未支付的金额； （4）承包人撤离施工场地以及遣散承包人人员的金额； （5）由于解除合同应赔偿的承包人损失； （6）按合同约定在合同解除日前应支付给承包人的其他金额。 发包人应按本项约定支付上述金额并退还质量保证金和履约担保，但有权要求承包人支付应偿还给发包人的各项金额。	延期手续费；（5）未足额收回的政府规费；（6）遣返人员待工费；（7）未足额积累的机械设备费；（8）分包合同解除费；（9）材料仓储费；（10）利息损失等；3. 解除合同引起的预期利益损失。包括：（1）未完工程的管理费；（2）风险费；（3）利润损失等。 承包人还须注意的是，因发包人延误付款的日期长短不同，承包人行使的权利亦有区别。 发包人应按本款约定支付上述金额并退还质量保证金、解除履约担保，但有权要求承包人支付及/或抵扣应偿还给发包人的各种款项。
22.2.5　解除合同后的承包人撤离 因发包人违约而解除合同后，承包人应妥善做好已竣工工程和已购材料、设备的保护和移交工作，按发包人要求将承包人设备和人员撤出施工场地。承包人撤出施工场地应遵守第 18.7.1 项的约定，发包人应为承包人撤出提供必要条件。	22.2.5 款是关于因发包人违约合同解除后承包人的撤离义务约定。 因发包人违约解除合同后，承包人应妥善处理好工程各项移交工作，办理移交手续，并按要求撤离施工场地。发包人也应为承包人撤离提供必要的协助义务。 为保证顺利处理合同解除后的善后事宜，减少容易引发群体性事件的不安定因素，引导运用法律手段解决矛盾，建议承发包双方可就此条款进一步约定：“合同解除后，承包人应妥善做好已竣工工程和已购材料、设备的保护和移交工作，并按发包人要求的期限将承包人设备和人员全部撤出施工场地，否则应向发包人支付违约金，违约金的计算方法为：每逾期一日，承包人应向发包人支付合同签约价格的__%作为违约金”。承包人如有要求，也可以相应与发包人作出类似约定。
22.3　第三人造成的违约 在履行合同过程中，一方当事人因第三人的原因造成违约的，应当向对方当事人承担违约责任。一方当事人和第三人之间的纠纷，依照法律规定或者按照约定解决。	22.3 款是关于因第三人原因造成违约时如何处理的约定。 我国《合同法》第一百二十一条规定：“当事人一方因第三人的原因造成违约的，应当向对方承担违约责任。当事人一方和第三人之间的纠纷，依照法律规定或者按照约定解决”。

第23条　索赔，通用合同条款评注

中华人民共和国 房屋建筑和市政工程标准施工招标文件 （2010年版） 第四章　第一节　通用合同条款	评　　注
23.1　承包人索赔的提出 根据合同约定，承包人认为有权得到追加付款和（或）延长工期的，应按以下程序向发包人提出索赔： （1）承包人应在知道或应当知道索赔事件发生后28天内，向监理人递交索赔意向通知书，并说明发生索赔事件的事由。承包人未在前述28天内发出索赔意向通知书的，丧失要求追加付款和（或）延长工期的权利； （2）承包人应在发出索赔意向通知书后28天内，向监理人正式递交索赔通知书。索赔通知书应详细说明索赔理由以及要求追加的付款金额和（或）延长的工期，并附必要的记录和证明材料； （3）索赔事件具有连续影响的，承包人应按合理时间间隔继续递交延续索赔通知，说明连续影响的实际情况和记录，列出累计的追加付款金额和（或）工期延长天数； （4）在索赔事件影响结束后的28天内，承包人应向监理人递交最终索赔通知书，说明最终要求索赔的追加付款金额和延长的工期，并附必要的记录和证明材料。	23.1款是关于承包人向发包人提出索赔的程序约定。 索赔是工程实践中较为常见的情形。索赔是合同双方的权利。由于一方不履行或不完全履行合同义务而使另一方遭受损失时，受损方有权提出索赔要求。在工程实践中常见的是工期索赔和费用索赔。 本款约定扩大了“索赔的适用范围”，即只要“承包人认为有权得到追加付款和（或）延长工期的”，就可以按合同约定的索赔程序提出索赔。但也同时增加设置了另一个前提条件，即“根据合同约定”，这又相对限制了索赔的适用范围。 本款约定了承包人索赔程序：承包人应在知道或应当知道索赔事件后28天内向监理人提交索赔通知书；如有些索赔事件具有连续影响时，承包人还应在此影响结束后合理时间内提交延续索赔通知和延续记录，以便监理人和发包人及时知晓情况，尽快处理。 本款约定承包人索赔期限在知道或应当知道索赔事件28内或具有连续影响的索赔事件结束后合理时间内，逾期不提出视为放弃索赔。此约定应引起承包人的高度重视，并据此加强工程合同的签证和索赔管理工作。实践中还有一种情况是，当事人约定了索赔期限，但没有约定过期不能索赔，这种情况下索赔时效为发生索赔事件后两年。 “28天”是否属于除斥期间（除斥期间是指法律规定某种民事实体权利存在的期间。权利人在此期间内不行使相应的民事权利，则在该法定期间届满时导致该民事权利的消灭），因法官对此的理解不同，我国司法实践中曾经出现过不同判例。但是承发包双方对此必须要有清醒的认识，不可存有侥幸心理。 实践中发包人与承包人往往会因为索赔方面法律知识的匮乏，过程管理的失控而导致索赔时的被动局面，因此有必要聘请专业律师或机构加强索赔管理工作，以最大限度维护自己的利益及减少工程索赔成本。

中华人民共和国 房屋建筑和市政工程标准施工招标文件 （2010年版） 第四章　第一节　通用合同条款	评　注
23.2　承包人索赔处理程序	23.2款是关于监理人对承包人索赔的处理程序约定。
（1）监理人收到承包人提交的索赔通知书后，应及时审查索赔通知书的内容、查验承包人的记录和证明材料，必要时监理人可要求承包人提交全部原始记录副本。	根据第（1）项的约定监理人在收到承包人提交的索赔通知后，应认真研究和查验承包人提交的记录和证明材料，且可向承包人提出质疑，必要时可要求承包人提交全部原始记录副本。
（2）监理人应按第3.5款商定或确定追加的付款和（或）延长的工期，并在收到上述索赔通知书或有关索赔的进一步证明材料后的42天内，将索赔处理结果答复承包人。	第（2）项约定了监理人的“默示”条款。监理人应根据承包人提交的索赔及上述记录等资料，仔细分析并及时作出初步处理意见，并在收到索赔通知书或进一步索赔证明材料后42天内将索赔处理结果答复承包人；未在此期限内答复的，视为认可承包人提出的索赔。
（3）承包人接受索赔处理结果的，发包人应在作出索赔处理结果答复后28天内完成赔付。承包人不接受索赔处理结果的，按第24条的约定办理。	根据第（3）项的约定，承包人接受监理人的索赔处理结果，发包人应按时结算索赔款项；承包人不接受时，可按争议解决条款的约定执行。 承包人应注意，在约定期限内获得签证和成功索赔，友好协商和谋求调解往往是最重要和最有效的方法。
23.3　承包人提出索赔的期限	23.3款是关于承包人提出索赔的期限约定。 约定索赔期限的目的是为了承发包双方能够及时解决争议。
23.3.1　承包人按第17.5款的约定接受了竣工付款证书后，应被认为已无权再提出在合同工程接收证书颁发前所发生的任何索赔。	23.3.1款是对承包人索赔的限制约定。 承包人应谨慎对待此条款，且应将本条款与17.5款竣工付款证书联系理解及适用。
23.3.2　承包人按第17.6款的约定提交的最终结清申请单中，只限于提出工程接收证书颁发后发生的索赔。提出索赔的期限自接受最终结清证书时终止。	23.3.2款亦是对承包人索赔的限制约定。 同样，承包人亦将本条款与17.6款之“最终结清申请单”条款联系理解及适用。
23.4　发包人的索赔	23.4款是关于发包人向承包人提出索赔的程序约定。
23.4.1　发生索赔事件后，监理人应及时书面通知承包人，详细说明发包人有权得到的索赔金额和（或）延长缺陷责任期的细节和依据。发包人提出索赔的期限和要求与第23.3款的约定相同，延	为公平地处理合同双方之间的索赔争议，23.4.1款约定了发包人与承包人平等的索赔权利，以及相同的索赔程序。发包人应引起高度重视，及时行使权利。

中华人民共和国 房屋建筑和市政工程标准施工招标文件 （2010年版） 第四章　第一节　通用合同条款	评　　注
长缺陷责任期的通知应在缺陷责任期届满前发出。	发包人可提出的经济索赔（费用及付款）条款包括：(1) 误期损害赔偿，即11.5款；(2) 发包人自行清理现场，即18.7.2款；(3) 因承包人违约而终止合同，即22.1.3款。
23.4.2 监理人按第3.5款商定或确定发包人从承包人处得到赔付的金额和（或）缺陷责任期的延长期。承包人应付给发包人的金额可从拟支付给承包人的合同价款中扣除，或由承包人以其他方式支付给发包人。	23.4.2款约定若发包人从承包人处获得索赔的款项，发包人有从支付给承包人工程款中主动扣除的权利。

第24条　争议的解决，通用合同条款评注

中华人民共和国 房屋建筑和市政工程标准施工招标文件 （2010年版） 第四章　第一节　通用合同条款	评　注
24.1　争议的解决方式 发包人和承包人在履行合同中发生争议的，可以友好协商解决或者提请争议评审组评审。合同当事人友好协商解决不成、不愿提请争议评审或者不接受争议评审组意见的，可在专用合同条款中约定下列一种方式解决。 （1）向约定的仲裁委员会申请仲裁； （2）向有管辖权的人民法院提起诉讼。	24.1款是关于争议解决方式选择的约定。 建设工程合同争议，特别是发包人和承包人之间因工期、质量、造价等产生的争议，在工程建设领域中时常发生。争议解决方式的选择是问题的关键。 本款约定争议解决的方式有四种：友好协商、提请争议评审、仲裁和诉讼。前两种争议解决方式均以双方协商解决合同争议。在目前的法律制度下，仲裁和诉讼不可兼得，或仲裁或诉讼，只能选择其一。如果选择仲裁方式解决争议，必须有双方明确、有效的约定。当前，通过仲裁来解决建设工程合同纠纷已成为承发包双方愿意选择的重要纠纷解决途径。承发包双方选择仲裁解决纠纷的优势有：仲裁机构、仲裁员均由双方选定；仲裁不公开；最主要的还是仲裁审理期限要比诉讼审限短，可以达到尽快结案的目的。四种争议解决方式各自都有不同的优点，承发包双方可根据工程实际情况约定作出选择。
24.2　友好解决 在提请争议评审、仲裁或者诉讼前，以及在争议评审、仲裁或诉讼过程中，发包人和承包人均可共同努力友好协商解决争议。	24.2款约定在争议解决的任一阶段均可通过友好协商解决双方的争议。友好协商有利于提高争议解决效率，建议优先采用。
24.3　争议评审	24.3款是关于双方选择采用争议评审方式时的约定。 建设工程争议评审是指在工程开始或进行中，由当事人选择独立的评审专家，就当事人之间发生的争议及时提出解决建议或者作出决定的争议解决方式。争议评审是以“细致分割”方式实时解决争议，及时化解争议，防止争议扩大造成工程拖延、损失和浪费，保障工程顺利进行。 为预防、减少、及时解决建设工程合同争议，北京仲裁委员会于2009年1月20日第五届北京仲裁委员会第四次会议讨论通过《建设工程争议评审规则》，自2009年3月1日起施行；中国国际经

中华人民共和国 房屋建筑和市政工程标准施工招标文件 （2010年版） 第四章　第一节　通用合同条款	评　注
	济贸易仲裁委员会/中国国际商会于2010年1月27日通过《建设工程争议评审规则（试行）》，自2010年5月1日起试行。同时还相应制定了《评审专家守则》、《建设工程争议评审专家名单》、《建设工程争议评审收费办法》。 应注意本款约定的争议评审不是解决争议的必经程序且争议评审程序所做出的意见并非终局性的决定，任何一方如果对争议评审结果不服，均可通过诉讼或仲裁的方式最终解决争议。
24.3.1　采用争议评审的，发包人和承包人应在开工日后的28天内或在争议发生后，协商成立争议评审组。争议评审组由有合同管理和工程实践经验的专家组成。	24.3.1款是关于成立评审组的程序约定。承发包双方可以约定在开工日后28天内或在争议发生后协商成立争议评审组。目前承发包双方可以约定从仲裁机构建立的专家库中选定评审小组成员，以保证评审组成员的专业性。
24.3.2　合同双方的争议，应首先由申请人向争议评审组提交一份详细的评审申请报告，并附必要的文件、图纸和证明材料，申请人还应将上述报告的副本同时提交给被申请人和监理人。 **24.3.3**　被申请人在收到申请人评审申请报告副本后的28天内，向争议评审组提交一份答辩报告，并附证明材料。被申请人应将答辩报告的副本同时提交给申请人和监理人。	24.3.2款至24.3.5款是关于获得争议评审意见的程序约定。 首先，申请人应向争议评审组提交书面的评审申请报告，并同时将评审申请报告提交被申请人和监理人。 评审申请报告应当包括：（1）争议的相关情况和争议要点；（2）提交评审解决的争议事项和具体的评审请求；（3）对争议的处理意见及所依据的文件、图纸及其他证明材料。
24.3.4　除专用合同条款另有约定外，争议评审组在收到合同双方报告后的14天内，邀请双方代表和有关人员举行调查会，向双方调查争议细节；必要时争议评审组可要求双方进一步提供补充材料。	其次，被申请人在收到评审申请报告后28天内提交答辩报告，并同时将答辩转交申请人和监理人。被申请人未提交书面答辩的，不影响评审程序的继续进行。
24.3.5　除专用合同条款另有约定外，在调查会结束后的14天内，争议评审组应在不受任何干扰的情况下进行独立、公正的评审，作出书面评审意见，并说明理由。在争议评审期间，争议双方暂按总监理工程师的确定执行。	最后，争议评审小组应召开调查会议，可以根据评审的需要召开多次调查会。第一次调查会应当在收到双方报告后14天内召开，并在调查会议结束后14天内作出公平合理、独立公正地评审意见。

中华人民共和国 房屋建筑和市政工程标准施工招标文件 （2010年版） 第四章　第一节　通用合同条款	评　注
24.3.6　发包人和承包人接受评审意见的，由监理人根据评审意见拟定执行协议，经争议双方签字后作为合同的补充文件，并遵照执行。	24.3.6款是关于双方接受评审意见时的处理程序约定。 监理人以评审意见为依据拟定执行协议并经承发包双方签署（该“签署”可以是授权代表签字或加盖公章），确认后作为合同补充文件，双方应遵照履行。
24.3.7　发包人或承包人不接受评审意见，并要求提交仲裁或提起诉讼的，应在收到评审意见后的14天内将仲裁或起诉意向书面通知另一方，并抄送监理人，但在仲裁或诉讼结束前应暂按总监理工程师的确定执行。	24.3.7款是关于双方不接受评审意见时的处理程序约定。 在争议评审、仲裁机构仲裁和法院诉讼期间，关于合同争议的处理未取得一致意见时，承发包双方还应暂按总监理工程师的确定执行。

备　注

备　注

《合同协议书》评注与填写范例

《通用合同条款》评注

《专用合同条款》评注与填写范例

附　　录

中华人民共和国
房屋建筑和市政工程
标准施工招标文件（2010年版）

适用于一定规模以上且设计和施工不是由同一承包人承担的房屋建筑和市政工程

《专用合同条款》评注与填写范例

第1条　一般约定，专用合同条款评注与填写范例

中华人民共和国 房屋建筑和市政工程标准施工招标文件 （2010年版） 第四章　第二节　专用合同条款	评注与填写范例
1.1　词语定义	以下是用于补充和细化《通用合同条款》的相关内容。
1.1.2　合同当事人和人员	1.1.2款是关于合同当事人和人员的补充约定。
1.1.2.2　发包人：____________________。 **1.1.2.6　监理人：**____________________。	1.1.2.2款、1.1.2.6款填写本工程的发包人和监理人名称。其中，发包人是指《合同协议书》中签字的当事人，但发包人不一定就是招标人。
1.1.2.8　发包人代表：指发包人指定的派驻施工场地（现场）的全权代表。 姓　　名：____________________。 职　　称：____________________。 联系电话：____________________。 电子信箱：____________________。 通信地址：____________________。	补充增加1.1.2.8款“发包人代表”的定义，并填写发包人代表的姓名、职称、联系电话、电子邮箱和通信地址。 由于发包人代表基于职务行为取得相应的职权，因此应重点注意其超越发包人赋予的权限而签认的工程签证对发包人在法律上产生的拘束力。若承包人主张该签证有效，这时只有当发包人举证证明承包人知道或者应当知道其代表的代理行为超越权限时，才能对抗承包人的主张。我国《合同法》第五十条规定：“法人或者其他组织的法定代表人、负责人超越权限订立的合同，除相对人知道或者应当知道其超越权限的以外，该代表行为有效”。 建议将发包人代表的签名式样附后并增加一项约定：“签名式样如下：________________”，以免因出现代签等情形时发生争议。
1.1.2.9　专业分包人：指根据合同条款第15.8.1项的约定，由发包人和承包人以招标方式选择的分包人。 **1.1.2.10　专项供应商：**指根据合同条款第15.8.1项的约定，由发包人和承包人以招标方式选择的供应商。	补充增加1.1.2.9款“专业分包人”和1.1.2.10款“专项供应商”的定义，是指发包人在工程量清单中给定暂估价的材料、工程设备和专业工程属于依法必须招标的范围并达到规定的规模标准的，应由发包人和承包人以招标的方式选择分包人或供应商。
1.1.2.11　独立承包人：指与发包人直接订立工程承包合同，负责实施与工程有关的其他工作的当事人。	补充增加1.1.2.11款“独立承包人”的定义，是指与发包人直接订立建设工程承包合同的其他承包人，如《通用合同条款》22.1.3款，因承包人违约解除合同后，发包人另行委托其他承包人继续施工。

中华人民共和国 房屋建筑和市政工程标准施工招标文件 （2010年版） 第四章　第二节　专用合同条款	评注与填写范例
1.1.3　工程和设备	1.1.3款是关于工程和设备的补充约定。
1.1.3.2　永久工程：____________________。	1.1.3.2款填写合同包括的永久工程的名称及其规模和范围。
1.1.3.3　临时工程：____________________。	1.1.3.3款填写合同包括的临时工程及其范围，如填写施工供水工程、施工照明工程等。
1.1.3.4　单位工程：指具有相对独立的设计文件，能够独立组织施工并能形成独立使用功能的永久工程的组成部分。	1.1.3.4款指明了单位工程所指特定范围内的永久工程。
1.1.3.10　永久占地：____________________。	1.1.3.10款填写为实施合同需要的永久占地的范围，并附征地图纸。征地图纸上应标明占地界限和坐标。
1.1.3.11　临时占地：____________________。	1.1.3.11款填写为实施合同需要临时占地的范围，包括图纸中可供承包人使用的临时占地范围和发包人为实施合同需要的临时占地范围。
1.1.4　日期	1.1.4款是关于日期方面的补充约定。
1.1.4.5　缺陷责任期期限：______月。	1.1.4.5款填写本工程的缺陷责任期限，如填写12个月，缺陷责任期可延长，但缺陷责任期最长不超过24个月。
1.1.4.8　保修期：是根据现行有关法律规定，在合同条款第19.7款中约定的由承包人负责对合同约定的保修范围内发生的质量问题履行保修义务并对造成的损失承担赔偿责任的期限。	补充增加1.1.4.8款“保修期”的定义，承包人重点注意的是保修期内的质量保修义务，根据最高人民法院《关于审理建设工程施工合同纠纷案件适用法律问题的解释》第二十七条第一款的规定，因保修人未及时履行保修义务，导致建筑物毁损或者造成人身、财产损害的，保修人应当承担赔偿责任。
1.1.6　其他	1.1.6款是其他方面的补充约定。
1.1.6.2　材料：指构成或将构成永久工程组成部分的各类物品（工程设备除外），包括合同中可能约定的承包人仅负责供应的材料。	补充增加1.1.6.2款“材料”的定义，是为实施、完成永久工程所需的各类物品，包括承包人负责供应的材料，是永久工程的组成部分。
1.1.6.3　争议评审组：是由发包人和承包人共同聘请的人员组成的独立、公正的第三方临时性组织，一般由一名或者三名合同管理和（或）工程管理专家组成。争议评审组负责对发包人和（或）承包人提请进行评审的本合同项下的争议进行评审并在规定的期限内给出评审意见，合同双方在规定的期限内均未对评审意见提出异议时，评审	补充增加1.1.6.3款“争议评审组”的定义，借鉴国际国内工程管理经验，引入争议评审组评审方式，通过一个完全独立于承发包双方的专家组对合同争议进行评审和调解，求得争议的公正解决。 评审组在约定的期限内作出的评审意见，如承发包双方未在约定期限内提出异议，则评审意见

中华人民共和国 房屋建筑和市政工程标准施工招标文件 （2010年版） 第四章　第二节　专用合同条款	评注与填写范例
意见对合同双方有最终约束力。发包人和承包人应当分别与接受聘请的争议评审专家签订聘用协议，就评审的争议范围、评审意见效力等必要事项做出约定。 **1.1.6.4** 除另有特别指明外，专用合同条款中使用的措辞“合同条款”指通用合同条款和（或）专用合同条款。	对承发包双方具有最终约束力。 补充增加1.1.6.4款对“合同条款”的理解，需结合上下文进行理解，指《通用合同条款》和《专用合同条款》、《通用合同条款》或《专用合同条款》。
1.4　合同文件的优先顺序 合同文件的优先解释顺序如下： （1）合同协议书； （2）中标通知书； （3）投标函及投标函附录； （4）专用合同条款； （5）通用合同条款； （6）____________； （7）____________； （8）____________； （9）____________。 （说明：（6）、（7）、（8）填空内容分别限于技术标准和要求、图纸、已标价工程量清单三者之一。） 合同协议书中约定采用总价合同形式的，已标价工程量清单中的各项工程量对合同双方不具合同约束力。 图纸与技术标准和要求之间有矛盾或者不一致的，以其中要求较严格的标准为准。 合同双方在合同履行过程中签订的补充协议亦构成合同文件的组成部分，其解释顺序视其内容与其他合同文件的相互关系而定。	1.4款是关于合同文件优先解释顺序的补充约定。承发包双方可根据工程具体情况和合同管理需要，在此另行约定合同文件的优先顺序。需要注意的是，本款确定前5项合同文件的优先顺序不能改变，第（6）、（7）、（8）项的约定内容不能改变，只可改变优先解释顺序。 通用合同条款第（9）项是其他合同文件，在此可详细列明。 实践中通常采用的单价合同和总价合同形式，均可采用工程量清单计价，但在工程量清单中所填写的工程量合同约束力却不相同。本款补充约定，如果《合同协议书》约定采用总价合同形式时，工程量清单中的工程量不具有合同约束力；并以图纸与技术标准和要求中约定较严格的标准为准。 本款增加约定了承发包双方在合同履行过程中签订的补充协议的效力，此补充协议构成合同文件的组成部分，解释顺序则需要根据其内容和其他合同文件的相互关系而具体分析后再最终确定。
1.5　合同协议书 合同生效的条件：____________。	1.5款是关于合同协议书生效条件的补充约定。 通常按照我国《合同法》的规定，承发包双方签字或盖章后合同即可生效，但根据《通用合同条款》第1.5款的约定，除法律另有规定外，须承发包双方的法定代表人或其委托代理人在《合同协议书》上签字“并”盖单位章后合同生效。

中华人民共和国 房屋建筑和市政工程标准施工招标文件 （2010年版） 第四章　第二节　专用合同条款	评注与填写范例
	承发包双方也可约定合同生效的附加条件，如填写需律师见证或公证机关公证后方可生效等。
1.6　图纸和承包人文件 **1.6.1　图纸的提供**	1.6款是关于图纸和承包人文件的补充约定。 1.6.1款是发包人提供图纸相关事项的补充约定。
（1）发包人按照合同条款本项的约定向承包人提供图纸。承包人需要增加图纸套数的，发包人应代为复制，复制费用由承包人承担。	第（1）项发包人尽量不要延误提供图纸。通常发包人提供图纸为六套，如果承包人需要更多的图纸，自己不得擅自复制，而应由发包人代为复制，但复制费用由承包人承担。 如果发包人对工程有保密要求的，应对保密要求作出具体明确，承包人在约定的保密期限内应严格履行保密义务。
（2）在监理人批准合同条款第10.1款约定的合同进度计划或者合同条款10.2款约定的合同进度计划修改后7天内，承包人应当根据合同进度计划和本项约定的图纸提供期限和数量，编制或者修改图纸供应计划并报送监理人，其中应当载明承包人对各区段最新版本图纸（包括合同条款第1.6.3项约定的图纸修改图）的最迟需求时间，监理人应当在收到图纸供应计划后7天内批复或提出修改意见，否则该图纸供应计划视为得到批准。经监理人批准的最新的图纸供应计划对合同双方有合同约束力，作为发包人或者监理人向承包人提供图纸的主要依据。发包人或者监理人不按照图纸供应计划提供图纸而导致承包人费用增加和（或）工期延误的，由发包人承担赔偿责任。承包人未按照本目约定的时间向监理人提交图纸供应计划，致使发包人或者监理人未能在合理的时间内提供相应图纸或者承包人未按照图纸供应计划组织施工所造成的费用增加和（或）工期延误由承包人承担。	第（2）项补充约定承包人编制或修改图纸供应计划的义务和期限，即在合同进度计划或修订合同进度计划被监理人批准后7天内，将与合同进度计划相匹配的图纸供应计划报监理人审批。 本项也对监理人审批图纸供应计划作了时间限制，即在收到承包人图纸供应计划后7天内作出答复，逾期视为承包人的图纸供应计划得到批准。 经监理人批准的图纸供应计划具有合同约束力。本款根据公平原则对责任承担作了约定，因发包人或监理人原因未按图纸供应计划提供图纸导致承包人费用增加和（或）工期延误损失的，由发包人承担责任；因承包人原因未按时提供图纸供应计划或未能遵照图纸供应计划组织施工导致的费用增加和（或）工期延误损失的，由承包人自行承担责任。
（3）发包人提供图纸的期限：__________。 （4）发包人提供图纸的数量：__________。	第（3）项、（4）项填写发包人提供结构总图、施工图等各类型图纸的期限和数量，不同的工程项目对图纸的需求情况各不相同，发包人提供图纸的期限应与承包人的施工组织设计相匹配。一般情况下，发包人提供的施工图纸为六套。

中华人民共和国 房屋建筑和市政工程标准施工招标文件 （2010年版） 第四章　第二节　专用合同条款	评注与填写范例
1.6.2　承包人提供的文件 （1）除专用合同条款第4.1.10（1）目约定的由承包人提供的设计文件外，本项约定的其他应由承包人提供的文件，包括必要的加工图和大样图，均不是合同计量与支付的依据文件。由承包人提供的文件范围：____________________。 （2）承包人提供文件的期限：__________。 （3）承包人提供文件的数量：__________。 （4）监理人批复承包人提供文件的期限：______________________________。 （5）其他约定：____________________。 **1.6.3　图纸的修改** 监理人应当按照合同条款第1.6.1（2）目约定的有合同约束力的图纸供应计划，签发图纸修改图给承包人。	1.6.2款是关于承包人提供文件相关事项的补充约定。 第（1）项明确除由发包人委托承包人进行的施工图设计或与工程配套的设计文件外，承包人提供的文件不作为计量和结算的依据。 并填写承包人提供的文件范围。 第（2）项、第（3）项填写承包人提供上述文件的期限和数量。 第（4）项填写监理人批复承包人提供上述文件的期限，如填写监理人应在收到承包人提供文件后7天内批复。 第（5）项还可进一步对承包人提供文件的其他事项进行补充约定。 1.6.3款图纸需要修改和补充的，监理人应根据有合同约束力的图纸供应计划签发图纸修改图给承包人，承包人应按修改后的图纸施工。这里需要对监理人签发图纸修改的期限作出明确，如可约定在该项工作施工前7天内。
1.7　联络 **1.7.2　联络来往函件的送达和接收** （1）联络来往信函的送达期限：合同约定了发出期限的，送达期限为合同约定的发出期限后的24小时内；合同约定了通知、提供或者报送期限的，通知、提供或者报送期限即为送达期限。 （2）发包人指定的接收地点：__________。 （3）发包人指定的接收人为：__________。 （4）监理人指定的接收地点：__________。 （5）监理人指定的接收人为：__________。	1.7款是关于联络相关事项的补充约定。 1.7.2款是联络来往信函的送达和接收的补充约定。 第（1）项明确了联络来往信函的发出期限和报送期限。 第（2）项、第（3）项、第（4）项、第（5）项应明确填写发包人、监理人指定接收来往信函的具体地点和接收人。 为确保送达有效，承发包双方以及合同其他相关方可增加约定："除合同另有约定外，任何与本合同有关的通知、批准、证明、证书、指示、要求、请求、同意、意见、确定和决定等或其他通讯往来应当采用书面形式并送达至以下列明的地址或书面通知的其他地址。除合同另有约定外，任何面呈之通知或其他通讯往来递交并得到签收时视为送达；任何以特快专递方式发出的通知或其他通讯往来在投邮后3个工作日视为送达；任何

中华人民共和国 房屋建筑和市政工程标准施工招标文件 （2010 年版） 第四章　第二节　专用合同条款	评注与填写范例
	以邮寄方式发出的通知或其他通讯往来在投邮后7个工作日视为送达；任何以传真方式发出的通知或其他通讯往来在发出时视为送达。任何写上本合同列明的地址邮寄的信件及任何附有收件人已收取传真的传真报告，将视为任何有关通知或其他通讯往来已根据本合同被妥善传递及发出： 发包人接收文件的地址：＿＿＿＿＿＿ 邮政编码：＿＿＿＿＿＿ 收 件 人：＿＿＿＿＿＿ 联系电话：＿＿＿＿＿＿ 传　　真：＿＿＿＿＿＿ 承包人接收文件的地址：＿＿＿＿＿＿ 邮政编码：＿＿＿＿＿＿ 收 件 人：＿＿＿＿＿＿ 联系电话：＿＿＿＿＿＿ 传　　真：＿＿＿＿＿＿ 监理人接收文件的地址：＿＿＿＿＿＿ 邮政编码：＿＿＿＿＿＿ 联系电话：＿＿＿＿＿＿ 传　　真：＿＿＿＿＿＿
（6）承包人指定的接收人为合同协议书中载明的承包人项目经理本人或者项目经理的授权代表。承包人应在收到开工通知后7天内，按照合同条款第4.5.4项的约定，将授权代表其接收来往信函的项目经理的授权代表姓名和授权范围通知监理人。除合同另有约定外，承包人施工场地管理机构的办公地点即为承包人指定的接收地点。	第（6）项对承包人指定接收地点和接收人作了限制。其中指定接收地点为承包人在施工场地管理机构的办公地点； 指定接收人只能是《合同协议书》载明的承包人项目经理本人或其授权代表。并约定了承包人的通知义务，即在收到监理人发出的开工通知后7天内，将其指定接收来往信函的授权代表姓名和授权范围通知监理人。
（7）发包人（包括监理人）和承包人中任何一方指定的接收人或者接收地点发生变动，应当在实际变动前提前至少一个工作日以书面方式通知另一方。发包人（包括监理人）和承包人应当确保其各自指定的接收人在法定的和（或）符合合同约定的工作时间内始终工作在指定的接收地点，指定接收人离开工作岗位而无法及时签收来往信函构成拒不签收。	第（7）项对指定接收地点和（或）接收人发生变动时的处理方式作了较严格的补充约定。首先，应在变动前提前至少一个工作日，并以书面形式通知相对方；再次，对指定接收人的工作状态作了较严格的约定，如擅自离开工作岗位未能及时签收来往信函时则构成拒不签收。

中华人民共和国 房屋建筑和市政工程标准施工招标文件 （2010年版） 第四章　第二节　专用合同条款	评注与填写范例
（8）发包人（包括监理人）和承包人中任何一方均应当及时签收另一方送达其指定接收地点的来往信函，拒不签收的，送达信函的一方可以采用挂号或者公证方式送达，由此所造成的直接的和间接的费用增加（包括被迫采用特殊送达方式所发生的费用）和（或）延误的工期由拒绝签收一方承担。	第（8）项对拒不签收来往信函时的责任承担作了约定。当一方拒绝签收来往信函时，送达信函的一方可采用挂号或公证方式送达，由此导致的费用增加和（或）工期延误损失由拒不签收来往信函的一方承担。 本款对发包人、监理人、承包人各方的联络地点、联络人员和责任承担作出明确约定非常有必要，以避免相关各方发生误解和抵赖行为。

第2条　发包人义务，专用合同条款评注与填写范例

中华人民共和国 房屋建筑和市政工程标准施工招标文件 （2010年版） 第四章　第二节　专用合同条款	评注与填写范例
2.3　提供施工场地 施工场地应当在监理人发出的开工通知中载明的开工日期前______天具备施工条件并移交给承包人，具体施工条件在第七章“技术标准和要求”第一节“一般要求”中约定。发包人最迟应当在移交施工场地的同时向承包人提供施工场地内地下管线和地下设施等有关资料，并保证资料的真实、准确和完整。	2.3款是关于发包人提供施工场地的补充约定。 根据不同项目具体情况，填写发包人提供施工场地和相关资料的时间。发包人提供施工场地的时间最好留有余量。施工场地可以分阶段提供，但为满足施工准备工程需要的施工用地应在发出开工通知前提供。 《建设工程安全生产管理条例》第六条规定，发包人提供的地下管线资料，气象和水文观测资料，相邻建筑物和构筑物、地下工程的有关资料，应保证资料的真实、准确、完整。但是，承包人应注意，对前述资料的判断、推论和决策后果则由承包人自己承担。 施工场地的地质资料一般约定为发包人委托勘察单位编制的地质勘察报告；地下管线资料主要有：电缆线路资料、电信光缆线路资料、煤气和天然气管道资料、上下水管道资料和暖气管道资料等。
2.5　组织设计交底 发包人应当在合同条款11.1.1项约定的开工日期前组织设计人向承包人进行合同工程总体设计交底（包括图纸会审）。发包人还应按照合同进度计划中载明的阶段性设计交底时间组织和安排阶段工程设计交底（包括图纸会审）。承包人可以书面方式通过监理人向发包人申请增加紧急的设计交底，发包人在认为确有必要且条件许可时，应当尽快组织这类设计交底。	2.5款是关于发包人组织设计单位进行设计交底的补充约定。 本款补充约定的组织设计交底包括：开工前工程总体设计交底、阶段性设计交底和紧急设计交底。 本款补充明确发包人组织设计单位进行合同总体设计交底的相对时间，即在监理人通知承包人具体开工日期前。设计交底的时间应与整个的施工组织设计相匹配。 本款对阶段性设计交底作了明确约定，并赋予承包人有申请紧急设计交底的权利，但是否组织紧急设计交底则由发包人最终决定。
2.8　其他义务 （1）向承包人提交对等的支付担保。在承包人按合同条款第4.2条向发包人递交符合合同约定的履约担保的同时，发包人应当按照金额和条件对	补充增加2.8款“发包人其他义务”的约定。 第（1）项增加发包人向承包人提交对等支付担保的义务。 支付担保是指发包人提交的保证履行合同中约

中华人民共和国 房屋建筑和市政工程标准施工招标文件 （2010年版） 第四章　第二节　专用合同条款	评注与填写范例
等的原则和招标文件中规定的格式或者其他经过承包人事先认可的格式向承包人递交一份支付担保。支付担保的有效期应当自本合同生效之日起至发包人实际支付竣工付款之日止。如果发包人无法获得一份不带具体截止日期的担保，支付担保中应当有“变更工程竣工付款支付日期的，保证期间按照变更后的竣工付款支付日期做相应调整”或类似约定的条款。支付担保应在发包人付清竣工付款之日后28天内退还给发包人。承包人不承担发包人与支付担保有关的任何利息或其他类似的费用或者收益。支付担保是本合同的附件。	定的工程款支付义务的担保。支付担保的形式有：银行保函；履约保证金；担保公司担保；抵押或者质押。支付担保的主要作用是通过对发包人资信状况进行严格审查并落实各项反担保措施，确保工程费用及时支付到位；一旦发包人违约，付款担保人将代为履约。本款对发包人支付担保的约定，对解决我国建筑市场上工程款拖欠现象具有特殊重要的意义。 本款对发包人支付担保的提交时间、支付担保的格式、支付担保的有效期、支付担保的退还、支付担保利息及支付担保的效力作出了明确约定。
（2）按有关规定及时办理工程质量监督手续。	第（2）项增加约定由发包人办理工程质量监督手续的义务。
（3）根据建设行政主管部门和（或）城市建设档案管理机构的规定，收集、整理、立卷、归档工程资料，并按规定时间向建设行政主管部门或者城市建设档案管理机构移交规定的工程档案。	第（3）项增加约定由发包人负责工程资料的收集、整理、立卷和归档义务，并最终按规定时间和程序向主管部门或城建档案机构移交。
（4）批准和确认：按合同约定应当由监理人或者发包人回复、批复、批准、确认或提出修改意见的承包人的要求、请求、申请和报批等，自监理人或者发包人指定的接收人收到承包人发出的相应要求、请求、申请和报批之日起，如果监理人或者发包人在合同约定的期限内未予回复、批复、批准、确认或提出修改意见的，视为监理人和发包人已经同意、确认或者批准。	第（4）项增加对发包人和（或）监理人批准和确认的“默示”条款，强调未在合同约定的期限内给予回复、批复、确认或提出修改意见的，均视为发包人和（或）监理人同意、确认或者批准。 监理人、发包人对此项补充约定，应给予足够的重视，及时行使权利，以免承担不利后果。
（5）发包人应当履行合同约定的其他义务以及下述义务：____________________。	第（5）项承发包双方还可协商一致，填写发包人应履行的其他义务。

第 3 条 监理人，专用合同条款评注与填写范例

中华人民共和国 房屋建筑和市政工程标准施工招标文件 （2010 年版） 第四章 第二节 专用合同条款	评注与填写范例
3.1 监理人的职责和权力 **3.1.1** 须经发包人批准行使的权力：______________________________。不管通用合同条款第 3.1.1 项如何约定，监理人履行须经发包人批准行使的权力时，应当向承包人出示其行使该权力已经取得发包人批准的文件或者其他合法有效的证明。	3.1 款是关于监理人职责和权力的补充约定。 3.1.1 款填写监理人须经发包人批准才能行使的权力内容。如填写根据第 15.3 款发出的变更指示，其单项工程变更涉及的金额超过了该单项工程签约时合同价的__________%或累计变更超过了签约合同价的__________%。 凡是在合同中描述为“监理人有权……”的，均视为这些权利已经获得发包人的批准，需要特别授权的除外；对只需要监理人签字的文件，也应视为已获得发包人的同意。但是，监理人无权免除或增加承发包双方的合同权益，亦无权修改合同。 本款明确了监理人行使发包人批准的权力时的义务，即向承包人出示授权文件或证明。本款的约定可以尽量避免表见代理行为的发生。
3.3 监理人员 **3.3.4** 总监理工程师不应将第 3.5 款约定应由总监理工程师作出确定的权力授权或者委托给其他监理人员。	3.3 款是关于对总监理工程师授权范围的限制约定。 3.3.4 款明确总监理工程师不能将确定权授权或委托给其他监理人员，因为总监理工程师此项确定权利涉及发包人、承包人的重要利益事项。
3.4 监理人的指示 **3.4.4** 除通用合同条款已有的专门约定外，承包人只能从总监理工程师或按第 3.3.1 项授权的监理人员处取得指示，发包人应当通过监理人向承包人发出指示。	3.4 款是关于监理人指示权利的补充约定。 3.4.4 款明确承包人只能从总监理工程师或其授权的监理人员处获得指示。监理人作为信息的唯一枢纽，目的是为保证合同管理过程中沟通程序的畅通。
3.6 监理人的宽恕 监理人或者发包人就承包人对合同约定的任何责任和义务的某种违约行为的宽恕，不影响监理人和发包人在此后的任何时间严格按合同约定处理承包人的其他违约行为，也不意味发包人放弃合同约定的发包人与上述违约有关的任何权利和赔偿要求。	3.6 款补充增加关于发包人（或）监理人“宽恕”行为法律后果的约定。 既然发包人不承诺放弃合同约定的发包人与上述违约有关的任何权利和赔偿要求，“监理人或者发包人就承包人对合同约定的任何责任和义务的某种违约行为的宽恕”应理解为推进工程继续实施之目的的一种暂时的、没有产生任何合同项下权利义务变动的行为。承包人应完整理解本条款的含义和法律后果。

第4条　承包人，专用合同条款评注与填写范例

中华人民共和国 房屋建筑和市政工程标准施工招标文件 （2010年版） 第四章　第二节　专用合同条款	评注与填写范例
4.1　承包人的一般义务 **4.1.3**　除专用合同条款第5.2款约定由发包人提供的材料和工程设备和第6.2款约定由发包人提供的施工设备和临时设施外，承包人应负责提供为完成合同工作所需的劳务、材料、施工设备、工程设备和其他物品，并按合同约定负责临时设施的设计、建造、运行、维护、管理和拆除。	4.1款是关于承包人一般义务的补充约定。 4.1.3款明确除约定由发包人提供的材料和工程设备、施工设备和临时设施外，由承包人负责提供为完成合同工作所需的劳务、材料、施工设备、工程设备和其他物品，以及临时设施的设计、建造、运行、维护、管理和拆除的义务。 承发包双方应明确双方施工和供货范围界限的划分。
4.1.8　为他人提供方便 （1）承包人应当对在施工场地或者附近实施与合同工程有关的其他工作的独立承包人履行管理、协调、配合、照管和服务义务，由此发生的费用被认为已经包括在承包人的签约合同价（投标总报价）中，具体工作内容和要求包括：________________。 （2）承包人还应按监理人指示为独立承包人以外的他人在施工场地或者附近实施与合同工程有关的其他工作提供可能的条件，可能发生费用由监理人按第3.5款商定或者确定。	补充增加4.1.8款承包人为他人提供方便的约定。 第（1）项明确承包人对其他独立承包人履行管理及协调等的义务，由此发生的费用则包含在合同价格中，并填写承包人为其他独立承包人提供方便的具体内容和要求，如为其他承包人在使用施工用地、道路和其他公用设施方面提供方便的义务。 第（2）项明确承包人按监理人指示为其他独立承包人以外的他人提供方便时可能发生费用的处理方法，由监理人按约定程序商定或确定。
4.1.10　其他义务 （1）根据发包人委托，在其设计资质等级和业务允许的范围内，完成施工图设计或与工程配套的设计，经监理人确认后使用，发包人承担由此发生的费用和合理利润。由承包人负责完成的设计文件属于合同条款第1.6.2项约定的承包人提供的文件，承包人应按照专用合同条款第1.6.2项约定的期限和数量提交，由此发生的费用被认为已经包括在承包人的签约合同价（投标总报价）中。由承包人承担的施工图设计或与工程配套的设计工作内容：________________。 （2）承包人应履行合同约定的其他义务以及下述义务：________________。	补充增加4.1.10款承包人其他义务的约定。 第（1）项明确承包人接受发包人委托，完成施工图设计或与工程配套的设计任务，因此发生的费用由发包人承担，并支付承包人合理利润。 本款明确承包人设计文件属于承包人提供文件的范围，并明确提交设计文件所发生的费用已包含在签约合同价中。并明确填写发包人委托承包人承担的施工图设计或与工程配套的设计的工作内容。 第（2）项承发包双方还可协商一致，填写承包人应履行的其他义务。

中华人民共和国 房屋建筑和市政工程标准施工招标文件 （2010 年版） 第四章　第二节　专用合同条款	评注与填写范例
4.2　履约担保	4.2 款是关于承包人提交履约担保的补充约定。
4.2.1　履约担保的格式和金额 承包人应在签订合同前，按照发包人在招标文件中规定的格式或者其他经过发包人认可的格式向发包人递交一份履约担保。经过发包人事先书面认可的其他格式的履约担保，其担保条款的实质性内容应当与发包人在招标文件中规定的格式内容保持一致。履约担保的金额为__________。履约担保是本合同的附件。	补充增加 4.2.1 款履约担保格式和金额的约定。 履约担保应在合同签订前由承包人提交给发包人，履约担保的格式承包人应按照发包人在招标文件中规定的格式填写。 履约担保的金额用以补偿发包人因承包人违约造成的损失，其担保额度可视项目合同的具体情况而定，通常情况下为签约合同价的 5% ~10%。
4.2.2　履约担保的有效期 履约担保的有效期应当自本合同生效之日起至发包人签认并由监理人向承包人出具工程接收证书之日止。如果承包人无法获得一份不带具体截止日期的担保，履约担保中应当有“变更工程竣工日期的，保证期间按照变更后的竣工日期做相应调整”或类似约定的条款。	补充增加 4.2.2 款履约担保有效期的约定。 本款明确履约担保的有效期为自本合同生效之日起至发包人签认并由监理人向承包人出具工程接收证书之日止。
4.2.3　履约担保的退还 履约担保应在监理人向承包人颁发（出具）工程接收证书之日后 28 天内退还给承包人。 发包人不承担承包人与履约担保有关的任何利息或其他类似的费用或者收益。	补充增加 4.2.3 款履约担保的退还约定。 本款明确退还承包人履约担保的期限限制，即在监理人出具工程接收证书之日后 28 天之内。 并明确发包人不承担因履约担保而产生的相关利息或费用。
4.2.4　通知义务 不管履约担保条款中如何约定，发包人根据担保条款提出索赔或兑现要求 28 天前，应通知承包人并说明导致此类索赔或兑现的违约性质或原因。相应地，不管专用合同条款 2.8（1）目约定的支付担保条款中如何约定，承包人根据担保条款提出索赔或兑现要求 28 天前，也应通知发包人并说明导致此类索赔或兑现的违约性质或原因。但是，本项约定的通知不应理解为是在任何意义上寻求承包人或者发包人的同意。	补充增加 4.2.4 款发包人、承包人相互通知义务的约定。 对于根据担保条款向对方提出索赔或兑现要求时，发包人、承包人均有提前 28 天书面通知对方，说明导致此类索赔或兑现的违约性质或原因的义务。 此通知义务是附随义务，并不应理解为在任何意义上寻求对方同意。

中华人民共和国 房屋建筑和市政工程标准施工招标文件 （2010 年版） 第四章　第二节　专用合同条款	评注与填写范例
4.3　分包	4.3 款是关于对承包人分包的补充约定。
4.3.2　发包人同意承包人分包的非主体、非关键性工作见投标函附录。除通用合同条款第 4.3 款的约定外，分包还应遵循以下约定：	4.3.2 款是除发包人同意承包人对非主体、非关键性工作分包的投标函附录内容外，增加承包人对非主体、非关键性工作分包及责任承担的补充约定。
（1）除投标函附录中约定的分包内容外，经过发包人和监理人同意，承包人可以将其他非主体、非关键性工作分包给第三人，但分包人应当经过发包人和监理人审批。发包人和监理人有权拒绝承包人的分包请求和承包人选择的分包人。	第（1）项补充约定分包的条件和限制，在合同履行过程中，只要经发包人和监理人批准，承包人可将投标函附录约定分包内容之外的非主体、非关键性工作分包给第三人；
（2）发包人在工程量清单中给定暂估价的专业工程，包括从暂列金额开支的专业工程，达到依法应当招标的规模标准的，以及虽未达到规定的规模标准但合同中约定采用分包方式或者招标方式实施的，应当按专用合同条款第 15.8.1 项的约定，由发包人和承包人以招标方式确定专业分包人。除项目审批部门有特别核准外，暂估价的专业工程的招标应当采用与施工总承包同样的招标方式。	第（2）项补充约定暂估价的专业工程，即招标人在工程量清单中提供的用于支付必然发生但暂时不能确定的材料的单价以及专业工程的金额，达到依法应当招标的规模标准和（或）合同约定以招标方式实施的，均应当由发包人和承包人以招标方式确定专业分包人，且招标的方式应与施工总承包一致。
（3）在相关分包合同签订并报送有关建设行政主管部门备案后 7 天内，承包人应当将一份副本提交给监理人，承包人应保障分包工作不得再次分包。	第（3）项补充约定承包人向监理人提交分包合同副本的期限，即在分包合同签订并报送主管部门备案后 7 天内，以便于监理人及时履行监管职责。
（4）分包工程价款由承包人与分包人（包括专业分包人）结算。发包人未经承包人同意不得以任何形式向分包人（包括专业分包人）支付相关分包合同项下的任何工程款项。因发包人未经承包人同意直接向分包人（包括专业分包人）支付相关分包合同项下的任何工程款项而影响承包人工作的，所造成的承包人费用增加和（或）延误的工期由发包人承担。	第（4）项补充约定分包工程价款的支付事项，本补充条款是对承包人的保护条款。为了防止发包人不经承包人同意而越过承包人向分包人支付工程款项，本款约定分包工程价款由承包人与分包人结算，发包人未经承包人同意不得以任何形式向分包人支付各种工程款项。本项约定的目的是防止分包人脱离承包人的管理，给工程质量和安全带来隐患。因发包人违反此约定给承包人造成的费用和（或）工期延误损失由发包人承担。
（5）未经发包人和监理人审批同意的分包工程和分包人，发包人有权拒绝验收分包工程和支付相应款项，由此引起的承包人费用增加和（或）延误的工期由承包人承担。	第（5）项补充约定承包人未经发包人和监理人审批同意，擅自将部分工程交由第三人完成时的责任承担。

中华人民共和国 房屋建筑和市政工程标准施工招标文件 （2010 年版） 第四章　第二节　专用合同条款	评注与填写范例
4.5　承包人项目经理 **4.5.1**　承包人项目经理必须与承包人投标时所承诺的人员一致，并在根据通用合同条款第 11.1.1 项确定的开工日期前到任。在监理人向承包人颁发（出具）工程接收证书前，项目经理不得同时兼任其他任何项目的项目经理。未经发包人书面许可，承包人不得更换项目经理。承包人项目经理的姓名、职称、身份证号、执业资格证书号、注册证书号、执业印章号、安全生产考核合格证书号等细节资料应当在合同协议书中载明。	4.5 款是关于承包人项目经理的补充约定。 4.5.1 款是关于承包人项目经理任职及更换的补充约定。 为了充分有效地发挥项目经理的管理作用，本款补充约定到任的承包人项目经理须与投标时标明的一致；通常项目经理的业绩、资质、个人能力等是评标打分的重要依据，项目经理的选派对项目能否顺利组织实施有着非常关键性的作用。因此本款对承包人项目经理资质、任职时间、不得兼职、更换程序都作了较严格的约定。 本款明确约定项目经理的执业证、注册证、安全生产考核证的信息要求写入《合同协议书》中。
4.11　不利物质条件 **4.11.1**　不利物质条件的范围：____________________________。	4.11 款是关于不利物质条件范围的补充约定。 4.11.1 款招标人可依据行业管理规定和项目具体特点，填写不利物质条件的具体范围。

第5条　材料和工程设备，专用合同条款评注与填写范例

中华人民共和国 房屋建筑和市政工程标准施工招标文件 （2010年版） 第四章　第二节　专用合同条款	评注与填写范例
5.1　承包人提供的材料和工程设备	5.1款是关于承包人提供材料和工程设备时的补充约定。
5.1.1　除专用合同条款第5.2款约定由发包人提供的材料和工程设备外，由承包人提供的材料和工程设备均由承包人负责采购、运输和保管。但是，发包人在工程量清单中给定暂估价的材料和工程设备，包括从暂列金额开支的材料和工程设备，其中属于依法必须招标的范围并达到规定的规模标准的，以及虽不属于依法必须招标的范围但合同中约定采用招标方式采购的，应当按专用合同条款第15.8.1项的约定，由发包人和承包人以招标方式确定专项供应商。承包人负责提供的主要材料和工程设备清单见合同附件二“承包人提供的材料和工程设备一览表”。	5.1.1款补充对承包人提供的材料和工程设备的限制，应当依法必须招标的和合同约定采用招标方式采购的材料和工程设备，发包人和承包人应以招标方式确定专项供应商。 承包人提供的材料和工程设备的相关事项明细由承包人在合同附件中填写明确。 承包人提供的材料和工程设备均由承包人负责采购、运输和保管。承包人应对其采购的材料和工程设备负责。
5.1.2　承包人将由其提供的材料和工程设备的供货人及品种、规格、数量和供货时间等报送监理人审批的期限：________________。	5.1.2款填写承包人向监理人报送各类文件审批的期限，如年度材料采购计划、专项材料采购计划报送监理人审批的时限。
5.2　发包人提供的材料和工程设备	5.2款是关于发包人提供材料和工程设备时的补充约定。
5.2.1　发包人负责提供的材料和工程设备的名称、规格、数量、价格、交货方式、交货地点和计划交货日期等见合同附件三“发包人提供的材料和工程设备一览表”。	5.2.1款发包人提供的材料和工程设备的相关事项明细由发包人在合同附件中填写明确。
5.2.3　由发包人提供的材料和工程设备验收后，由承包人负责接收、运输和保管。	5.2.3款补充明确发包人提供的材料和工程设备具体由承包人负责接收、运输和保管。 承包人应注意，若发现发包人提供的材料和工程设备存在缺陷，应及时通知监理人，发包人应及时改正通知中指明的缺陷。承包人负责接收后的运输和保管，如因承包人原因发生丢失、损坏或进度拖延，则由承包人自己承担相应的责任。

第 6 条　施工设备和临时设施，专用合同条款评注与填写范例

中华人民共和国 房屋建筑和市政工程标准施工招标文件 （2010 年版） 第四章　第二节　专用合同条款	评注与填写范例
6.1　承包人提供的施工设备和临时设施 **6.1.2**　发包人承担修建临时设施的费用的范围：________________________。 需要发包人办理申请手续和承担相关费用的临时占地：________________________。	6.1 款是关于承包人提供施工设备和临时设施时的补充约定。 6.1.2 款填写指明由发包人承担修建临时设施的项目及其范围，约定修建这些临时设施项目的费用由发包人承担。 并填写约定由发包人办理申请手续及承担临时占地相关的费用。
6.2　发包人提供的施工设备和临时设施 发包人提供的施工设备和临时设施：________。 发包人提供的施工设备和临时设施的运行、维护、拆除、清运费用的承担人：________________。	6.2 款是关于发包人提供施工设备和临时设施时的补充约定。 本款应列出发包人提供的施工设备和临时设施明细表。 并填写发包人提供的施工设备和临时设施的运行、维护、拆除及清运费用的承担者，如由发包人承担则直接填写发包人。
6.4　施工设备和临时设施专用于合同工程 **6.4.1**　除为专用合同条款第 4.1.8 项约定的其他独立承包人和监理人指示的他人提供条件外，承包人运入施工场地的所有施工设备以及在施工场地建设的临时设施仅限于用于合同工程。	6.4 款是关于施工设备和临时设施专用于合同工程的补充约定。 6.4.1 款补充明确承包人运入施工场地的所有施工设备和修建的临时设施专用于合同工程，不得运出工地或挪作他用。

第7条　交通运输，专用合同条款评注与填写范例

中华人民共和国 房屋建筑和市政工程标准施工招标文件 （2010年版） 第四章　第二节　专用合同条款	评注与填写范例
7.1　道路通行权和场外设施 取得道路通行权、场外设施修建权的办理人：_______________，其相关费用由发包人承担。	7.1款填写取得道路通行权与修建场外设施权的办理人，如约定由承包人办理，此处直接填写承包人。 如约定由承包人办理，在需要发包人协调时，发包人应协助承包人办理相关手续。
7.2　场内施工道路 **7.2.1**　施工所需的场内临时道路和交通设施的修建、维护、养护和管理人：______________，相关费用由____________承担。 **7.2.2**　发包人和监理人有权无偿使用承包人修建的临时道路和交通设施，不需要交纳任何费用。	7.2款是关于场内施工道路的修建及费用的补充约定。 7.2.1款如约定由承包人负责临时道路和交通设施的修建、维护、养护和管理的，此处直接填写承包人。临时道路和交通设施项目应列入工程量清单中。 7.2.2款明确承包人修建的临时道路和交通设施，发包人和监理人有无偿使用的权利。
7.4　超大件和超重件的运输 运输超大件或超重件所需的道路和桥梁临时加固改造等费用的承担人：____________________。	7.4款填写如约定由承包人承担道路和桥梁临时加固改造费用和其他有关费用的，此处直接填写承包人。此费用应列入投标报价中。

第8条　测量放线，专用合同条款评注与填写范例

中华人民共和国 房屋建筑和市政工程标准施工招标文件 （2010年版） 第四章　第二节　专用合同条款	评注与填写范例
8.1　施工控制网 **8.1.1**　发包人通过监理人提供测量基准点、基准线和水准点及其书面资料的期限：____________________________。	8.1款是关于施工控制网的补充约定。 8.1.1款填写发包人通过监理人向承包人提供测量基准点、基准线和水准点及其书面资料的期限，如填写在开工前21天内提供。
承包人测设施工控制网的要求：__________。	承包人如对测设施工控制网有特殊要求应在此处填写明确。
承包人将施工控制网资料报送监理人审批的期限：______________________________。	在此填写承包人报监理人审批施工控制网资料的期限，例如"在监理人发出开工通知之日起3日内"。

第9条　施工安全、治安保卫和环境保护，专用合同条款评注与填写范例

中华人民共和国 房屋建筑和市政工程标准施工招标文件 （2010年版） 第四章　第二节　专用合同条款	评注与填写范例
9.2　承包人的施工安全责任 **9.2.1**　承包人向监理人报送施工安全措施计划的期限：________________。 监理人收到承包人报送的施工安全措施计划后应当在______天内给予批复。	9.2款是关于承包人报送施工安全措施计划的补充约定。 9.2.1款承包人应根据工程的实际安全施工要求，编制施工安全技术措施计划，本款填写承包人向监理人报送施工安全措施计划的期限，例如“在本合同签订之日起7日内”。 在此填写监理人批复承包人报送的施工安全措施计划的期限，例如“收到承包人施工安全措施计划之日起7日内”。
9.3　治安保卫 **9.3.1**　承包人应当负责统一管理施工场地的治安保卫事项，履行合同工程的治安保卫职责。 **9.3.3**　施工场地治安管理计划和突发治安事件紧急预案的编制责任人：________________。	9.3款是关于施工场地治安保卫事项的补充约定。 9.3.1款补充约定施工场地的治安保卫职责统一由承包人负责管理。 9.3.3款合同约定由承包人或发包人单独编制施工场地治安管理计划和突发治安事件紧急预案的，此处直接填写“承包人”或“发包人”。
9.4　环境保护 **9.4.2**　施工环保措施计划报送监理人审批的时间：________________。 监理人收到承包人报送的施工环保措施计划后应当在______天内给予批复。	9.4款是关于承包人报送施工环保措施计划的补充约定。 9.4.2款填写承包人向监理人报送施工环保措施计划的期限，例如“在本合同签订之日起7日内”。 此处填写监理人批复承包人报送的施工环保措施计划的期限，例如“收到承包人施工环保措施计划之日起7日内”。

第10条　进度计划，专用合同条款评注与填写范例

中华人民共和国 房屋建筑和市政工程标准施工招标文件 （2010年版） 第四章　第二节　专用合同条款	评注与填写范例
10.1　合同进度计划 （1）承包人应当在收到监理人按照通用合同条款第11.1.1项发出的开工通知后7天内，编制详细的施工进度计划和施工方案说明并报送监理人。承包人编制施工进度计划和施工方案说明的内容：__________，施工进度计划中还应载明要求发包人组织设计人进行阶段性工程设计交底的时间。 （2）监理人批复或对施工进度计划和施工方案说明提出修改意见的期限：自监理人收到承包人报送的相关进度计划和施工方案说明后14天内。 （3）承包人编制分阶段或分项施工进度计划和施工方案说明的内容：________________。 承包人报送分阶段或分项施工进度计划和施工方案说明的期限：__________________。 （4）群体工程中单位工程分期进行施工的，承包人应按照发包人提供图纸及有关资料的时间，按单位工程编制进度计划和施工方案说明。群体工程中有关进度计划和施工方案说明的要求：____________________________。	10.1款是关于合同进度计划编制、报送及其要求的补充约定。 第（1）项补充明确承包人向监理人报送详细施工进度计划和施工方案说明的期限：即收到监理人发出的开工通知后7天内。并明确填写承包人编制施工进度计划和施工方案说明的具体内容。 第（2）项补充明确监理人应在14天内对承包人施工进度计划和施工方案说明予以批复或提出修改意见。 经监理人批准的施工进度计划为“合同进度计划”，是工程进度控制的依据。 第（3）项明确填写承包人编制分阶段或分项施工进度计划和施工方案说明的具体内容。并填写报送此分阶段或分项施工进度计划和施工方案说明的期限。 第（4）项明确填写承包人编制群体工程中有关进度计划和施工方案说明的具体要求。
10.2　合同进度计划的修订 （1）承包人报送修订合同进度计划申请报告和相关资料的期限：__________________。 （2）监理人批复修订合同进度计划申请报告的期限：______________________。 （3）监理人批复修订合同进度计划的期限：______________________。	10.2款是关于合同进度计划修订的补充约定。 第（1）项填写承包人提交合同进度计划修订申请报告并附相关资料的期限，如填写实际进度发生滞后的当月25日前。 第（2）项填写监理人批复承包人修订合同进度计划申请报告的期限，如填写收到修订合同进度计划申请报告后7天内。 第（3）项填写监理人批复承包人修订合同进度计划的期限，如填写收到修订合同进度计划后14天内。 监理人对于修订进度计划的批复应得到发包人的同意。

第11条　开工和竣工，专用合同条款评注与填写范例

中华人民共和国 房屋建筑和市政工程标准施工招标文件 （2010年版） 第四章　第二节　专用合同条款	评注与填写范例
11.3　发包人的工期延误 （7）因发包人原因不能按照监理人发出的开工通知中载明的开工日期开工。除发包人原因延期开工外，发包人造成工期延误的其他原因还包括：____________等延误承包人关键线路工作的情况。	11.3款是关于因发包人原因导致工期延误的补充约定。 第（7）项填写除《通用合同条款》前6项所列因发包人原因造成工期延误以外的，承发包双方同意列入因发包人原因造成承包人关键线路延误的其他原因。注意，这里强调的是受影响的工程是处在工程施工进度网络计划的关键线路上。关键线路是指完成工程项目最长的路线，决定着项目的工期。对于关键线路，应注意以下几个方面：首先，承包人在提交的项目进度计划中应明确何为关键线路；其次，在合同中明确对关键线路的举证责任由承包人承担；再次，如果出现工期顺延情形时，承包人应及时调整项目进度计划并再行提交监理人审核，从而重新确定新的关键线路。
11.4　异常恶劣的气候条件 异常恶劣的气候条件的范围和标准：____________________。	11.4款填写工程项目所在地异常恶劣气候条件的具体范围和标准，异常气候是指项目所在地几十年以上一遇的罕见气候现象（包括温度、降水、降雪、风等）。
11.5　承包人的工期延误 由于承包人原因造成不能按期竣工的，在按合同约定确定的竣工日期（包括按合同延长的工期）后7天内，监理人应当按通用合同条款第23.4.1项的约定书面通知承包人，说明发包人有权得到按本款约定的下列标准和方法计算的逾期竣工违约金，但最终违约金的金额不应超过本款约定的逾期竣工违约金最高限额。监理人未在规定的期限内发出本款约定的书面通知的，发包人丧失主张逾期竣工违约金的权利。 逾期竣工违约金的计算标准：____________。	11.5款是关于因承包人原因导致工期延误的补充约定。 本款明确因承包人原因导致工期延误，不能按期竣工时，发包人索赔逾期竣工违约金权利的限制，包括索赔时间限制、索赔金额限制。即索赔时间限制，监理人应在合同确定的竣工日期（包括按合同约定延长的工期）向承包人发出书面索赔通知，详细说明发包人有权得到的索赔金额。逾期则视为丧失向承包人主张逾期竣工违约金的权利。 逾期竣工违约金的计算标准填写时必须做到标准、规范、要素齐全、数字正确、字迹清晰、避免涂改；涉及金额的数字应使用中文大写或同时使用大小写（可注明“以大写为准”）。

中华人民共和国 房屋建筑和市政工程标准施工招标文件 （2010 年版） 第四章　第二节　专用合同条款	评注与填写范例
逾期竣工违约金的计算方法：______________。 逾期竣工违约金最高限额：_______________。	填写逾期竣工违约金的计算方法，如填写10000 元/天或签约合同价格的 0.1‰/天。 填写逾期竣工违约金最高限额，如填写最高不超过签约合同价格的 5%。 承发包双方应注意，合同条款空白栏未填写内容时应予以删除或注明“此栏空白”字样。
11.6　工期提前 提前竣工的奖励办法：_________________。	11.6 款填写提前竣工的奖励办法，如填写每提前竣工一天，发包人奖励承包人 10000 元。

第12条　暂停施工，专用合同条款评注与填写范例

中华人民共和国 房屋建筑和市政工程标准施工招标文件 （2010年版） 第四章　第二节　专用合同条款	评注与填写范例
12.1　承包人暂停施工的责任 （5）承包人承担暂停施工责任的其他情形：____________________。	12.1款是关于承包人承担暂停施工责任情形的补充约定。 第（5）项填写除《通用合同条款》第12.1款前4项约定以外的，由承包人承担暂停施工责任的其他情形。
12.4　暂停施工后的复工 **12.4.3**　根据通用合同条款第12.4.1款的约定，监理人发出复工通知后，监理人应和承包人一起对受到暂停施工影响的工程、材料和工程设备进行检查。承包人负责修复在暂停施工期间发生在工程、材料和工程设备上的任何损蚀、缺陷或损失，修复费用由承担暂停施工责任的责任人承担。 **12.4.4**　暂停施工持续56天以上，按合同约定由承包人提供的材料和工程设备，由于暂停施工原因导致承包人在暂停施工前已经订购但被暂停运至施工现场的，发包人应按照承包人订购合同的约定支付相应的订购款项。	12.4款是关于暂停施工后复工时发包人、监理人和承包人各自责任承担的补充约定。 补充增加12.4.3款的约定，明确当工程具备复工条件，监理人向承包人发出复工通知后，监理人与承包人应共同对受暂停施工影响的工程及材料、设备进行检查和确认。本款明确由承包人负责修复因暂停施工造成工程的任何缺陷，但修复费用则由责任方负责承担。 补充增加12.4.4款的约定，明确因暂停施工持续至56天以上，导致承包人已经订购的材料和工程设备被停运时的款项，由发包人按订购合同约定予以支付。

第 13 条　工程质量，专用合同条款评注与填写范例

中华人民共和国 房屋建筑和市政工程标准施工招标文件 （2010 年版） 第四章　第二节　专用合同条款	评注与填写范例
13.2　承包人的质量管理 **13.2.1**　承包人向监理人提交工程质量保证措施文件的期限：________________。 监理人审批工程质量保证措施文件的期限：________________。	13.2 款是关于承包人质量管理的补充约定。 13.2.1 款填写承包人向监理人提交工程质量保证措施文件的具体期限，如填写监理人向承包人发出开工通知后 14 天内。 并明确监理人审批的具体期限，如填写收到承包人提交的工程质量保证措施文件后 14 天内。
13.3　承包人的质量检查 承包人向监理人报送工程质量报表的期限：________________。 承包人向监理人报送工程质量报表的要求：________________。 监理人审查工程质量报表的期限：________。	13.3 款是关于承包人质量检查的补充约定。 填写承包人向监理人报送工程质量报表的具体期限，如填写承包人按合同约定对材料、工程设备以及工程的所有部位及其施工工艺进行全过程的质量检查和检验后 28 天内，编制工程质量报表报送监理人审查。 填写监理人对承包人报送的工程质量报表的具体要求。 填写监理人审查承包人报送的工程质量报表的具体期限，如填写收到承包人报送的工程质量报表之日起 14 日内。
13.4　监理人的质量检查 承包人应当为监理人的检查和检验提供方便，监理人可以进行察看和查阅施工原始记录的其他地方包括：________________。	13.4 款是关于监理人对承包人质量检查的补充约定。 填写监理人有权对工程的所有部位及其施工工艺、材料和工程设备进行检查和检验的范围，如填写材料或工程设备的制造、加工或制配的车间和场所，包括不属于承包人的车间或场所进行检查和检验，承包人应为此提供便利和协助。
13.5　工程隐蔽部位覆盖前的检查 **13.5.1**　监理人对工程隐蔽部位进行检查的期限：________________。	13.5 款是关于监理人对工程隐蔽部位覆盖前检查的补充约定。 13.5.1 款填写监理人对经承包人自检确认的工程隐蔽部位是否具备覆盖条件进行检查的合理期限。
13.7　质量争议 发包人和承包人对工程质量有争议的，除可按合同条款第 24 条办理外，监理人可提请合同双方	补充增加 13.7 款对工程质量有争议时的处理约定。 工程质量的责任可能是承包人原因，也可能涉

中华人民共和国 房屋建筑和市政工程标准施工招标文件 （2010年版） 第四章　第二节　专用合同条款	评注与填写范例
委托有相应资质的工程质量检测机构进行鉴定，所需费用及因此造成的损失，由责任人承担，双方均有责任，由双方根据其责任分别承担。经检测，质量确有缺陷的，已竣工验收或已竣工未验收但实际投入使用的工程，其处理按工程保修书的约定执行；已竣工未验收且未实际投入使用的工程以及停工、停建的工程，根据检测结果确定解决方案，或按工程质量监督机构的处理决定执行。	及发包人、设计单位等，因此当出现工程质量争议时，往往需要委托有资质的工程质量检测机构进行鉴定，以确定是否存在工程质量问题，以及产生工程质量问题的原因等。 因鉴定所发生的费用和造成的损失，由责任方承担；双方均有责任，按各自责任比例分摊。 经检测工程质量存在缺陷时，本款根据工程是否已竣工验收或是否实际投入使用区别约定了不同的处理办法。

第 15 条　变更，专用合同条款评注与填写范例

中华人民共和国 房屋建筑和市政工程标准施工招标文件 （2010 年版） 第四章　第二节　专用合同条款	评注与填写范例
15.1　变更的范围和内容 应当进行变更的其他情形：＿＿＿＿＿＿＿。 发包人违背通用合同条款 15.1（1）目的约定，将被取消的合同中的工作转由发包人或其他人实施的，承包人可向监理人发出通知，要求发包人采取有效措施纠正违约行为，发包人在监理人收到承包人通知后 28 天内仍不纠正违约行为的，应当赔偿承包人损失（包括合理的利润）并承担由此引起的其他责任。承包人应当按通用合同条款第 23.1.1（1）目的约定，在上述 28 天期限到期后的 28 天内，向监理人递交索赔意向通知书，并按通用合同条款第 23.1.1（2）目的约定，及时向监理人递交正式索赔通知书，说明有权得到的损失赔偿金额并附必要的记录和证明材料。发包人支付给承包人的损失赔偿金额应当包括被取消工作的合同价值中所包含的承包人管理费、利润以及相应的税金和规费。	15.1 款填写《通用合同条款》第 15.1 款第（1）至（5）项所列变更范围和内容的具体事项和界限，以及发包人和承包人协商一致约定的应当进行变更的其他情形。 本款为维护合同公平，补充增加了发包人在签约后擅自取消合同中的工作，转由发包人或其他人实施而使本合同承包人遭受损失时，则构成违约行为，发包人应赔偿承包人包括合理利润在内的损失，并承担由此导致的其他责任。 本款对承包人因发包人此项违约行为提出索赔的程序进行了明确，承包人应先向监理人发出书面通知，要求发包人采取有效措施予以纠正，发包人在监理人收到承包人书面纠正通知后 28 天内仍不纠正此违约行为的，承包人可在此后 28 天内向监理人递交索赔意向通知书，要求发包人给予赔偿。 本款亦明确了发包人支付承包人损失赔偿金额所包含的范围。
15.3　变更程序 **15.3.2　变更估价** （1）承包人提交变更报价书的期限：＿＿＿＿＿＿＿＿＿＿＿＿＿＿＿＿。 （3）监理人商定或确定变更价格的期限：＿＿＿＿＿＿＿＿＿＿＿＿＿＿＿＿。 （4）收到变更指示后，如承包人未在规定的期限内提交变更报价书的，监理人可自行决定是否调整合同价款以及如果监理人决定调整合同价款时，相应调整的具体金额。	15.3 款是关于变更估价的补充约定。 15.3.2 款第（1）项填写承包人提交变更报价书的期限，如填写承包人应在收到监理人变更指示或变更意向书后的 7 天内，向监理人提交变更报价书。 第（3）项填写监理人商定或确定变更价格的期限，如填写监理人在收到承包人变更报价书后 7 天内商定或确定变更价格。 第（4）项承包人应在收到监理人变更指示后按约定的期限及时提交变更报价书，逾期提交则监理人可自行决定是否调整合同价款及调整的金额。
15.4　变更的估价原则 **15.4.4**　因工程量清单漏项（仅适用于合同协议书约定采用单价合同形式时）或变更引起措施项目发生变化，原措施项目费中已有的措施项目，	15.4 款是关于变更估价原则的补充约定。 补充增加 15.4.4 款《合同协议书》约定采用单价合同形式时，因工程量清单漏项或变更导致措施项目费变更的估价原则，即原措施项目费中已有的

中华人民共和国 房屋建筑和市政工程标准施工招标文件 （2010年版） 第四章　第二节　专用合同条款	评注与填写范例
采用原措施项目费的组价方法变更；原措施项目费中没有的措施项目，由承包人根据措施项目变更情况，提出适当的措施项目费变更，由监理人按第3.5款商定或确定变更措施项目的费用。 **15.4.5**　合同协议书约定采用单价合同形式时，因非承包人原因引起已标价工程量清单中列明的工程量发生增减，且单个子目工程量变化幅度在____%以内（含）时，应执行已标价工程量清单中列明的该子目的单价；单个子目工程量变化幅度在____%以外（不含），且导致分部分项工程费总额变化幅度超过____%时，由承包人提出并由监理人按第3.5款商定或确定新的单价，该子目按修正后的新的单价计价。 **15.4.6**　因变更引起价格调整的其他处理方式：________________。	措施项目按原措施项目费的组价方法变更价款；没有的措施项目则由承包人提出适当的措施项目费变更价款，由监理人按合同约定程序商定或确定。 补充增加15.4.5款《合同协议书》约定采用单价合同形式时非承包人原因引起已标价工程量清单中列明的工程量发生增减时的处理原则。承发包双方均应事先做好预案，精心测算比例，合理分配风险，争取最大效益。 单个子目工程量及金额超出约定限额的，可能有正负两种超限，由监理人按合同约定程序商定或确定原则，提出新的单价。 补充增加15.4.6款承发包双方可协商一致，填写因变更引起价格调整的其他处理方式。
15.5　承包人的合理化建议 **15.5.2**　对承包人提出合理化建议的奖励方法：________________。	15.5款是关于对承包人合理化建议奖励方法的补充约定。 15.5.2款填写对承包人提出合理化建议的具体奖励方法，如填写承包人提出的合理化建议降低了合同价格或者提高了工程经济效益的，发包人按所节约成本5%或增加收益的20%奖励给承包人。
15.8　暂估价 **15.8.1**　按合同约定应当由发包人和承包人采用招标方式选择专项供应商或专业分包人的，应当由承包人作为招标人，依法组织招标工作并接受有管辖权的建设工程招标投标行政监督部门的监督。与组织招标工作有关的费用应当被认为已经包括在承包人的签约合同价（投标总报价）中： （1）在任何招标工作启动前，承包人应当提前至少______天编制招标工作计划并通过监理人报请发包人审批，招标工作计划应当包括招标工作的时间安排、拟采用的招标方式、拟采用的资格审查方法、主要招标过程文件的编制内容、对投标人的	15.8款对暂估价招标补充约定了可操作性的程序。 15.8.1款对发包人在工程量清单中给定暂估价的材料、工程设备和专业工程属于依法必须招标的范围并达到规定的规模标准的，由发包人和承包人以招标的方式选择专项供应商或专业分包人。本款补充约定由承包人作为招标人，并对招标费用以及发包人和承包人的权利义务作了补充约定。 第（1）项承包人应在启动招标工作前合理期限内向监理人提交招标工作计划报发包人审批，如填写提前至少7天。 本款也对招标工作计划应当包括的内容进行了明确。

中华人民共和国 房屋建筑和市政工程标准施工招标文件 （2010 年版） 第四章　第二节　专用合同条款	评注与填写范例
资格条件要求、评标标准和方法、评标委员会组成、是否编制招标控制价和（或）标底以及招标控制价和（或）标底编制原则，发包人应当在监理人收到承包人报送的招标工作计划后______天内给予批准或者提出修改意见。承包人应当严格按照经过发包人批准的招标工作计划开展招标工作。	发包人可通过对招标工作计划的审批或修改，达到对暂估价的管理。 发包人也应及时对承包人报送的招标工作计划作出答复，如填写在收到承包人报送的招标工作计划后 7 天内给予批准或提出修改意见。
（2）承包人应当在发出招标公告（或者资格预审公告或者投标邀请书）、资格预审文件和招标文件前至少______天，分别将相关文件通过监理人报请发包人审批，发包人应当在监理人收到承包人报送的相关文件后______天内给予批准或者提出修改意见，经发包人批准的相关文件，由承包人负责誊清整理并准备出开展实际招标工作所需要的份数，通过监理人报发包人核查并加盖发包人印章，发包人在相关文件上加盖印章只表明相关文件经过发包人审核批准。最终发出的文件应当分别报送一份给发包人和监理人备查。	第（2）项承包人在发出招标公告前应将招标相关文件通过监理人报发包人审批，发包人也应当在合理期限内及时作出答复，例如可填写为 7 天。 经发包人批准并加盖发包人印章后，承包人才能最终对外发出招标公告；且应将对外发出的招标公告文本报送发包人和监理人备查。
（3）如果发、承包任何一方委派评标代表，评标委员会应当由七人以上单数构成。除发包人或者承包人自愿放弃委派评标代表的权利外，招标人评标代表应当分别由发包人和承包人等额委派。	第（3）项对委派评标代表作了限制约定。承发包双方均委派评标代表时应等额委派，评标委员会成员应是七人以上单数构成。
（4）设有标底的，承包人应当在开标前提前 48 小时将标底报发包人审核认可，发包人应当在收到承包人报送的标底后 24 小时内给予批准或者提出修改意见。承包人和发包人应当共同制定标底保密措施，不得提前泄露标底。标底的最终审核和决定权属于发包人。	第（4）项是对设有标底的审核程序约定，并约定了承发包双方对标底的保密义务。 发包人拥有标底的最终审核和决定权。
（5）设有招标控制价的，承包人应当在招标文件发出前提前 7 天将招标控制价报发包人审核认可，发包人应当在收到承包人报送的招标控制价后 72 小时内给予认可或者提出修改意见。招标控制价的最终审核和决定权属于发包人，未经发包人认可，承包人不得发出招标文件。	第（5）项是对设有招标控制价的审核程序约定。 承包人应按本项约定的时间将招标控制价报发包人审核认可，发包人也应及时作出答复。 同样，发包人拥有招标控制价的最终审核和决定权。
（6）承包人在收到相关招标项目评标委员会提交的评标报告后，应当在 24 小时内通过监理人转报发包人核查，发包人应当在监理人收到承包人报送的评标报告后 48 小时内核查完毕，评标报告经过发包人核查认可后，承包人才可以开始后续程	第（6）项是对评标报告的审核程序约定。 承包人应按本项约定的时间将评标报告通过监理人报发包人核查，发包人应及时进行核查。 承包人依据经发包人核查认可后的评标报告，依法确定中标人，发出中标通知书，并开始进行后

中华人民共和国 房屋建筑和市政工程标准施工招标文件 （2010年版） 第四章　第二节　专用合同条款	评注与填写范例
序，依法确定中标人并发出中标通知书。	续工作。
（7）承包人与专业分包人或者专项供应商订立合同前______天，应当将准备用于正式签订的合同文件通过监理人报发包人审核，发包人应当在监理人收到相关文件后______天内给予批准或者提出修改意见，承包人应当按照发包人批准的合同文件签订相关合同，合同订立后______天内，承包人应当将其中的两份副本报送监理人，其中一份由监理人报发包人留存。	第（7）项是对签订相关合同的审核程序约定。 承包人应将准备用于签订相关合同的文件通过监理人报发包人审核，如填写在订立合同前3天。发包人批准或修改意见的期限，以及报送监理人副本的期限，也可填写为3天。
（8）发包人对承包人报送文件进行审批或提出的修改意见应当合理，并符合现行有关法律法规的规定。	第（8）项发包人对承包人报送文件的审批或修改意见应符合相关法律规定。
（9）承包人违背本项上述约定的程序或者未履行本项上述约定的报批手续的，发包人有权拒绝对相关专业工程或者涉及相关专项供应的材料和工程设备的工程进行验收和拨付相应工程款项，所造成的费用增加和（或）工期延误由承包人承担。发包人未按本项上述约定履行审批手续的，所造成的费用增加和（或）工期延误由发包人承担。	第（9）项是对承发包双方未遵循上述程序的责任承担约定。 承包人未遵循上述约定程序的，发包人可拒绝相应项目的验收和拨付工程款项，并由承包人承担由此造成的费用和（或）工期延误损失；发包人承担因未遵循上述约定程序造成的费用和（或）工期延误损失。
15.8.3　发包人在工程量清单中给定暂估价的专业工程不属于依法必须招标的范围或者未达到依法必须招标的规模标准的，其最终价格的估价人为：______________________或者按照下列约定：______________________________。	15.8.3款如承发包双方约定由发包人对不属于依法必须招标的暂估价工程进行最终估价的，在此直接填写发包人，或填写承发包双方协商一致的其他估价人。

第 16 条　价格调整，专用合同条款评注与填写范例

中华人民共和国 房屋建筑和市政工程标准施工招标文件 （2010 年版） 第四章　第二节　专用合同条款	评注与填写范例
16.1　物价波动引起的价格调整 物价波动引起的价格调整方法：__________。 其他约定______________________。	16.1 款是关于因物价波动引起价格调整的补充约定。 《通用合同条款》约定了两种价格调整方式，即采用价格指数调整价格差额和采用造价信息调整价格差额，发包人和承包人可根据工程项目具体特点和实际需要，协商一致填写其中一种价格调整方法。 其他约定的填写，如可补充约定，若按第 16.1.1 项的约定采用价格调整公式进行调价，每半年或一年按价格调整公式进行一次调整；对于工程规模不大、工期较短的工程（例如工期不超过 12 个月），可以不进行调价。 由于目前尚未普遍使用公式法进行调价，可能在应用时会遇到一些问题，如若有个别可变因子尚无机构能发布价格指数，而这种因子在合同价格中所占比例又是不容忽视的，需要采用其他的办法来弥补时，应在此进行补充约定。

第 17 条　计量与支付，专用合同条款评注与填写范例

中华人民共和国 房屋建筑和市政工程标准施工招标文件 （2010 年版） 第四章　第二节　专用合同条款	评注与填写范例
17.1　计量	17.1 款是关于工程计量相关事项的补充约定。
17.1.2　计量方法	17.1.2 款是关于计量方法的补充约定。
工程量计算规则执行国家标准《建设工程工程量清单计价规范》（GB 50500—2008）或其适用的修订版本。除合同另有约定外，承包人实际完成的工程量按约定的工程量计算规则和有合同约束力的图纸进行计量。	本款约定工程量清单中的工程量计算规则按国家标准 08 规范及修订版本执行。
17.1.3　计量周期	17.1.3 款是关于计量周期的补充约定。
（1）本合同的计量周期为月，每月______日为当月计量截止日期（不含当日）和下月计量起始日期（含当日）。	第（1）项填写合同的计量周期，如填写为每月的 25 日。
（2）本合同________（执行（采用单价合同形式时）/不执行（采用总价合同形式时））通用合同条款本项约定的单价子目计量。总价子目计量方法按专用合同条款第 17.1.5 项总价子目的计量—________________（支付分解报告/按实际完成工程量计量）。	第（2）项直接填写“执行”或“不执行”。选择填写是采用支付分解报告还是按实际完成工程量进行总价子目的计量。承发包双方协商一致后选择填写，同时删除未选项。
17.1.5　总价子目的计量—支付分解报告	17.1.5 款是关于承发包双方选择总价子目的计量采用支付分解报告时的补充约定。
总价子目按照有合同约束力的支付分解表支付。承包人应根据合同条款第 10 条约定的合同进度计划和总价子目的总价构成、费用性质、计划发生时间和相应工作量等因素对各个总价子目的总价按月进行分解，形成支付分解报告。承包人应当在收到经过监理人批复的合同进度计划后 7 天内，将支付分解报告以及形成支付分解报告的分项计量和总价分解等支持性资料报监理人审批，监理人应当在收到承包人报送的支付分解报告后 7 天内给予批复或提出修改意见，经监理人批准的支付分解报告为有合同约束力的支付分解表。支付分解表应根据合同条款第 10.2 款约定的修订合同进度计划进行修正，修正的程序和期限应当依照本项上述约定，经修正的支付分解表为有合同约束力的支付分解表。	承包人应根据有合同约束力的进度计划和构成总价子目的各因素，将总价子目的价格按月进行分解，汇总后形成支付分解报告。然后将形成的支付分解报告及相关支持性资料在监理人批复合同进度计划后 7 天内报监理人审批，监理人应在收到后 7 天内给予批复或修改意见，经监理人审核批准后产生合同约束力。 支付分解表一般应根据工程实际进度完成情况，随进度计划的调整而定期进行适当的修正，修正后的支付分解表经监理人审核批准后产生合同约束力。
（1）总价子目的价格调整方法：__________。	第（1）项填写承发包双方协商一致的总价子目的价格调整方法。当前单价合同中的总价子目，除合同变更外，一般不进行价格调整。

中华人民共和国 房屋建筑和市政工程标准施工招标文件 （2010年版） 第四章　第二节　专用合同条款	评注与填写范例
（2）列入每月进度付款申请单中各总价子目的价值为有合同约束力的支付分解表中对应月份的总价子目总价值。 （3）监理人根据有合同约束力的支付分解表复核列入每月进度付款申请单中的总价子目的总价值。	第（2）项、第（3）项在实际支付时，由监理人根据有合同约束力的支付分解表，经检查核实达到支付分解表的要求后，即可支付经批准的每月总价子目的支付金额。
（4）除按照第15条约定的变更外，在竣工结算时总价子目的工程量不应当重新计量，签约合同价所基于的工程量即是用于竣工结算的最终工程量。	第（4）项除合同约定的变更外，签约合同价所基于的工程量是承包人用于竣工结算的最终工程量。 总价子目一般不进行测量计量，如有需要测量的目的也只是为了核查完成的进度目标。
17.1.5　总价子目的计量—按实际完成工程量计量 （1）总价子目的价格调整方法：__________。 总价子目的计量和支付应以总价为基础，对承包人实际完成的工程量进行计量，是进行工程目标管理和控制进度款支付的依据。	17.1.5款是关于承发包双方选择总价子目的计量以实际完成工程量计量时的补充约定。 第（1）项填写承发包双方协商一致的总价子目的价格调整方法。
（2）承包人在专用合同条款第17.1.3（1）目约定的每月计量截止日期后，对已完成的分部分项工程的子目（包括在工程量清单中给出具体工程量的措施项目的相关子目），按照专用合同条款第17.1.2项约定的计量方法进行计量，对已完成的工程量清单中没有给出具体工程量的措施项目的相关子目，按其总价构成、费用性质和实际发生比例进行计量，向监理人提交进度付款申请单、已完成工程量报表和有关计量资料。	第（2）项承包人应按合同约定的计量周期，对已完成的分部分项工程进行计量后，向监理人提交进度付款申请单及已完成的工程量和有关计量资料。
（3）监理人对承包人提交的工程量报表进行复核，以确定实际完成的工程量。对数量有异议的，可要求承包人进行共同复核。承包人应协助监理人进行复核并按监理人要求提供补充计量资料。承包人未按监理人要求参加复核，监理人复核或修正的工程量视为承包人实际完成的工程量。	第（3）项监理人对承包人提交的上述资料进行复核，以确定分阶段实际完成的工程量。对其有异议的，可要求承包人进行共同复核。 承包人应按监理人要求参加复核，如未参加复核则监理人复核或修正的实际完成工程量确定有效。
（4）监理人应在收到承包人提交的工程量报表后的7天内进行复核，监理人未在约定时间内复核的，承包人提交的工程量报表中的工程量视为承包人实际完成的工程量，据此计算工程价款。	第（4）项是对监理人复核的时间限制，如监理人未在收到承包人提交的工程量报表后7天内进行复核，则承包人提交的工程量报表所记载的实际完成工程量确定有效。

中华人民共和国 房屋建筑和市政工程标准施工招标文件 （2010 年版） 第四章　第二节　专用合同条款	评注与填写范例
（5）除按照第 15 条约定的变更外，在竣工结算时总价子目的工程量不应当重新计量，签约合同价所基于的工程量即是用于竣工结算的最终工程量。	第（5）项除合同约定的变更外，签约合同价所基于的工程量是承包人用于竣工结算的最终工程量。
17.2　预付款 **17.2.1　预付款** （1）预付款额度 分部分项工程部分的预付款额度：________。 措施项目部分预付款额度：__________。 其中：安全文明施工费用预付额度：________。 （2）预付办法 预付款预付办法：____________________。 预付款的支付时间：__________________。 安全文明施工费用的预付不受上述预付办法和支付时间约定的制约，发包人应当在不迟于通用合同条款第 11.1.1 项约定的开工日期前的 7 天内将安全文明施工费用的预付款一次性拨付给承包人。 发包人逾期支付合同约定的预付款，除承担通用合同条款第 22.2 款约定的违约责任外，还应向承包人支付按专用合同条款第 17.3.3（2）目约定的标准和方法计算的逾期付款违约金。	17.2 款是关于工程预付款相关内容的补充约定。 17.2.1 款是关于预付款额度和预付款办法的补充约定。 第（1）项填写发包人向承包人预付工程款的额度，预付款额度一般为签约合同价的 10%。材料、设备预付款比例（主要材料）一般应为 70% ~ 75%，最低不少于 60%。 填写第（2）项预付款预付的办法和支付时间时必须做到标准、规范、要素齐全、数字正确、字迹清晰、避免涂改；空白栏未填写内容时应予以删除或注明“此栏空白”字样；涉及金额的数字应使用中文大写或同时使用大小写（可注明“以大写为准”）。 预付款的支付时间可填写“在合同签订后 15 日内支付”或“不迟于约定开工日期前的 7 日内支付”。 本款对安全文明施工费用的预付作了例外约定，即不受上述预付办法和支付时间的限制，发包人应在约定的开工日间前 7 日一次性支付给承包人。 本款还补充约定发包人不按约定支付工程预付款的责任，即承担违约责任和逾期付款违约金。
17.2.2　预付款保函 预付款保函的金额与预付款金额相同。预付款保函的提交时间：____________________。 预付款保函的担保金额应当根据预付款扣回的金额递减，保函条款中可以设立担保金额递减的条款。发包人在签认每一期进度付款证书后 14 天内，应当以书面方式通知出具预付款保函的担保人并附	17.2.2 款是关于预付款保函的补充约定。 《通用合同条款》约定的是承包人应在收到预付款的同时向发包人提交预付款保函。如约定的预付款保函提交时间与收到预付款时间不一致时，填写本款，如填写承包人应在收到预付款 7 天前向发包人提交预付款保函。 本款对预付款保函的担保金额递减程序进行了补充约定。 发包人应按约定期限书面通知出具预付款保函的担保人，进度付款证书中累计扣回的预付款金

中华人民共和国 房屋建筑和市政工程标准施工招标文件 （2010年版） 第四章　第二节　专用合同条款	评注与填写范例
上一份经其签认的进度付款证书副本，担保人根据发包人的通知和经发包人签认的进度付款证书中累计扣回的预付款金额等额调减预付款保函的担保金额。自担保人收到发包人通知之日起，该经过递减的担保金额为预付款保函担保金额。	额，以及提供一份经签认的进度付款证书副本，以便担保人调减预付款保函的担保金额。 经担保人调减后的担保金额为预付款保函的担保金额。
17.2.3　预付款的扣回与还清 预付款的扣回办法：____________。	17.2.3款填写预付款在进度付款中扣回的时间和额度，如填写每次在支付进度付款中等额扣回，直至全部扣清为止。
17.2.4　预付款保函的格式 承包人应当按照专用合同条款第17.2.2项约定的金额和时间以及发包人在本工程招标文件中规定的或者其他经过发包人事先认可的格式向发包人递交一份无条件兑付的和不可撤销的预付款保函。	补充增加17.2.4款预付款保函格式的要求，即承包人应提交发包人认可的格式，且是无条件兑付的和不可撤销的预付款保函。
17.2.5　预付款保函的有效期 预付款保函的有效期应当自预付款支付给承包人之日起至发包人签认的进度付款证书说明预付款已完全扣清之日止。	补充增加17.2.5款预付款保函的有效期，即自预付款支付给承包人之日起至发包人签认的进度付款证书说明预付款已完全扣清之日止。
17.2.6　发包人的通知义务 不管保函条款中如何约定，发包人根据担保提出索赔或兑现要求之前，均应通知承包人并说明导致此类索赔或兑现的原因，但此类通知不应理解为是在任何意义上寻求承包人的同意。	补充增加17.2.6款发包人的通知义务，即发包人在根据预付款保函提出索赔或兑现前，应书面通知承包人具体原因。
17.2.7　预付款保函的退还 预付款保函应在发包人签认的进度付款证书说明预付款已完全扣清之日后14天内退还给承包人。发包人不承担承包人与预付款保函有关的任何利息或其他类似的费用或者收益。	补充增加17.2.7款发包人退还预付款保函的期限，即应在进度付款证书签发后14天内退还给承包人。本款明确发包人不承担因预付款保函相关的利息或其他费用。
17.3　工程进度付款 **17.3.2　进度付款申请单** 进度付款申请单的份数：____________。 进度付款申请单的内容：____________。	17.3款是关于工程进度付款的补充约定。 17.3.2款填写进度付款申请单的份数，如填写承包人应在每个付款周期末，向监理人提交五份进度付款申请单； 填写进度付款申请单的内容，如填写进度付款申请单包括以下内容：（1）付款次数或编号；（2）截至本次付款周期末已实施工程的价款；（3）应增加和扣减的变更金额；（4）应增加和扣减的索赔金额；（5）本次应支付的预付款和应扣减的返还

中华人民共和国 房屋建筑和市政工程标准施工招标文件 （2010年版） 第四章　第二节　专用合同条款	评注与填写范例
17.3.3　进度付款证书和支付时间	预付款；（6）本次扣减的质量保证金；（7）根据合同应增加和扣减的其他金额。 17.3.3款是关于发包人延期支付工程进度款的补充约定。
（2）发包人未按专用合同条款第17.2.1（2）目、通用合同条款第17.3.3（2）目、第17.5.2（2）目和第17.6.2（2）目约定的期限支付承包人依合同约定应当得到的款项，应当从应付之日起向承包人支付逾期付款违约金。承包人应当按通用合同条款第23.1（1）目的约定，在最终付款期限到期后28天内，向监理人递交索赔意向通知书，说明有权得到按本款约定的下列标准和方法计算的逾期付款违约金。承包人要求发包人支付逾期付款违约金不影响承包人要求发包人承担通用合同条款第22.2款约定的其他违约责任的权利。	第（2）项明确发包人支付逾期付款违约金包括的范围有四类，即工程预付款、进度款、竣工结算款和最终结清余款。 如果发包人没有按约定时限支付上述四类款项时，承包人此时应按照约定的索赔程序和索赔期限，向发包人提出索赔。且承包人此项索赔不免除发包人应承担的其他违约责任。
逾期付款违约金的计算标准为____________。	填写逾期付款违约金的计算标准时必须做到标准、规范、要素齐全、数字正确、字迹清晰、避免涂改；空白栏未填写内容时应予以删除或注明“此栏空白”字样；涉及金额的数字应使用中文大写或同时使用大小写（可注明“以大写为准”）。
逾期付款违约金的计算方法为____________。	逾期付款违约金的计算方法可填写“从应付之日起向承包人支付本金和应付款的利息（利率按照中国人民银行公布的同期银行贷款利率计算）”。
（4）进度付款涉及政府性资金的支付方法：____________。	填写进度付款涉及政府性资金的支付方法，如填写涉及政府投资进度款支付的，应执行财政部国库集中支付的相关规定。发包人的约定应与财政部国库集中支付相关规定相衔接，并同时满足合同进度付款的要求。
17.3.5　临时付款证书 在合同约定的期限内，承包人和监理人无法对当期已完工程量和按合同约定应当支付的其他款项达成一致的，监理人应当在收到承包人报送的进度付款申请单等文件后14天内，就承包人没有异议的金额准备一个临时付款证书，报送发包人审查。	补充增加17.3.5款在进度付款过程中出具临时付款证书的程序约定。 承包人和监理人对当期已完工程量和应支付的进度款有异议，为了使工程项目能顺利进行，切实保护承包人的合法权益，本款约定监理人就已认可的部分可先行报发包人签认后向承包人出具

中华人民共和国 房屋建筑和市政工程标准施工招标文件 （2010 年版） 第四章　第二节　专用合同条款	评注与填写范例
临时付款证书中应当说明承包人有异议部分的金额及其原因，经发包人签认后，由监理人向承包人出具临时付款证书。发包人应当在监理人收到进度付款申请单后 28 天内，将临时付款证书中确定的应付金额支付给承包人。发包人和监理人均不得以任何理由延期支付工程进度付款。 对临时付款证书中列明的承包人有异议部分的金额，承包人应当按照监理人要求，提交进一步的支持性文件和（或）与监理人做进一步共同复核工作，经监理人进一步审核并认可的应付金额，应当按通用合同条款第 17.3.4 项的约定纳入到下一期进度付款证书中。经过进一步努力，承包人仍有异议的，按合同条款第 24 条的约定办理。 有异议款项中经监理人进一步审核后认可的或者经过合同条款第 24 条约定的争议解决方式确定的应付金额，其应付之日为引发异议的进度付款证书的应付之日，承包人有权得到按专用合同条款 17.3.3（2）目约定计算的逾期付款违约金。	临时付款证书，对监理人出具临时付款证书期限作了限制，亦对发包人将临时付款证书确定的金额支付期限作了限制，即在监理人收到承包人进度付款申请单后 28 天内支付。 而对当期已完工程量和应支付的进度款有异议的部分，承包人应按监理人要求提交进一步的支持性文件，并与监理人共同进行复核，经监理人审核认可的应付进度款金额，列入下一期进度付款中一并支付。 承包人仍有异议的部分，可进一步协商或通过争议评审、仲裁或诉讼来解决。 承包人仍有异议的部分最后通过监理人审核认可或通过其他解决方式确定的应付金额，其应付款之日以引发异议的进度付款证书的应付之日为准，并以此日开始计算逾期付款违约金。
17.4　质量保证金 **17.4.1**　质量保证金由监理人从第一个付款周期开始按进度付款证书确认的已实施工程的价款、根据合同条款第 15 条增加和扣减的变更金额、根据合同条款第 23 条增加和扣减的索赔金额以及根据合同应增加和扣减的其他金额（不包括预付款的支付、返还、合同条款第 16 条约定的价格调整金额、此前已经按合同约定支付给承包人的进度款以及已经扣留的质量保证金）的总额的百分之五（5%）扣留，直至质量保证金累计扣留金额达到签约合同价的百分之五（5%）为止。	17.4 款是关于对质量保证金的补充约定。 17.4.1 款对质量保证金扣留的具体事项作了补充约定。 本款明确了扣留质量保证金从第一个付款周期开始，并明确了质量保证金的计算额度、扣留比例和质量保证金总额（最高不超过签约合同价的 5%）。
17.5　竣工结算 **17.5.1　竣工付款申请单** 承包人提交竣工付款申请单的份数：________。 承包人提交竣工付款申请单的期限：________。 竣工付款申请单的内容：________________。	17.5 款是关于对竣工付款申请单的补充约定。 17.5.1 款填写承包人向监理人提交竣工付款申请单的份数和期限，如填写承包人在工程接收证书颁发后 14 天内向监理人提交五份竣工付款申请单，并附相关证明材料。 填写竣工付款申请单的内容，如填写竣工结算合同总价、已支付的工程价款、应扣回的预付款、

中华人民共和国 房屋建筑和市政工程标准施工招标文件 （2010年版） 第四章　第二节　专用合同条款	评注与填写范例
承包人未按本项约定的期限和内容提交竣工付款申请单或者未按通用合同条款第17.5.1（2）目约定提交修正后的竣工付款申请单，经监理人催促后14天内仍未提交或者没有明确答复的，监理人和发包人有权根据已有资料进行审查，审查确定的竣工结算合同总价和竣工付款金额视同是经承包人认可的工程竣工结算合同总价和竣工付款金额。 不管通用合同条款17.5.2项如何约定，发包人和承包人应当在监理人颁发（出具）工程接收证书后56天内办清竣工结算和竣工付款。	应扣留的质量保证金、应支付的竣工付款金额等。 本款补充增加承包人未按约定提交竣工付款申请单的责任，即在监理人催促后14天内仍未提交或未作出明确答复时，监理人和发包人审查的工程竣工结算合同总价和竣工付款金额确定有效。 承包人应提前做好申请竣工付款的各项准备，及时向监理人提交竣工付款申请单，以免造成对自己不利的后果。 本款补充增加了对发包人和承包人竣工结算和竣工付款的时间限制，即在监理人出具工程接收证书后56天内。
17.6　最终结清 **17.6.1　最终结清申请单** 承包人提交最终结清申请单的份数：________。 承包人提交最终结清申请单的期限：________。	17.6款是关于最终结清申请单的补充约定。 17.6.1款填写承包人向监理人提交最终结清申请单的份数和期限，如填写承包人在缺陷责任期终止证书颁发后28天内向监理人提交五份最终结清申请单，并附相关证明材料。

第18条　竣工验收，专用合同条款评注与填写范例

中华人民共和国 房屋建筑和市政工程标准施工招标文件 （2010年版） 第四章　第二节　专用合同条款	评注与填写范例
18.2　竣工验收申请报告 （2）承包人负责整理和提交的竣工验收资料应当符合工程所在地建设行政主管部门和（或）城市建设档案管理机构有关施工资料的要求，具体内容包括：____________________。 竣工验收资料的份数：____________。 竣工验收资料的费用支付方式：________。	18.2款是关于承包人提交竣工验收资料的补充约定。 第（2）项填写竣工资料包括的具体内容，承包人对工程竣工资料的整理应符合《建设工程文件归档整理规范》的要求，并应符合工程实际形成的规律。 竣工验收资料的份数和费用应根据不同项目实际情况填写，必须做到标准、规范、要素齐全、数字正确、字迹清晰、避免涂改；空白栏未填写内容时应予以删除或注明“此栏空白”字样；涉及金额的数字应使用中文大写或同时使用大小写（可注明“以大写为准”）。
18.3　验收 **18.3.5**　经验收合格的工程，实际竣工日期为承包人按照第18.2款提交竣工验收申请报告或按照本款重新提交竣工验收申请报告的日期（以两者中时间在后者为准）。	18.3款是关于验收合格工程实际竣工日期的补充约定。 18.3.5款明确经验收合格工程的实际竣工日期以承包人提交最终竣工验收申请报告的日期为准，并在工程接收证书中写明。
18.5　施工期运行 **18.5.1**　需要施工期运行的单位工程或设备安装工程：____________________。	18.5款是关于需要施工期运行的补充约定。 18.5.1款填写需要施工期运行的某项或某几项单位工程或设备安装工程的明细。
18.6　试运行 **18.6.1　工程及工程设备试运行的组织与费用承担**	18.6款是关于工程及工程设备试运行的补充约定。 18.6.1款对工程及工程设备试运行的组织与费用承担作了补充约定。 工程试运行的方式一般有单机无负荷试运行、无负荷联动试运行、投料试运行。其中单机无负荷试运行是指具备独立运行能力但又不能独立完成生产任务的机器设备的试运行；无负荷联动试运行是指整个设备安装工程完成并具备完整生产能力后的联合试运行，是建立在所有的单机无负荷试运行合格基础上进行的；投料试运行是建立在无负荷联动试运行合格基础上的试生产，试车合

中华人民共和国 房屋建筑和市政工程标准施工招标文件 （2010年版） 第四章 第二节 专用合同条款	评注与填写范例
（1）工程设备安装具备单机无负荷试运行条件，由承包人组织试运行，费用由承包人承担。 （2）工程设备安装具备无负荷联动试运行条件，由发包人组织试运行，费用由发包人承担。 （3）投料试运行应在工程竣工验收后由发包人负责，如发包人要求在工程竣工验收前进行或需要承包人配合时，应征得承包人同意，另行签订补充协议。	格的要求是整个设备安装工程按设计要求生产出了合格产品。 本款约定单机无负荷试运行由承包人组织并承担此运行产生的费用；无负荷联动试运行由发包人组织并承担此运行产生的费用。 对于投料试运行，应当在工程竣工验收后由发包人全部负责。如发包人要求承包人配合或将投料试运行改在工程竣工验收前进行时，应征得承包人同意；并且发包人应与承包人签订补充协议，对双方的责任和义务重新进行约定。投料试运行是在安装的设备上进行的机器试生产。如果此时出现设备达不到设计生产能力的情形，其原因比较复杂，通常不是由于承包人的设备安装行为所造成。因此，一般工程不包括试车内容，如发包人要求须与承包人协商确定。
18.7 竣工清场 **18.7.1** 监理人颁发（出具）工程接收证书后，承包人负责按照通用合同条款本项约定的要求对施工场地进行清理并承担相关费用，直至监理人检验合格为止。	18.7款是关于承包人竣工清场的补充约定。 18.7.1款明确承包人承担竣工清场工作的所有费用，以及对竣工清场的要求，需要达到监理人检验合格。
18.8 施工队伍的撤离 承包人按照通用合同条款第18.8款约定撤离施工场地（现场）时，监理人和承包人应当办理永久工程和施工场地移交手续，移交手续以书面方式出具，并分别经过发包人、监理人和承包人的签认。但是，监理人和发包人未按专用合同条款17.5.1项约定的期限办清竣工结算和竣工付款的，本工程不得交付使用，发包人和监理人也无权要求承包人按合同约定的期限撤离施工场地（现场）和办理工程移交手续。 缺陷责任期满时，承包人可以继续在施工场地保留的人员和施工设备以及最终撤离的期限：________________。	18.8款是关于承包人施工队伍撤离的补充约定。 本款增加约定承包人在撤离施工场地时移交手续的办理程序以及撤离的前提限制条件。 办理移交手续的对象为监理人和承包人，移交手续必须以书面形式，并经发包人、监理人、承包人三方签认。 撤离的前提条件，须是监理人和发包人按合同约定办理完竣工结算和付清竣工结算余款。 承包人在缺陷责任期满后，要求部分人员和施工设备仍继续留在施工场内的，应填写其留场人员和设备的明细表，并填写明确最后撤离施工场地的具体时间。
18.9 中间验收 本工程需要进行中间验收的部位如下：________________。	补充增加18.9款对工程中间验收的约定。 填写需要进行中间验收的部位，如填写（1）桩基础、天然地基、地基处理等工程；（2）地基与基

中华人民共和国 房屋建筑和市政工程标准施工招标文件 （2010 年版） 第四章　第二节　专用合同条款	评注与填写范例
当工程进度达到本款约定的中间验收部位时，承包人应当进行自检，并在中间验收前 48 小时以书面形式通知监理人验收。书面通知应包括中间验收的内容、验收时间和地点。承包人应当准备验收记录。只有监理人验收合格并在验收记录上签字后，承包人方可继续施工。验收不合格的，承包人在______期限内进行修改后重新验收。	础工程（含地下防水）；(3) 主体结构工程（包括混凝土、钢、砖、木等受力结构）；(4) 幕墙工程；(5) 电梯分部工程；(6) 建筑节能分部工程；(7) 低压配电（含发电机组）安装工程；(8) 建设、监理单位或质监机构根据工程特点及有关规定确认的有关分部（子分部）工程等。 本款约定了承包人申请中间验收的具体程序。
监理人不能按时进行验收的，应在验收前 24 小时以书面形式向承包人提出延期要求，延期不能超过 48 小时。监理人未能按本款约定的时限提出延期要求，又未按期进行验收的，承包人可自行组织验收，监理人必须认同验收记录。	本款亦对监理人中间验收的期限作了限制，监理人未能按时进行中间验收，也未按时提出延期验收要求时，承包人有自行组织验收的权利，且验收记录确认有效。
经监理人验收后工程质量符合约定的验收标准，但验收 24 小时后监理人仍不在验收记录上签字的，视为监理人已经认可验收记录，承包人可继续施工。	本款还对经监理人验收合格的验收记录，签字确认的期限作了限制，监理人拖延不签字确认，超过验收 24 小时后，视为承包人验收记录有效，并可继续进行下一道工序的施工。

第19条　缺陷责任与保修责任，专用合同条款评注与填写范例

中华人民共和国 房屋建筑和市政工程标准施工招标文件 （2010年版） 第四章　第二节　专用合同条款	评注与填写范例
19.7　保修责任	19.7款是关于工程保修责任的补充约定。 我国《建筑法》第六十二条规定，建筑工程实行质量保修制度。本款项下填写的内容注意应不低于法律规定的标准。
（1）工程质量保修范围：________________。	第（1）项工程质量保修范围，如可填写承包人在质量保修期内，按照有关法律、法规、规章的管理规定和双方约定，承担本工程质量保修责任。质量保修范围包括地基基础工程、主体结构工程，屋面防水工程、有防水要求的卫生间、房间和外墙面的防渗漏，供热与供冷系统，电气管线、给排水管道、设备安装和装修工程，以及双方约定的其他项目。
（2）工程质量保修期限：________________。	第（2）项工程质量保修期限，根据《建筑法》第六十二条的规定，保修的期限应当按照保证建筑物合理寿命年限内正常使用，维护使用者合法权益的原则确定。如可填写双方根据《建设工程质量管理条例》及有关规定，约定本工程的质量保修期如下：1）基础设施工程、房屋建筑的地基基础工程和主体结构工程，为设计文件规定的该工程的合理使用年限；2）屋面防水工程、有防水要求的卫生间、房间和外墙面的防渗漏，为5年；3）供热与供冷系统，为2个采暖期、供冷期；4）电气管线、给排水管道、设备安装和装修工程，为2年；其他项目的保修期限由发包方与承包方约定。
（3）工程质量保修责任：________________。	第（3）项工程质量保修责任，可参考以下范例填写：1）属于保修范围、内容的项目，承包人应当在接到保修通知之日起7天内派人保修。承包人不在约定期限内派人保修的，发包人可以委托他人修理；2）发生紧急抢修事故的，承包人在接到事故通知后，应当立即到达事故现场抢修；3）对于涉及结构安全的质量问题，应当按照《房屋建筑工程质量保修办法》的规定，立即向当地建设

中华人民共和国 房屋建筑和市政工程标准施工招标文件 （2010年版） 第四章　第二节　专用合同条款	评注与填写范例
	行政主管部门报告，采取安全防范措施；由原设计单位或者具有相应资质等级的设计单位提出保修方案，承包人实施保修；4）质量保修完成后，由发包人组织验收。
质量保修书是竣工验收申请报告的组成内容。承包人应当按照有关法律法规规定和合同所附的格式出具质量保修书，质量保修书的主要内容应当与本款上述约定内容一致。承包人在递交合同条款第18.2款约定的竣工验收报告的同时，将质量保修书一并报送监理人。	根据《建设工程质量管理条例》第三十九条的规定，建设工程实行质量保修制度。建设工程承包单位在向建设单位提交工程竣工验收报告时，应当向建设单位出具质量保修书。质量保修书中应当明确建设工程的保修范围、保修期限和保修责任等。本款亦对质量保修书的性质进行了明确。承包人应按照合同附件所附格式填写，并在申请竣工验收的同时一并提交监理人，作为竣工验收申请报告的组成文件。

第20条　保险，专用合同条款评注与填写范例

中华人民共和国 房屋建筑和市政工程标准施工招标文件 （2010年版） 第四章　第二节　专用合同条款	评注与填写范例
20.1　工程保险 本工程__________（投保/不投保）工程保险。投保工程保险时，险种为：__________，并符合以下约定。	20.1款是关于工程保险的补充约定。 本款应明确填写是否投保工程保险以及投保险种的名称。
（1）投保人：________________。	第（1）项投保人，如约定以发包人和承包人双方名义投保的，或由发包人和承包人分别投保的，应在此填写相应的投保人。
（2）投保内容：________________。	第（2）项投保内容，应填写具体投保的标的和投保的责任范围，其中责任范围应填写保险责任范围和责任免除范围。
（3）保险费率：由投保人与合同双方同意的保险人商定。	第（3）项保险费率，是应缴纳保险费与保险金额的比率（费率＝保险费/保险金额）。保险费率是保险人按单位保险金额向投保人收取保险费的标准。
（4）保险金额：________________。	第（4）项保险金额，是指一个保险合同项下保险公司承担赔偿或给付保险金责任的最高限额，即投保人对保险标的的实际投保金额；同时又是保险公司收取保险费的计算基础。
（5）保险期限：________________。	第（5）项保险期限，也称“保险期间”，指保险合同的有效期限，即保险合同双方当事人履行权利和义务的起讫时间。由于保险期限一方面是计算保险费的依据之一，另一方面又是保险人和被保险人双方履行权利和义务的责任期限，实践中保险条款通常规定保险期限为约定起保日的零时开始到约定期满日24小时止。
20.4　第三者责任险 **20.4.2**　保险金额：________________，保险费率由承包人与发包人同意的保险人商定，相关保险费由__________承担。	20.4款是关于第三者责任险的补充约定。 20.4.2款填写第三者责任险的保险金额，并明确填写此保险费由谁承担，如由承包人承担则直接填写承包人。
20.5　其他保险 承包人应为其施工设备、进场材料和工程设备等办理的保险：________________。	20.5款填写承包人为其施工设备、进场材料和工程设备等办理保险时的投保内容、保险金额、保险费率及期限等。

中华人民共和国 房屋建筑和市政工程标准施工招标文件 （2010 年版） 第四章　第二节　专用合同条款	评注与填写范例
20.6　对各项保险的一般要求 **20.6.1　保险凭证** 承包人向发包人提交各项保险生效的证据和保险单副本的期限：＿＿＿＿＿＿＿＿＿＿＿＿。	20.6 款是关于各项保险一般要求的补充约定。 20.6.1 款填写承包人向发包人提交各项保险生效的证据和保险单副本的期限，如填写“本合同签订之日起 7 日内”。
20.6.4　保险金不足的补偿 保险金不足以补偿损失时，承包人和发包人负责补偿的责任分摊：＿＿＿＿＿＿＿＿＿＿＿＿。	20.6.4 款填写保险金不足时承包人和发包人负责补偿的责任范围和金额，如填写“永久工程损失保险赔偿与实际损失的差额由发包人负责补偿；临时工程、施工设备和施工人员损失保险赔偿与实际损失的差额由承包人负责补偿”。 合同填写必须做到标准、规范、要素齐全、数字正确、字迹清晰、避免涂改；空白栏未填写内容时应予以删除或注明“此栏空白”字样；涉及金额的数字应使用中文大写或同时使用大小写（可注明“以大写为准”）。

第21条　不可抗力，专用合同条款评注与填写范例

中华人民共和国 房屋建筑和市政工程标准施工招标文件 （2010年版） 第四章　第二节　专用合同条款	评注与填写范例
21.1　不可抗力的确认 **21.1.1**　通用合同条款第21.1.1项约定的不可抗力以外的其他情形：____________。 不可抗力的等级范围约定：__________。	21.1款是关于不可抗力所包含范围的补充约定。 21.1.1款填写除《通用合同条款》约定以外的其他不可抗力情形，如填写不可抗力是指承包人和发包人在订立合同时不可预见，在工程施工过程中不可避免发生并不能克服的自然灾害和社会突发事件。包括但不限于：（1）国家权威部门发布且被界定为灾害的瘟疫、地震、洪水、风灾、雪灾等；（2）战争；（3）离子辐射或放射性污染；（4）以音速或超音速飞行的飞机或其他飞行装置产生的压力波，飞行器坠落；（5）动乱、暴乱、骚乱或混乱，但完全局限在承包人及其分包人、聘用人员内部的事件除外；（6）因适用法律的变更或任何适用的后继法律的颁布所导致本合同的履行不再合法。 不可抗力的等级范围如填写：（1）地震、海啸、台风：以当地气象机构的认定为准；（2）火山爆发、山体滑坡、雪崩：不可预测或采取措施无法阻止的；（3）暴雨：每小时降雨量达16毫米以上，或连续12小时降雨量达30毫米以上，或连续24小时降雨量达50毫米以上；（4）雪灾：每平方米雪压超过建筑结构荷载规范规定的荷载标准；（5）洪水：规律性的涨潮、设施漏水、水管爆裂造成的除外；（6）泥石流：突然爆发的大量夹带泥沙、石块等的洪流等。
21.3　不可抗力后果及其处理 **21.3.1　不可抗力造成损害的责任** 不可抗力导致的人员伤亡、财产损失、费用增加和（或）工期延误等后果，由合同双方按通用合同条款第21.3.1项约定的原则承担。	21.3款是关于不可抗力事件造成损害的责任承担的补充约定。 21.3.1款明确不可抗力事件导致的人员伤亡、财产损失、费用增加和（或）工期延误等后果的承担以《通用合同条款》约定的公平原则“责任自负”为准，不再另行补充约定。

第24条　争议的解决，专用合同条款评注与填写范例

中华人民共和国 房屋建筑和市政工程标准施工招标文件 (2010年版) 第四章　第二节　专用合同条款	评注与填写范例
24.1　争议的解决方式 因本合同引起的或与本合同有关的任何争议，合同双方友好协商不成、不愿提请争议组评审或者不愿接受争议评审组意见的，选择下列第______种方式解决： __（壹）__提请____________仲裁委员会按照该会仲裁规则进行仲裁，仲裁裁决是终局的，对合同双方均有约束力。 __（贰）__向有管辖权的人民法院提起诉讼。	24.1款是关于争议解决方式的补充约定。 填写合同双方协商一致约定的一种争议解决方式。此处的仲裁和诉讼只能选择一种方式，并在横线上选择填写（壹）或（贰）。 如若选择第（壹）种以仲裁方式解决争议时，应填写具体的仲裁委员会名称，如填写中国国际经济贸易仲裁委员会或北京仲裁委员会。 如若选择第（贰）种方式解决争议时，应在原告住所地、被告住所地、合同履行地、合同签订地和标的物所在地所属辖区的法院之中选择其一填写。 如若承发包双方既没有填写仲裁机构，也没有填写管辖法院，一旦发生纠纷，且协商不成，只能向该工程所在地法院或被告所在地法院提起诉讼。
24.3　争议评审 **24.3.4**　争议评审组邀请合同双方代表人和有关人员举行调查会的期限：______________。 **24.3.5**　争议评审组在调查会后作出争议评审意见的期限：______________。	24.3款是关于采取争议评审方式时的补充约定。 24.3.4款填写评审组评审争议时召开调查会的期限，如填写第一次调查会应当在评审组收到答辩意见后14天内召开；被申请人未在答辩期限内提交书面答辩意见的，第一次调查会应当在答辩期限届满后14天内召开。 24.3.5款填写评审组出具评审意见的期限，如填写争议评审组在调查会后14天内出具评审意见。评审组在征得各方当事人同意的前提下，可以适当延长作出评审意见的期限。

备 注

备　注

中华人民共和国
房屋建筑和市政工程
标准施工招标文件（2010年版）
合同条款评注

适用于一定规模以上且设计和施工不是由同一承包人承担的房屋建筑和市政工程

附　　录

附录一

中华人民共和国建筑法

（1997年11月1日第八届全国人民代表大会常务委员会第二十八次会议通过，根据2011年4月22日第十一届全国人民代表大会常务委员会第二十次会议《关于修改〈中华人民共和国建筑法〉的决定》修正，2011年4月22日中华人民共和国主席令第四十六号公布，自2011年7月1日起施行）

第一章 总 则

第一条 为了加强对建筑活动的监督管理，维护建筑市场秩序，保证建筑工程的质量和安全，促进建筑业健康发展，制定本法。

第二条 在中华人民共和国境内从事建筑活动，实施对建筑活动的监督管理，应当遵守本法。

本法所称建筑活动，是指各类房屋建筑及其附属设施的建造和与其配套的线路、管道、设备的安装活动。

第三条 建筑活动应当确保建筑工程质量和安全，符合国家的建筑工程安全标准。

第四条 国家扶持建筑业的发展，支持建筑科学技术研究，提高房屋建筑设计水平，鼓励节约能源和保护环境，提倡采用先进技术、先进设备、先进工艺、新型建筑材料和现代管理方式。

第五条 从事建筑活动应当遵守法律、法规，不得损害社会公共利益和他人的合法权益。

任何单位和个人都不得妨碍和阻挠依法进行的建筑活动。

第六条 国务院建设行政主管部门对全国的建筑活动实施统一监督管理。

第二章 建筑许可

第一节 建筑工程施工许可

第七条 建筑工程开工前，建设单位应当按照国家有关规定向工程所在地县级以上人民政府建设行政主管部门申请领取施工许可证；但是，国务院建设行政主管部门确定的限额以下的小型工程除外。

按照国务院规定的权限和程序批准开工报告的建筑工程，不再领取施工许可证。

第八条 申请领取施工许可证，应当具备下列条件：

（一）已经办理该建筑工程用地批准手续；

（二）在城市规划区的建筑工程，已经取得规划许可证；

（三）需要拆迁的，其拆迁进度符合施工要求；

（四）已经确定建筑施工企业；

（五）有满足施工需要的施工图纸及技术资料；

（六）有保证工程质量和安全的具体措施；

（七）建设资金已经落实；

（八）法律、行政法规规定的其他条件。

建设行政主管部门应当自收到申请之日起十五日内，对符合条件的申请颁发施工许可证。

第九条 建设单位应当自领取施工许可证之日起三个月内开工。因故不能按期开工的，应当向发证机关申请延期；延期以两次为限，每次不超过三个月。既不开工又不申请延期或者超过延期时限的，施工许可证自行废止。

第十条 在建的建筑工程因故中止施工的，建设单位应当自中止施工之日起一个月内，向发证机关报告，并按照规定做好建筑工程的维护管理工作。

建筑工程恢复施工时，应当向发证机关报告；中止施工满一年的工程恢复施工前，建设单位应当报发证机关核验施工许可证。

第十一条 按照国务院有关规定批准开工报告的建筑工程，因故不能按期开工或者中止施工的，应当及时向批准机关报告情况。因故不能按期开工超过六个月的，应当重新办理开工报告的批准手续。

第二节 从业资格

第十二条 从事建筑活动的建筑施工企业、勘察单位、设计单位和工程监理单位，应当具备下列条件：

（一）有符合国家规定的注册资本；

（二）有与其从事的建筑活动相适应的具有法定执业资格的专业技术人员；

（三）有从事相关建筑活动所应有的技术装备；

（四）法律、行政法规规定的其他条件。

第十三条 从事建筑活动的建筑施工企业、勘察单位、设计单位和工程监理单位，按照其拥有的注册资本、专业技术人员、技术装备和已完成的建筑工程业绩等资质条件，划分为不同的资质等级，经资质审查合格，取得相应等级的资质证书后，方可在其资质等级许可的范围内从事建筑活动。

第十四条 从事建筑活动的专业技术人员，应当依法取得相应的执业资格证书，并在执业资格证书许可的范围内从事建筑活动。

第三章 建筑工程发包与承包

第一节 一般规定

第十五条 建筑工程的发包单位与承包单位应当依法订立书面合同，明确双方的权利和义务。

发包单位和承包单位应当全面履行合同约定的义务。不按照合同约定履行义务的，依法承担违约责任。

第十六条 建筑工程发包与承包的招标投标活动，应当遵循公开、公正、平等竞争的原则，择优选择承包单位。

建筑工程的招标投标，本法没有规定的，适用有关招标投标法律的规定。

第十七条 发包单位及其工作人员在建筑工程发包中不得收受贿赂、回扣或者索取其他好处。

承包单位及其工作人员不得利用向发包单位及其工作人员行贿、提供回扣或者给予其他好处等不正当手段承揽工程。

第十八条 建筑工程造价应当按照国家有关规定，由发包单位与承包单位在合同中约定。公开招标发包的，其造价的约定，须遵守招标投标法律的规定。

发包单位应当按照合同的约定，及时拨付工程款项。

第二节 发 包

第十九条 建筑工程依法实行招标发包，对不适于招标发包的可以直接发包。

第二十条 建筑工程实行公开招标的，发包单位应当依照法定程序和方式，发布招标公告，提供载有招标工程的主要技术要求、主要的合同条款、评标的标准和方法以及开标、评标、定标的程序等内容的招标文件。

开标应当在招标文件规定的时间、地点公开进行。开标后应当按照招标文件规定的评标标准和程序对标书进行评价、比较，在具备相应资质条件的投标者中，择优选定中标者。

第二十一条 建筑工程招标的开标、评标、定标由建设单位依法组织实施，并接受有关行政主管部门的监督。

第二十二条 建筑工程实行招标发包的，发包单位应当将建筑工程发包给依法中标的承包单位。建筑工程实行直接发包的，发包单位应当将建筑工程发包给具有相应资质条件的承包单位。

第二十三条　政府及其所属部门不得滥用行政权力，限定发包单位将招标发包的建筑工程发包给指定的承包单位。

第二十四条　提倡对建筑工程实行总承包，禁止将建筑工程肢解发包。

建筑工程的发包单位可以将建筑工程的勘察、设计、施工、设备采购一并发包给一个工程总承包单位，也可以将建筑工程勘察、设计、施工、设备采购的一项或者多项发包给一个工程总承包单位；但是，不得将应当由一个承包单位完成的建筑工程肢解成若干部分发包给几个承包单位。

第二十五条　按照合同约定，建筑材料、建筑构配件和设备由工程承包单位采购的，发包单位不得指定承包单位购入用于工程的建筑材料、建筑构配件和设备或者指定生产厂、供应商。

第三节　承　包

第二十六条　承包建筑工程的单位应当持有依法取得的资质证书，并在其资质等级许可的业务范围内承揽工程。

禁止建筑施工企业超越本企业资质等级许可的业务范围或者以任何形式用其他建筑施工企业的名义承揽工程。禁止建筑施工企业以任何形式允许其他单位或者个人使用本企业的资质证书、营业执照，以本企业的名义承揽工程。

第二十七条　大型建筑工程或者结构复杂的建筑工程，可以由两个以上的承包单位联合共同承包。共同承包的各方对承包合同的履行承担连带责任。

两个以上不同资质等级的单位实行联合共同承包的，应当按照资质等级低的单位的业务许可范围承揽工程。

第二十八条　禁止承包单位将其承包的全部建筑工程转包给他人，禁止承包单位将其承包的全部建筑工程肢解以后以分包的名义分别转包给他人。

第二十九条　建筑工程总承包单位可以将承包工程中的部分工程发包给具有相应资质条件的分包单位；但是，除总承包合同中约定的分包外，必须经建设单位认可。施工总承包的，建筑工程主体结构的施工必须由总承包单位自行完成。

建筑工程总承包单位按照总承包合同的约定对建设单位负责；分包单位按照分包合同的约定对总承包单位负责。总承包单位和分包单位就分包工程对建设单位承担连带责任。

禁止总承包单位将工程分包给不具备相应资质条件的单位。禁止分包单位将其承包的工程再分包。

第四章　建筑工程监理

第三十条　国家推行建筑工程监理制度。

国务院可以规定实行强制监理的建筑工程的范围。

第三十一条　实行监理的建筑工程，由建设单位委托具有相应资质条件的工程监理单位监理。建设单位与其委托的工程监理单位应当订立书面委托监理合同。

第三十二条　建筑工程监理应当依照法律、行政法规及有关的技术标准、设计文件和建筑工程承包合同，对承包单位在施工质量、建设工期和建设资金使用等方面，代表建设单位实施监督。

工程监理人员认为工程施工不符合工程设计要求、施工技术标准和合同约定的，有权要求建筑施工企业改正。

工程监理人员发现工程设计不符合建筑工程质量标准或者合同约定的质量要求的，应当报告建设单位要求设计单位改正。

第三十三条　实施建筑工程监理前，建设单位应当将委托的工程监理单位、监理的内容及监理权限，书面通知被监理的建筑施工企业。

第三十四条　工程监理单位应当在其资质等级许可的监理范围内，承担工程监理业务。

工程监理单位应当根据建设单位的委托，客观、公正地执行监理任务。

工程监理单位与被监理工程的承包单位以及建筑材料、建筑构配件和设备供应单位不得有隶属关系或者其他利害关系。

工程监理单位不得转让工程监理业务。

第三十五条 工程监理单位不按照委托监理合同的约定履行监理义务，对应当监督检查的项目不检查或者不按照规定检查，给建设单位造成损失的，应当承担相应的赔偿责任。

工程监理单位与承包单位串通，为承包单位谋取非法利益，给建设单位造成损失的，应当与承包单位承担连带赔偿责任。

第五章 建筑安全生产管理

第三十六条 建筑工程安全生产管理必须坚持安全第一、预防为主的方针，建立健全安全生产的责任制度和群防群治制度。

第三十七条 建筑工程设计应当符合按照国家规定制定的建筑安全规程和技术规范，保证工程的安全性能。

第三十八条 建筑施工企业在编制施工组织设计时，应当根据建筑工程的特点制定相应的安全技术措施；对专业性较强的工程项目，应当编制专项安全施工组织设计，并采取安全技术措施。

第三十九条 建筑施工企业应当在施工现场采取维护安全、防范危险、预防火灾等措施；有条件的，应当对施工现场实行封闭管理。

施工现场对毗邻的建筑物、构筑物和特殊作业环境可能造成损害的，建筑施工企业应当采取安全防护措施。

第四十条 建设单位应当向建筑施工企业提供与施工现场相关的地下管线资料，建筑施工企业应当采取措施加以保护。

第四十一条 建筑施工企业应当遵守有关环境保护和安全生产的法律、法规的规定，采取控制和处理施工现场的各种粉尘、废气、废水、固体废物以及噪声、振动对环境的污染和危害的措施。

第四十二条 有下列情形之一的，建设单位应当按照国家有关规定办理申请批准手续：

（一）需要临时占用规划批准范围以外场地的；

（二）可能损坏道路、管线、电力、邮电通讯等公共设施的；

（三）需要临时停水、停电、中断道路交通的；

（四）需要进行爆破作业的；

（五）法律、法规规定需要办理报批手续的其他情形。

第四十三条 建设行政主管部门负责建筑安全生产的管理，并依法接受劳动行政主管部门对建筑安全生产的指导和监督。

第四十四条 建筑施工企业必须依法加强对建筑安全生产的管理，执行安全生产责任制度，采取有效措施，防止伤亡和其他安全生产事故的发生。

建筑施工企业的法定代表人对本企业的安全生产负责。

第四十五条 施工现场安全由建筑施工企业负责。实行施工总承包的，由总承包单位负责。分包单位向总承包单位负责，服从总承包单位对施工现场的安全生产管理。

第四十六条 建筑施工企业应当建立健全劳动安全生产教育培训制度，加强对职工安全生产的教育培训；未经安全生产教育培训的人员，不得上岗作业。

第四十七条 建筑施工企业和作业人员在施工过程中，应当遵守有关安全生产的法律、法规和建筑行业安全规章、规程，不得违章指挥或者违章作业。作业人员有权对影响人身健康的作业程序和作业条件提出改进意见，有权获得安全生产所需的防护用品。作业人员对危及生命安全和人身健康的行为有权提出批评、检举和控告。

第四十八条 建筑施工企业应当依法为职工参加工伤保险缴纳工伤保险费。鼓励企业为从事危险作业的职工办理意外伤害保险，支付保险费。

第四十九条　涉及建筑主体和承重结构变动的装修工程，建设单位应当在施工前委托原设计单位或者具有相应资质条件的设计单位提出设计方案；没有设计方案的，不得施工。

第五十条　房屋拆除应当由具备保证安全条件的建筑施工单位承担，由建筑施工单位负责人对安全负责。

第五十一条　施工中发生事故时，建筑施工企业应当采取紧急措施减少人员伤亡和事故损失，并按照国家有关规定及时向有关部门报告。

第六章　建筑工程质量管理

第五十二条　建筑工程勘察、设计、施工的质量必须符合国家有关建筑工程安全标准的要求，具体管理办法由国务院规定。

有关建筑工程安全的国家标准不能适应确保建筑安全的要求时，应当及时修订。

第五十三条　国家对从事建筑活动的单位推行质量体系认证制度。从事建筑活动的单位根据自愿原则可以向国务院产品质量监督管理部门或者国务院产品质量监督管理部门授权的部门认可的认证机构申请质量体系认证。经认证合格的，由认证机构颁发质量体系认证证书。

第五十四条　建设单位不得以任何理由，要求建筑设计单位或者建筑施工企业在工程设计或者施工作业中，违反法律、行政法规和建筑工程质量、安全标准，降低工程质量。

建筑设计单位和建筑施工企业对建设单位违反前款规定提出的降低工程质量的要求，应当予以拒绝。

第五十五条　建筑工程实行总承包的，工程质量由工程总承包单位负责，总承包单位将建筑工程分包给其他单位的，应当对分包工程的质量与分包单位承担连带责任。分包单位应当接受总承包单位的质量管理。

第五十六条　建筑工程的勘察、设计单位必须对其勘察、设计的质量负责。勘察、设计文件应当符合有关法律、行政法规的规定和建筑工程质量、安全标准、建筑工程勘察、设计技术规范以及合同的约定。设计文件选用的建筑材料、建筑构配件和设备，应当注明其规格、型号、性能等技术指标，其质量要求必须符合国家规定的标准。

第五十七条　建筑设计单位对设计文件选用的建筑材料、建筑构配件和设备，不得指定生产厂、供应商。

第五十八条　建筑施工企业对工程的施工质量负责。

建筑施工企业必须按照工程设计图纸和施工技术标准施工，不得偷工减料。工程设计的修改由原设计单位负责，建筑施工企业不得擅自修改工程设计。

第五十九条　建筑施工企业必须按照工程设计要求、施工技术标准和合同的约定，对建筑材料、建筑构配件和设备进行检验，不合格的不得使用。

第六十条　建筑物在合理使用寿命内，必须确保地基基础工程和主体结构的质量。

建筑工程竣工时，屋顶、墙面不得留有渗漏、开裂等质量缺陷；对已发现的质量缺陷，建筑施工企业应当修复。

第六十一条　交付竣工验收的建筑工程，必须符合规定的建筑工程质量标准，有完整的工程技术经济资料和经签署的工程保修书，并具备国家规定的其他竣工条件。

建筑工程竣工经验收合格后，方可交付使用；未经验收或者验收不合格的，不得交付使用。

第六十二条　建筑工程实行质量保修制度。

建筑工程的保修范围应当包括地基基础工程、主体结构工程、屋面防水工程和其他土建工程，以及电气管线、上下水管线的安装工程，供热、供冷系统工程等项目；保修的期限应当按照保证建筑物合理寿命年限内正常使用，维护使用者合法权益的原则确定。具体的保修范围和最低保修期限由国务院规定。

第六十三条　任何单位和个人对建筑工程的质量事故、质量缺陷都有权向建设行政主管部门或者其他有关部门进行检举、控告、投诉。

第七章　法律责任

第六十四条　违反本法规定，未取得施工许可证或者开工报告未经批准擅自施工的，责令改正，对不符合开工条件的责令停止施工，可以处以罚款。

第六十五条　发包单位将工程发包给不具有相应资质条件的承包单位的，或者违反本法规定将建筑工程肢解发包的，责令改正，处以罚款。

超越本单位资质等级承揽工程的，责令停止违法行为，处以罚款，可以责令停业整顿，降低资质等级；情节严重的，吊销资质证书；有违法所得的，予以没收。

未取得资质证书承揽工程的，予以取缔，并处罚款；有违法所得的，予以没收。

以欺骗手段取得资质证书的，吊销资质证书，处以罚款；构成犯罪的，依法追究刑事责任。

第六十六条　建筑施工企业转让、出借资质证书或者以其他方式允许他人以本企业的名义承揽工程的，责令改正，没收违法所得，并处罚款，可以责令停业整顿，降低资质等级；情节严重的，吊销资质证书。对因该项承揽工程不符合规定的质量标准造成的损失，建筑施工企业与使用本企业名义的单位或者个人承担连带赔偿责任。

第六十七条　承包单位将承包的工程转包的，或者违反本法规定进行分包的，责令改正，没收违法所得，并处罚款，可以责令停业整顿，降低资质等级；情节严重的，吊销资质证书。

承包单位有前款规定的违法行为的，对因转包工程或者违法分包的工程不符合规定的质量标准造成的损失，与接受转包或者分包的单位承担连带赔偿责任。

第六十八条　在工程发包与承包中索贿、受贿、行贿，构成犯罪的，依法追究刑事责任；不构成犯罪的，分别处以罚款，没收贿赂的财物，对直接负责的主管人员和其他直接责任人员给予处分。

对在工程承包中行贿的承包单位，除依照前款规定处罚外，可以责令停业整顿，降低资质等级或者吊销资质证书。

第六十九条　工程监理单位与建设单位或者建筑施工企业串通，弄虚作假、降低工程质量的，责令改正，处以罚款，降低资质等级或者吊销资质证书；有违法所得的，予以没收；造成损失的，承担连带赔偿责任；构成犯罪的，依法追究刑事责任。

工程监理单位转让监理业务的，责令改正，没收违法所得，可以责令停业整顿，降低资质等级；情节严重的，吊销资质证书。

第七十条　违反本法规定，涉及建筑主体或者承重结构变动的装修工程擅自施工的，责令改正，处以罚款；造成损失的，承担赔偿责任；构成犯罪的，依法追究刑事责任。

第七十一条　建筑施工企业违反本法规定，对建筑安全事故隐患不采取措施予以消除的，责令改正，可以处以罚款；情节严重的，责令停业整顿，降低资质等级或者吊销资质证书；构成犯罪的，依法追究刑事责任。

建筑施工企业的管理人员违章指挥、强令职工冒险作业，因而发生重大伤亡事故或者造成其他严重后果的，依法追究刑事责任。

第七十二条　建设单位违反本法规定，要求建筑设计单位或者建筑施工企业违反建筑工程质量、安全标准，降低工程质量的，责令改正，可以处以罚款；构成犯罪的，依法追究刑事责任。

第七十三条　建筑设计单位不按照建筑工程质量、安全标准进行设计的，责令改正，处以罚款；造成工程质量事故的，责令停业整顿，降低资质等级或者吊销资质证书，没收违法所得，并处罚款；造成损失的，承担赔偿责任；构成犯罪的，依法追究刑事责任。

第七十四条　建筑施工企业在施工中偷工减料的，使用不合格的建筑材料、建筑构配件和设备的，或者有其他不按照工程设计图纸或者施工技术标准施工的行为的，责令改正，处以罚款；情节严重的，责令停业整顿，降低资质等级或者吊销资质证书；造成建筑工程质量不符合规定的质量标准的，负责返工、修理，并赔偿因此造成的损失；构成犯罪的，依法追究刑事责任。

第七十五条　建筑施工企业违反本法规定，不履行保修义务或者拖延履行保修义务的，责令改正，可以处以罚款，并对在保修期内因屋顶、墙面渗漏、开裂等质量缺陷造成的损失，承担赔偿责任。

第七十六条　本法规定的责令停业整顿、降低资质等级和吊销资质证书的行政处罚，由颁发资质证书的机关决定；其他行政处罚，由建设行政主管部门或者有关部门依照法律和国务院规定的职权范围决定。

依照本法规定被吊销资质证书的，由工商行政管理部门吊销其营业执照。

第七十七条　违反本法规定，对不具备相应资质等级条件的单位颁发该等级资质证书的，由其上级机关责令收回所发的资质证书，对直接负责的主管人员和其他直接责任人员给予行政处分；构成犯罪的，依法追究刑事责任。

第七十八条　政府及其所属部门的工作人员违反本法规定，限定发包单位将招标发包的工程发包给指定的承包单位的，由上级机关责令改正；构成犯罪的，依法追究刑事责任。

第七十九条　负责颁发建筑工程施工许可证的部门及其工作人员对不符合施工条件的建筑工程颁发施工许可证的，负责工程质量监督检查或者竣工验收的部门及其工作人员对不合格的建筑工程出具质量合格文件或者按合格工程验收的，由上级机关责令改正，对责任人员给予行政处分；构成犯罪的，依法追究刑事责任；造成损失的，由该部门承担相应的赔偿责任。

第八十条　在建筑物的合理使用寿命内，因建筑工程质量不合格受到损害的，有权向责任者要求赔偿。

第八章　附　则

第八十一条　本法关于施工许可、建筑施工企业资质审查和建筑工程发包、承包、禁止转包，以及建筑工程监理、建筑工程安全和质量管理的规定，适用于其他专业建筑工程的建筑活动，具体办法由国务院规定。

第八十二条　建设行政主管部门和其他有关部门在对建筑活动实施监督管理中，除按照国务院有关规定收取费用外，不得收取其他费用。

第八十三条　省、自治区、直辖市人民政府确定的小型房屋建筑工程的建筑活动，参照本法执行。

依法核定作为文物保护的纪念建筑物和古建筑等的修缮，依照文物保护的有关法律规定执行。

抢险救灾及其他临时性房屋建筑和农民自建低层住宅的建筑活动，不适用本法。

第八十四条　军用房屋建筑工程建筑活动的具体管理办法，由国务院、中央军事委员会依据本法制定。

第八十五条　本法自 1998 年 3 月 1 日起施行。

附录二

中华人民共和国合同法（节选）

（1999 年 3 月 15 日中华人民共和国第九届全国人民代表大会第二次会议中华人民共和国主席令第 15 号通过，1999 年 3 月 15 日公布，自 1999 年 10 月 1 日起施行）

总　则

第一章　一般规定

第一条　为了保护合同当事人的合法权益，维护社会经济秩序，促进社会主义现代化建设，制定本法。

第二条　本法所称合同是平等主体的自然人、法人、其他组织之间设立、变更、终止民事权利义务关系的协议。婚姻、收养、监护等有关身份关系的协议，适用其他法律的规定。

第三条　合同当事人的法律地位平等，一方不得将自己的意志强加给另一方。

第四条　当事人依法享有自愿订立合同的权利，任何单位和个人不得非法干预。

第五条　当事人应当遵循公平原则确定各方的权利和义务。

第六条　当事人行使权利、履行义务应当遵循诚实信用原则。

第七条　当事人订立、履行合同，应当遵守法律、行政法规，尊重社会公德，不得扰乱社会经济秩序，损害社会公共利益。

第八条　依法成立的合同，对当事人具有法律约束力。当事人应当按照约定履行自己的义务，不得擅自变更或者解除合同。依法成立的合同，受法律保护。

第二章　合同的订立

第九条　当事人订立合同，应当具有相应的民事权利能力和民事行为能力。当事人依法可以委托代理人订立合同。

第十条　当事人订立合同，有书面形式、口头形式和其他形式。法律、行政法规规定采用书面形式的，应当采用书面形式。当事人约定采用书面形式的，应当采用书面形式。

第十一条　书面形式是指合同书、信件和数据电文（包括电报、电传、传真、电子数据交换和电子邮件）等可以有形地表现所载内容的形式。

第十二条　合同的内容由当事人约定，一般包括以下条款：

（一）当事人的名称或者姓名和住所；

（二）标的；

（三）数量；

（四）质量；

（五）价款或者报酬；

（六）履行期限、地点和方式；

（七）违约责任；

（八）解决争议的方法。

当事人可以参照各类合同的示范文本订立合同。

第十三条　当事人订立合同，采取要约、承诺方式。

第十四条　要约是希望和他人订立合同的意思表示，该意思表示应当符合下列规定：

（一）内容具体确定；

（二）表明经受要约人承诺，要约人即受该意思表示约束。

第十五条　要约邀请是希望他人向自己发出要约的意思表示。寄送的价目表、拍卖公告、招标公告、招股说明书、商业广告等为要约邀请。商业广告的内容符合要约规定的，视为要约。

第十六条　要约到达受要约人时生效。采用数据电文形式订立合同，收件人指定特定系统接收数据电文的，该数据电文进入该特定系统的时间，视为到达时间；未指定特定系统的，该数据电文进入收件人的任何系统的首次时间，视为到达时间。

第十七条　要约可以撤回。撤回要约的通知应当在要约到达受要约人之前或者与要约同时到达受要约人。

第十八条　要约可以撤销。撤销要约的通知应当在受要约人发出承诺通知之前到达受要约人。

第十九条　有下列情形之一的，要约不得撤销：

（一）要约人确定了承诺期限或者以其他形式明示要约不可撤销；

（二）受要约人有理由认为要约是不可撤销的，并已经为履行合同作了准备工作。

第二十条　有下列情形之一的，要约失效：

（一）拒绝要约的通知到达要约人；

（二）要约人依法撤销要约；

（三）承诺期限届满，受要约人未作出承诺；

（四）受要约人对要约的内容作出实质性变更。

第二十一条　承诺是受要约人同意要约的意思表示。

第二十二条　承诺应当以通知的方式作出，但根据交易习惯或者要约表明可以通过行为作出承诺的除外。

第二十三条　承诺应当在要约确定的期限内到达要约人。要约没有确定承诺期限的，承诺应当依照下列规定到达：

（一）要约以对话方式作出的，应当即时作出承诺，但当事人另有约定的除外；

（二）要约以非对话方式作出的，承诺应当在合理期限内到达。

第二十四条　要约以信件或者电报作出的，承诺期限自信件载明的日期或者电报交发之日开始计算。信件未载明日期的，自投寄该信件的邮戳日期开始计算。要约以电话、传真等快速通讯方式作出的，承诺期限自要约到达受要约人时开始计算。

第二十五条　承诺生效时合同成立。

第二十六条　承诺通知到达要约人时生效。承诺不需要通知的，根据交易习惯或者要约的要求作出承诺的行为时生效。采用数据电文形式订立合同的，承诺到达的时间适用本法第十六条第二款的规定。

第二十七条　承诺可以撤回。撤回承诺的通知应当在承诺通知到达要约人之前或者与承诺通知同时到达要约人。

第二十八条　受要约人超过承诺期限发出承诺的，除要约人及时通知受要约人该承诺有效的以外，为新要约。

第二十九条　受要约人在承诺期限内发出承诺，按照通常情形能够及时到达要约人，但因其他原因承诺到达要约人时超过承诺期限的，除要约人及时通知受要约人因承诺超过期限不接受该承诺的以外，该承诺有效。

第三十条　承诺的内容应当与要约的内容一致。受要约人对要约的内容作出实质性变更的，为新要约。有关合同标的、数量、质量、价款或者报酬、履行期限、履行地点和方式、违约责任和解决争议方法等的变更，是对要约内容的实质性变更。

第三十一条 承诺对要约的内容作出非实质性变更的，除要约人及时表示反对或者要约表明承诺不得对要约的内容作出任何变更的以外，该承诺有效，合同的内容以承诺的内容为准。

第三十二条 当事人采用合同书形式订立合同的，自双方当事人签字或者盖章时合同成立。

第三十三条 当事人采用信件、数据电文等形式订立合同的，可以在合同成立之前要求签订确认书。签订确认书时合同成立。

第三十四条 承诺生效的地点为合同成立的地点。采用数据电文形式订立合同的，收件人的主营业地为合同成立的地点；没有主营业地的，其经常居住地为合同成立的地点。当事人另有约定的，按照其约定。

第三十五条 当事人采用合同书形式订立合同的，双方当事人签字或者盖章的地点为合同成立的地点。

第三十六条 法律、行政法规规定或者当事人约定采用书面形式订立合同，当事人未采用书面形式但一方已经履行主要义务，对方接受的，该合同成立。

第三十七条 采用合同书形式订立合同，在签字或者盖章之前，当事人一方已经履行主要义务，对方接受的，该合同成立。

第三十八条 国家根据需要下达指令性任务或者国家订货任务的，有关法人、其他组织之间应当依照有关法律、行政法规规定的权利和义务订立合同。

第三十九条 采用格式条款订立合同的，提供格式条款的一方应当遵循公平原则确定当事人之间的权利和义务，并采取合理的方式提请对方注意免除或者限制其责任的条款，按照对方的要求，对该条款予以说明。格式条款是当事人为了重复使用而预先拟定，并在订立合同时未与对方协商的条款。

第四十条 格式条款具有本法第五十二条和第五十三条规定情形的，或者提供格式条款一方免除其责任、加重对方责任、排除对方主要权利，该条款无效。

第四十一条 对格式条款的理解发生争议的，应当按照通常理解予以解释。对格式条款有两种以上解释的，应当作出不利于提供格式条款一方的解释。格式条款和非格式条款不一致的，应当采用非格式条款。

第四十二条 当事人在订立合同过程中有下列情形之一，给对方造成损失的，应当承担损害赔偿责任：

（一）假借订立合同，恶意进行磋商；

（二）故意隐瞒与订立合同有关的重要事实或者提供虚假情况；

（三）有其他违背诚实信用原则的行为。

第四十三条 当事人在订立合同过程中知悉的商业秘密，无论合同是否成立，不得泄露或者不正当地使用。泄露或者不正当地使用该商业秘密给对方造成损失的，应当承担损害赔偿责任。

第三章 合同的效力

第四十四条 依法成立的合同，自成立时生效。法律、行政法规规定应当办理批准、登记等手续生效的，依照其规定。

第四十五条 当事人对合同的效力可以约定附条件。附生效条件的合同，自条件成就时生效。附解除条件的合同，自条件成就时失效。当事人为自己的利益不正当地阻止条件成就的，视为条件已成就；不正当地促成条件成就的，视为条件不成就。

第四十六条 当事人对合同的效力可以约定附期限。附生效期限的合同，自期限届至时生效。附终止期限的合同，自期限届满时失效。

第四十七条 限制民事行为能力人订立的合同，经法定代理人追认后，该合同有效，但纯获利益的合同或者与其年龄、智力、精神健康状况相适应而订立的合同，不必经法定代理人追认。相对人可以催告法定代理人在一个月内予以追认。法定代理人未作表示的，视为拒绝追认。合同被追认之前，善意相对人有撤销的权利。撤销应当以通知的方式作出。

第四十八条　行为人没有代理权、超越代理权或者代理权终止后以被代理人名义订立的合同，未经被代理人追认，对被代理人不发生效力，由于为人承担责任。相对人可以催告被代理人在一个月内予以追认。被代理人未作表示的，视为拒绝追认。合同被追认之前，善意相对人有撤销的权利。撤销应当以通知的方式作出。

第四十九条　行为人没有代理权、超越代理权或者代理权终止后以被代理人名义订立合同，相对人有理由相信行为人有代理权的，该代理行为有效。

第五十条　法人或者其他组织的法定代表人、负责人超越权限订立的合同，除相对人知道或者应当知道其超越权限的以外，该代表行为有效。

第五十一条　无处分权的人处分他人财产，经权利人追认或者无处分权的人订立合同后取得处分权的，该合同有效。

第五十二条　有下列情形之一的，合同无效：

（一）一方以欺诈、胁迫的手段订立合同，损害国家利益；

（二）恶意串通，损害国家、集体或者第三人利益；

（三）以合法形式掩盖非法目的；

（四）损害社会公共利益；

（五）违反法律、行政法规的强制性规定。

第五十三条　合同中的下列免责条款无效：

（一）造成对方人身伤害的；

（二）因故意或者重大过失造成对方财产损失的。

第五十四条　下列合同，当事人一方有权请求人民法院或者仲裁机构变更或者撤销：

（一）因重大误解订立的；

（二）在订立合同时显失公平的。

一方以欺诈、胁迫的手段或者乘人之危，使对方在违背真实意思的情况下订立的合同，受损害方有权请求人民法院或者仲裁机构变更或者撤销。当事人请求变更的，人民法院或者仲裁机构不得撤销。

第五十五条　有下列情形之一的，撤销权消灭：

（一）具有撤销权的当事人自知道或者应当知道撤销事由之日起一年内没有行使撤销权；

（二）具有撤销权的当事人知道撤销事由后明确表示或者以自己的行为放弃撤销权。

第五十六条　无效的合同或者被撤销的合同自始没有法律约束力。合同部分无效，不影响其他部分效力的，其他部分仍然有效。

第五十七条　合同无效、被撤销或者终止的，不影响合同中独立存在的有关解决争议方法的条款的效力。

第五十八条　合同无效或者被撤销后，因该合同取得的财产，应当予以返还；不能返还或者没有必要返还的，应当折价补偿。有过错的一方应当赔偿对方因此所受到的损失，双方都有过错的，应当各自承担相应的责任。

第五十九条　当事人恶意串通，损害国家、集体或者第三人利益的，因此取得的财产收归国家所有或者返还集体、第三人。

第四章　合同的履行

第六十条　当事人应当按照约定全面履行自己的义务。当事人应当遵循诚实信用原则，根据合同的性质、目的和交易习惯履行通知、协助、保密等义务。

第六十一条　合同生效后，当事人就质量、价款或者报酬、履行地点等内容没有约定或者约定不明确的，可以协议补充；不能达成补充协议的，按照合同有关条款或者交易习惯确定。

第六十二条 当事人就有关合同内容约定不明确，依照本法第六十一条的规定仍不能确定的，适用下列规定：

（一）质量要求不明确的，按照国家标准、行业标准履行；没有国家标准、行业标准的，按照通常标准或者符合合同目的的特定标准履行。

（二）价款或者报酬不明确的，按照订立合同时履行地的市场价格履行；依法应当执行政府定价或者政府指导价的，按照规定履行。

（三）履行地点不明确，给付货币的，在接受货币一方所在地履行；交付不动产的，在不动产所在地履行；其他标的，在履行义务一方所在地履行。

（四）履行期限不明确的，债务人可以随时履行，债权人也可以随时要求履行，但应当给对方必要的准备时间。

（五）履行方式不明确的，按照有利于实现合同目的的方式履行。

（六）履行费用的负担不明确的，由履行义务一方负担。

第六十三条 执行政府定价或者政府指导价的，在合同约定的交付期限内政府价格调整时，按照交付时的价格计价。逾期交付标的物的，遇价格上涨时，按照原价格执行；价格下降时，按照新价格执行。逾期提取标的物或者逾期付款的，遇价格上涨时，按照新价格执行；价格下降时，按照原价格执行。

第六十四条 当事人约定由债务人向第三人履行债务的，债务人未向第三人履行债务或者履行债务不符合约定，应当向债权人承担违约责任。

第六十五条 当事人约定由第三人向债权人履行债务的，第三人不履行债务或者履行债务不符合约定，债务人应当向债权人承担违约责任。

第六十六条 当事人互负债务，没有先后履行顺序的，应当同时履行。一方在对方履行之前有权拒绝其履行要求。一方在对方履行债务不符合约定时，有权拒绝其相应的履行要求。

第六十七条 当事人互负债务，有先后履行顺序，先履行一方未履行的，后履行一方有权拒绝履行要求。先履行一方履行债务不符合约定的，后履行一方有权拒绝其相应的履行要求。

第六十八条 应当先履行债务的当事人，有确切证据证明对方有下列情形之一的，可以中止履行：

（一）经营状况严重恶化；

（二）转移财产、抽逃资金，以逃避债务；

（三）丧失商业信誉；

（四）有丧失或者可能丧失履行债务能力的其他情形。

当事人没有确切证据中止履行的，应当承担违约责任。

第六十九条 当事人依照本法第六十八条的规定中止履行的，应当及时通知对方。对方提供适当担保时，应当恢复履行。中止履行后，对方在合理期限内未恢复履行能力并且未提供适当担保的，中止履行的一方可以解除合同。

第七十条 债权人分立、合并或者变更住所没有通知债务人，致使履行债务发生困难的，债务人可以中止履行或者将标的物提存。

第七十一条 债权人可以拒绝债务人提前履行债务，但提前履行不损害债权人利益的除外。债务人提前履行债务给债权人增加的费用，由债务人负担。

第七十二条 债权人可以拒绝债务人部分履行债务，但部分履行不损害债权人利益的除外。债务人部分履行债务给债权人增加的费用，由债务人负担。

第七十三条 因债务人怠于行使其到期债权，对债权人造成损害的，债权人可以向人民法院请求以自己的名义代位行使债务人的债权，但该债权专属于债务人自身的除外。代位权的行使范围以债权人的债权为限。债权人行使代位权的必要费用，由债务人负担。

第七十四条 因债务人放弃其到期债权或者无偿转让财产，对债权人造成损害的，债权人可以请求人民法院撤销债务人的行为。债务人以明显不合理的低价转让财产，对债权人造成损害，并且受让人知道该情形的，债权人也可以请求人民法院撤销债务人的行为。撤销权的行使范围以债权人的债权为限。债权人行使撤销权的必要费用，由债务人负担。

第七十五条　撤销权自债权人知道或者应当知道撤销事由之日起一年内行使。自债务人的行为发生之日起五年内没有行使撤销权的，该撤销权消灭。

第七十六条　合同生效后，当事人不得因姓名、名称的变更或者法定代表人、负责人、承办人的变动而不履行合同义务。

第五章　合同的变更和转让

第七十七条　当事人协商一致，可以变更合同。法律、行政法规规定变更合同应当办理批准、登记等手续的，依照其规定。

第七十八条　当事人对合同变更的内容约定不明确的，推定为未变更。

第七十九条　债权人可以将合同的权利全部或者部分转让给第三人，但有下列情形之一的除外：

（一）根据合同性质不得转让；

（二）按照当事人约定不得转让；

（三）依照法律规定不得转让。

第八十条　债权人转让权利的，应当通知债务人。未经通知，该转让对债务人不发生效力。债权人转让权利的通知不得撤销，但经受让人同意的除外。

第八十一条　债权人转让权利的，受让人取得与债权有关的从权利，但该从权利专属于债权人自身的除外。

第八十二条　债务人接到债权转让通知后，债务人对让与人的抗辩，可以向受让人主张。

第八十三条　债务人接到债权转让通知时，债务人对让与人享有债权，并且债务人的债权先于转让的债权到期或者同时到期的，债务人可以向受让人主张抵销。

第八十四条　债务人将合同的义务全部或者部分转移给第三人的，应当经债权人同意。

第八十五条　债务人转移义务的，新债务人可以主张原债务人对债权人的抗辩。

第八十六条　债务人转移义务的，新债务人应当承担与主债务有关的从债务，但该从债务专属于原债务人自身的除外。

第八十七条　法律、行政法规规定转让权利或者转移义务应当办理批准、登记等手续的，依照其规定。

第八十八条　当事人一方经对方同意，可以将自己在合同中的权利和义务一并转让给第三人。

第八十九条　权利和义务一并转让的，适用本法第七十九条、第八十一条至第八十三条、第八十五条至第八十七条的规定。

第九十条　当事人订立合同后合并的，由合并后的法人或者其他组织行使合同权利，履行合同义务。当事人订立合同后分立的，除债权人和债务人另有约定的以外，由分立的法人或者其他组织对合同的权利和义务享有连带债权，承担连带债务。

第六章　合同的权利义务终止

第九十一条　有下列情形之一的，合同的权利义务终止：

（一）债务已经按照约定履行；

（二）合同解除；

（三）债务相互抵销；

（四）债务人依法将标的物提存；

（五）债权人免除债务；

（六）债权债务同归于一人；

（七）法律规定或者当事人约定终止的其他情形。

第九十二条 合同的权利义务终止后，当事人应当遵循诚实信用原则，根据交易习惯履行通知、协助、保密等义务。

第九十三条 当事人协商一致，可以解除合同。当事人可以约定一方解除合同的条件。解除合同的条件成就时，解除权人可以解除合同。

第九十四条 有下列情形之一的，当事人可以解除合同：

（一）因不可抗力致使不能实现合同目的；

（二）在履行期限届满之前，当事人一方明确表示或者以自己的行为表明不履行主要债务；

（三）当事人一方迟延履行主要债务，经催告后在合理期限内仍未履行；

（四）当事人一方迟延履行债务或者有其他违约行为致使不能实现合同目的；

（五）法律规定的其他情形。

第九十五条 法律规定或者当事人约定解除权行使期限，期限届满当事人不行使的，该权利消灭。法律没有规定或者当事人没有约定解除权行使期限，经对方催告后在合理期限内不行使的，该权利消灭。

第九十六条 当事人一方依照本法第九十三条第二款、第九十四条的规定主张解除合同的，应当通知对方。合同自通知到达对方时解除。对方有异议的，可以请求人民法院或者仲裁机构确认解除合同的效力。法律、行政法规规定解除合同应当办理批准、登记等手续的，依照其规定。

第九十七条 合同解除后，尚未履行的，终止履行；已经履行的，根据履行情况和合同性质，当事人可以要求恢复原状、采取其他补救措施，并有权要求赔偿损失。

第九十八条 合同的权利义务终止，不影响合同中结算和清理条款的效力。

第九十九条 当事人互负到期债务，该债务的标的物种类、品质相同的，任何一方可以将自己的债务与对方的债务抵销，但依照法律规定或者按照合同性质不得抵销的除外。当事人主张抵销的，应当通知对方。通知自到达对方时生效。抵销不得附条件或者附期限。

第一百条 当事人互负债务，标的物种类、品质不相同的，经双方协商一致，也可以抵销。

第一百零一条 有下列情形之一，难以履行债务的，债务人可以将标的物提存：

（一）债权人无正当理由拒绝受领；

（二）债权人下落不明；

（三）债权人死亡未确定继承人或者丧失民事行为能力未确定监护人；

（四）法律规定的其他情形。

标的物不适于提存或者提存费用过高的，债务人依法可以拍卖或者变卖标的物，提存所得的价款。

第一百零二条 标的物提存后，除债权人下落不明的以外，债务人应当及时通知债权人或者债权人的继承人、监护人。

第一百零三条 标的物提存后，毁损、灭失的风险由债权人承担。提存期间，标的物的孳息归债权人所有。提存费用由债权人负担。

第一百零四条 债权人可以随时领取提存物，但债权人对债务人负有到期债务的，在债权人未履行债务或者提供担保之前，提存部门根据债务人的要求应当拒绝其领取提存物。债权人领取提存物的权利，自提存之日起五年内不行使而消灭，提存物扣除提存费用后归国家所有。

第一百零五条 债权人免除债务人部分或者全部债务的，合同的权利义务部分或者全部终止。

第一百零六条 债权和债务同归于一人的，合同的权利义务终止，但涉及第三人利益的除外。

第七章　违约责任

第一百零七条 当事人一方不履行合同义务或者履行合同义务不符合约定的，应当承担继续履行、采取补救措施或者赔偿损失等违约责任。

第一百零八条 当事人一方明确表示或者以自己的行为表明不履行合同义务的，对方可以在履行期限届满之前要求其承担违约责任。

第一百零九条　当事人一方未支付价款或者报酬的，对方可以要求其支付价款或者报酬。

第一百一十条　当事人一方不履行非金钱债务或者履行非金钱债务不符合约定的，对方可以要求履行，但有下列情形之一的除外：

（一）法律上或者事实上不能履行；

（二）债务的标的不适于强制履行或者履行费用过高；

（三）债权人在合理期限内未要求履行。

第一百一十一条　质量不符合约定的，应当按照当事人的约定承担违约责任。对违约责任没有约定或者约定不明确，依照本法第六十一条的规定仍不能确定的，受损害方根据标的的性质以及损失的大小，可以合理选择要求对方承担修理、更换、重作、退货、减少价款或者报酬等违约责任。

第一百一十二条　当事人一方不履行合同义务或者履行合同义务不符合约定的，在履行义务或者采取补救措施后，对方还有其他损失的，应当赔偿损失。

第一百一十三条　当事人一方不履行合同义务或者履行合同义务不符合约定，给对方造成损失的，损失额应当相当于因违约所造成的损失，包括合同履行后可以获得的利益，但不得超过违反合同一方订立合同时预见或者应当预见到的因违反合同可能造成的损失。经营者对消费者提供商品或者服务有欺诈行为的，依照《中华人民共和国消费者权益保护法》的规定承担损害赔偿责任。

第一百一十四条　当事人可以约定一方违约时应当根据违约情况向对方支付一定数额的违约金，也可以约定因违约产生的损失赔偿额的计算方法。约定的违约金低于造成的损失的，当事人可以请求人民法院或者仲裁机构予以增加；约定的违约金过分高于造成的损失的，当事人可以请求人民法院或者仲裁机构予以适当减少。当事人就迟延履行约定违约金的，违约方支付违约金后，还应当履行债务。

第一百一十五条　当事人可以依照《中华人民共和国担保法》约定一方向对方给付定金作为债权的担保。债务人履行债务后，定金应当抵作价款或者收回。给付定金的一方不履行约定的债务的，无权要求返还定金；收受定金的一方不履行约定的债务的，应当双倍返还定金。

第一百一十六条　当事人既约定违约金，又约定定金的，一方违约时，对方可以选择适用违约金或者定金条款。

第一百一十七条　因不可抗力不能履行合同的，根据不可抗力的影响，部分或者全部免除责任，但法律另有规定的除外。当事人迟延履行后发生不可抗力的，不能免除责任。本法所称不可抗力，是指不能预见、不能避免并不能克服的客观情况。

第一百一十八条　当事人一方因不可抗力不能履行合同的，应当及时通知对方，以减轻可能给对方造成的损失，并应当在合理期限内提供证据。

第一百一十九条　当事人一方违约后，对方应当采取适当措施防止损失的扩大；没有采取适当措施致使损失扩大的，不得就扩大的损失要求赔偿。当事人因防止损失扩大而支出的合理费用，由违约方承担。

第一百二十条　当事人双方都违反合同的，应当各自承担相应的责任。

第一百二十一条　当事人一方因第三人的原因造成违约的，应当向对方承担违约责任。当事人一方和第三人之间的纠纷，依照法律规定或者按照约定解决。

第一百二十二条　因当事人一方的违约行为，侵害对方人身、财产权益的，受损害方有权选择依照本法要求其承担违约责任或者依照其他法律要求其承担侵权责任。

第八章　其他规定

第一百二十三条　其他法律对合同另有规定的，依照其规定。

第一百二十四条　本法分则或者其他法律没有明文规定的合同，适用本法总则的规定，并可以参照本法分则或者其他法律最相类似的规定。

第一百二十五条 当事人对合同条款的理解有争议的，应当按照合同所使用的词句、合同的有关条款、合同的目的、交易习惯以及诚实信用原则，确定条款的真实意思。合同文本采用两种以上文字订立并约定具有同等效力的，对各文本使用的词句推定具有相同含义。各文本使用的词句不一致的，应当根据合同的目的予以解释。

第一百二十六条 涉外合同的当事人可以选择处理合同争议所适用的法律，但法律另有规定的除外。涉外合同的当事人没有选择的，适用与合同有最密切联系的国家的法律。在中华人民共和国境内履行的中外合资经营企业合同、中外合作经营企业合同、中外合作勘探开发自然资源合同，适用中华人民共和国法律。

第一百二十七条 工商行政管理部门和其他有关行政主管部门在各自的职权范围内，依照法律、行政法规的规定，对利用合同危害国家利益、社会公共利益的违法行为，负责监督处理；构成犯罪的，依法追究刑事责任。

第一百二十八条 当事人可以通过和解或者调解解决合同争议。当事人不愿和解、调解或者和解、调解不成的，可以根据仲裁协议向仲裁机构申请仲裁。涉外合同的当事人可以根据仲裁协议向中国仲裁机构或者其他仲裁机构申请仲裁。当事人没有订立仲裁协议或者仲裁协议无效的，可以向人民法院起诉。当事人应当履行发生法律效力的判决、仲裁裁决、调解书；拒不履行的，对方可以请求人民法院执行。

第一百二十九条 因国际货物买卖合同和技术进出口合同争议提起诉讼或者申请仲裁的期限为四年，自当事人知道或者应当知道其权利受到分割之日起计算。因其他合同争议提起诉讼或者申诉仲裁的期限，依照有关法律的规定。

分　则

第十六章　建设工程合同

第二百六十九条 建设工程合同是承包人进行工程建设，发包人支付价款的合同。建设工程合同包括工程勘察、设计、施工合同。

第二百七十条 建设工程合同应当采用书面形式。

第二百七十一条 建设工程的招标投标活动，应当依照有关法律的规定公开、公平、公正进行。

第二百七十二条 发包人可以与总承包人订立建设工程合同，也可以分别与勘察人、设计人、施工人订立勘察、设计、施工承包合同。发包人不得将应当由一个承包人完成的建设工程肢解成若干部分发包给几个承包人。总承包人或者勘察、设计、施工承包人经发包人同意，可以将自己承包的部分工作交由第三人完成。第三人就其完成的工作成果与总承包人或者勘察、设计、施工承包人向发包人承担连带责任。承包人不得将其承包的全部建设工程转包给第三人或者将其承包的全部建设工程肢解以后以分包的名义分别转包给第三人。禁止承包人将工程分包给不具备相应资质条件的单位。禁止分包单位将其承包的工程再分包。建设工程主体结构的施工必须由承包人自行完成。

第二百七十三条 国家重大建设工程合同，应当按照国家规定的程序和国家批准的投资计划、可行性研究报告等文件订立。

第二百七十四条 勘察、设计合同的内容包括提交有关基础资料和文件（包括概预算）的期限、质量要求、费用以及其他协作条件等条款。

第二百七十五条 施工合同的内容包括工程范围、建设工期、中间交工工程的开工和竣工时间、工程质量、工程造价、技术资料交付时间、材料和设备供应责任、拨款和结算、竣工验收、质量保修范围和质量保证期、双方相互协作等条款。

第二百七十六条 建设工程实行监理的，发包人应当与监理人采用书面形式订立委托监理合同。发包人与监理人的权利和义务以及法律责任，应当依照本法委托合同以及其他有关法律、行政法规的规定。

第二百七十七条 发包人在不妨碍承包人正常作业的情况下，可以随时对作业进度、质量进行检查。

第二百七十八条　隐蔽工程在隐蔽以前，承包人应当通知发包人检查。发包人没有及时检查的，承包人可以顺延工程日期，并有权要求赔偿停工、窝工等损失。

第二百七十九条　建设工程竣工后，发包人应当根据施工图纸及说明书、国家颁发的施工验收规范和质量检验标准及时进行验收。验收合格的，发包人应当按照约定支付价款，并接收该建设工程。建设工程竣工经验收合格后，方可交付使用；未经验收或者验收不合格的，不得交付使用。

第二百八十条　勘察、设计的质量不符合要求或者未按照期限提交勘察、设计文件拖延工期，造成发包人损失的，勘察人、设计人应当继续完善勘察、设计，减收或者免收勘察、设计费并赔偿损失。

第二百八十一条　因施工人的原因致使建设工程质量不符合约定的，发包人有权要求施工人在合理期限内无偿修理或者返工、改建。经过修理或者返工、改建后，造成逾期交付的，施工人应当承担违约责任。

第二百八十二条　因承包人的原因致使建设工程在合理使用期限内造成人身和财产损害的，承包人应当承担损害赔偿责任。

第二百八十三条　发包人未按照约定的时间和要求提供原材料、设备、场地、资金、技术资料的，承包人可以顺延工程日期，并有权要求赔偿停工、窝工等损失。

第二百八十四条　因发包人的原因致使工程中途停建、缓建的，发包人应当采取措施弥补或者减少损失，赔偿承包人因此造成的停工、窝工、倒运、机械设备调迁、材料和构件积压等损失和实际费用。

第二百八十五条　因发包人变更计划，提供的资料不准确，或者未按照期限提供必需的勘察、设计工作条件而造成勘察、设计的返工、停工或者修改设计，发包人应当按照勘察人、设计人实际消耗的工作量增付费用。

第二百八十六条　发包人未按照约定支付价款的，承包人可以催告发包人在合理期限内支付价款。发包人逾期不支付的，除按照建设工程的性质不宜折价、拍卖的以外，承包人可以与发包人协议将该工程折价，也可以申请人民法院将该工程依法拍卖。建设工程的价款就该工程折价或者拍卖的价款优先受偿。

第二百八十七条　本章没有规定的，适用承揽合同的有关规定。

附录三

中华人民共和国招标投标法

（1999年8月30日第九届全国人民代表大会常务委员会第十一次会议通过，1999年8月30日中华人民共和国主席令第二十一号公布，自2000年1月1日起施行）

第一章　总　则

第一条　为了规范招标投标活动，保护国家利益、社会公共利益和招标投标活动当事人的合法权益，提高经济效益，保证项目质量，制定本法。

第二条　在中华人民共和国境内进行招标投标活动，适用本法。

第三条　在中华人民共和国境内进行下列工程建设项目包括项目的勘察、设计、施工、监理以及与工程建设有关的重要设备、材料等的采购，必须进行招标：

（一）大型基础设施、公用事业等关系社会公共利益、公众安全的项目；

（二）全部或者部分使用国有资金投资或者国家融资的项目；

（三）使用国际组织或者外国政府贷款、援助资金的项目。

前款所列项目的具体范围和规模标准，由国务院发展计划部门会同国务院有关部门制订，报国务院批准。

法律或者国务院对必须进行招标的其他项目的范围有规定的，依照其规定。

第四条　任何单位和个人不得将依法必须进行招标的项目化整为零或者以其他任何方式规避招标。

第五条　招标投标活动应当遵循公开、公平、公正和诚实信用的原则。

第六条　依法必须进行招标的项目，其招标投标活动不受地区或者部门的限制。任何单位和个人不得违法限制或者排斥本地区、本系统以外的法人或者其他组织参加投标，不得以任何方式非法干涉招标投标活动。

第七条　招标投标活动及其当事人应当接受依法实施的监督。

有关行政监督部门依法对招标投标活动实施监督，依法查处招标投标活动中的违法行为。

对招标投标活动的行政监督及有关部门的具体职权划分，由国务院规定。

第二章　招　标

第八条　招标人是依照本法规定提出招标项目、进行招标的法人或者其他组织。

第九条　招标项目按照国家有关规定需要履行项目审批手续的，应当先履行审批手续，取得批准。

招标人应当有进行招标项目的相应资金或者资金来源已经落实，并应当在招标文件中如实载明。

第十条　招标分为公开招标和邀请招标。

公开招标，是指招标人以招标公告的方式邀请不特定的法人或者其他组织投标。

邀请招标，是指招标人以投标邀请书的方式邀请特定的法人或者其他组织投标。

第十一条　国务院发展计划部门确定的国家重点项目和省、自治区、直辖市人民政府确定的地方重点项目不适宜公开招标的，经国务院发展计划部门或者省、自治区、直辖市人民政府批准，可以进行邀请招标。

第十二条　招标人有权自行选择招标代理机构，委托其办理招标事宜。任何单位和个人不得以任何方式为招标人指定招标代理机构。

招标人具有编制招标文件和组织评标能力的，可以自行办理招标事宜。任何单位和个人不得强制其委托招标代理机构办理招标事宜。

依法必须进行招标的项目，招标人自行办理招标事宜的，应当向有关行政监督部门备案。

第十三条　招标代理机构是依法设立、从事招标代理业务并提供相关服务的社会中介组织。

招标代理机构应当具备下列条件：

（一）有从事招标代理业务的营业场所和相应资金；

（二）有能够编制招标文件和组织评标的相应专业力量；

（三）有符合本法第三十七条第三款规定条件、可以作为评标委员会成员人选的技术、经济等方面的专家库。

第十四条　从事工程建设项目招标代理业务的招标代理机构，其资格由国务院或者省、自治区、直辖市人民政府的建设行政主管部门认定。具体办法由国务院建设行政主管部门会同国务院有关部门制定。从事其他招标代理业务的招标代理机构，其资格认定的主管部门由国务院规定。

招标代理机构与行政机关和其他国家机关不得存在隶属关系或者其他利益关系。

第十五条　招标代理机构应当在招标人委托的范围内办理招标事宜，并遵守本法关于招标人的规定。

第十六条　招标人采用公开招标方式的，应当发布招标公告。依法必须进行招标的项目的招标公告，应当通过国家指定的报刊、信息网络或者其他媒介发布。

招标公告应当载明招标人的名称和地址、招标项目的性质、数量、实施地点和时间以及获取招标文件的办法等事项。

第十七条　招标人采用邀请招标方式的，应当向三个以上具备承担招标项目的能力、资信良好的特定的法人或者其他组织发出投标邀请书。

投标邀请书应当载明本法第十六条第二款规定的事项。

第十八条　招标人可以根据招标项目本身的要求，在招标公告或者投标邀请书中，要求潜在投标人提供有关资质证明文件和业绩情况，并对潜在投标人进行资格审查；国家对投标人的资格条件有规定的，依照其规定。

招标人不得以不合理的条件限制或者排斥潜在投标人，不得对潜在投标人实行歧视待遇。

第十九条　招标人应当根据招标项目的特点和需要编制招标文件。招标文件应当包括招标项目的技术要求、对投标人资格审查的标准、投标报价要求和评标标准等所有实质性要求和条件以及拟签订合同的主要条款。

国家对招标项目的技术、标准有规定的，招标人应当按照其规定在招标文件中提出相应要求。

招标项目需要划分标段、确定工期的，招标人应当合理划分标段、确定工期，并在招标文件中载明。

第二十条　招标文件不得要求或者标明特定的生产供应者以及含有倾向或者排斥潜在投标人的其他内容。

第二十一条　招标人根据招标项目的具体情况，可以组织潜在投标人踏勘项目现场。

第二十二条　招标人不得向他人透露已获取招标文件的潜在投标人的名称、数量以及可能影响公平竞争的有关招标投标的其他情况。

招标人设有标底的，标底必须保密。

第二十三条　招标人对已发出的招标文件进行必要的澄清或者修改的，应当在招标文件要求提交投标文件截止时间至少十五日前，以书面形式通知所有招标文件收受人。该澄清或者修改的内容为招标文件的组成部分。

第二十四条　招标人应当确定投标人编制投标文件所需要的合理时间；但是，依法必须进行招标的项目，自招标文件开始发出之日起至投标人提交投标文件截止之日止，最短不得少于二十日。

第三章　投　标

第二十五条　投标人是响应招标、参加投标竞争的法人或者其他组织。

依法招标的科研项目允许个人参加投标的，投标的个人适用本法有关投标人的规定。

第二十六条 投标人应当具备承担招标项目的能力；国家有关规定对投标人资格条件或者招标文件对投标人资格条件有规定的，投标人应当具备规定的资格条件。

第二十七条 投标人应当按照招标文件的要求编制投标文件。投标文件应当对招标文件提出的实质性要求和条件作出响应。

招标项目属于建设施工的，投标文件的内容应当包括拟派出的项目负责人与主要技术人员的简历、业绩和拟用于完成招标项目的机械设备等。

第二十八条 投标人应当在招标文件要求提交投标文件的截止时间前，将投标文件送达投标地点。招标人收到投标文件后，应当签收保存，不得开启。投标人少于三个的，招标人应当依照本法重新招标。

在招标文件要求提交投标文件的截止时间后送达的投标文件，招标人应当拒收。

第二十九条 投标人在招标文件要求提交投标文件的截止时间前，可以补充、修改或者撤回已提交的投标文件，并书面通知招标人。补充、修改的内容为投标文件的组成部分。

第三十条 投标人根据招标文件载明的项目实际情况，拟在中标后将中标项目的部分非主体、非关键性工作进行分包的，应当在投标文件中载明。

第三十一条 两个以上法人或者其他组织可以组成一个联合体，以一个投标人的身份共同投标。

联合体各方均应当具备承担招标项目的相应能力；国家有关规定或者招标文件对投标人资格条件有规定的，联合体各方均应当具备规定的相应资格条件。由同一专业的单位组成的联合体，按照资质等级较低的单位确定资质等级。

联合体各方应当签订共同投标协议，明确约定各方拟承担的工作和责任，并将共同投标协议连同投标文件一并提交招标人。联合体中标的，联合体各方应当共同与招标人签订合同，就中标项目向招标人承担连带责任。

招标人不得强制投标人组成联合体共同投标，不得限制投标人之间的竞争。

第三十二条 投标人不得相互串通投标报价，不得排挤其他投标人的公平竞争，损害招标人或者其他投标人的合法权益。

投标人不得与招标人串通投标，损害国家利益、社会公共利益或者他人的合法权益。

禁止投标人以向招标人或者评标委员会成员行贿的手段谋取中标。

第三十三条 投标人不得以低于成本的报价竞标，也不得以他人名义投标或者以其他方式弄虚作假，骗取中标。

第四章 开标、评标和中标

第三十四条 开标应当在招标文件确定的提交投标文件截止时间的同一时间公开进行；开标地点应当为招标文件中预先确定的地点。

第三十五条 开标由招标人主持，邀请所有投标人参加。

第三十六条 开标时，由投标人或者其推选的代表检查投标文件的密封情况，也可以由招标人委托的公证机构检查并公证；经确认无误后，由工作人员当众拆封，宣读投标人名称、投标价格和投标文件的其他主要内容。

招标人在招标文件要求提交投标文件的截止时间前收到的所有投标文件，开标时都应当当众予以拆封、宣读。

开标过程应当记录，并存档备查。

第三十七条 评标由招标人依法组建的评标委员会负责。

依法必须进行招标的项目，其评标委员会由招标人的代表和有关技术、经济等方面的专家组成，成员人数为五人以上单数，其中技术、经济等方面的专家不得少于成员总数的三分之二。

前款专家应当从事相关领域工作满八年并具有高级职称或者具有同等专业水平，由招标人从国务院有关部门或者省、自治区、直辖市人民政府有关部门提供的专家名册或者招标代理机构的专家库内的相关专业的专家名单中确定；一般招标项目可以采取随机抽取方式，特殊招标项目可以由招标人直接确定。

与投标人有利害关系的人不得进入相关项目的评标委员会；已经进入的应当更换。

评标委员会成员的名单在中标结果确定前应当保密。

第三十八条　招标人应当采取必要的措施，保证评标在严格保密的情况下进行。

任何单位和个人不得非法干预、影响评标的过程和结果。

第三十九条　评标委员会可以要求投标人对投标文件中含义不明确的内容作必要的澄清或者说明，但是澄清或者说明不得超出投标文件的范围或者改变投标文件的实质性内容。

第四十条　评标委员会应当按照招标文件确定的评标标准和方法，对投标文件进行评审和比较；设有标底的，应当参考标底。评标委员会完成评标后，应当向招标人提出书面评标报告，并推荐合格的中标候选人。

招标人根据评标委员会提出的书面评标报告和推荐的中标候选人确定中标人。招标人也可以授权评标委员会直接确定中标人。

国务院对特定招标项目的评标有特别规定的，从其规定。

第四十一条　中标人的投标应当符合下列条件之一：

（一）能够最大限度地满足招标文件中规定的各项综合评价标准；

（二）能够满足招标文件的实质性要求，并且经评审的投标价格最低；但是投标价格低于成本的除外。

第四十二条　评标委员会经评审，认为所有投标都不符合招标文件要求的，可以否决所有投标。

依法必须进行招标的项目的所有投标被否决的，招标人应当依照本法重新招标。

第四十三条　在确定中标人前，招标人不得与投标人就投标价格、投标方案等实质性内容进行谈判。

第四十四条　评标委员会成员应当客观、公正地履行职务，遵守职业道德，对所提出的评审意见承担个人责任。

评标委员会成员不得私下接触投标人，不得收受投标人的财物或者其他好处。

评标委员会成员和参与评标的有关工作人员不得透露对投标文件的评审和比较、中标候选人的推荐情况以及与评标有关的其他情况。

第四十五条　中标人确定后，招标人应当向中标人发出中标通知书，并同时将中标结果通知所有未中标的投标人。

中标通知书对招标人和中标人具有法律效力。中标通知书发出后，招标人改变中标结果的，或者中标人放弃中标项目的，应当依法承担法律责任。

第四十六条　招标人和中标人应当自中标通知书发出之日起三十日内，按照招标文件和中标人的投标文件订立书面合同。招标人和中标人不得再行订立背离合同实质性内容的其他协议。

招标文件要求中标人提交履约保证金的，中标人应当提交。

第四十七条　依法必须进行招标的项目，招标人应当自确定中标人之日起十五日内，向有关行政监督部门提交招标投标情况的书面报告。

第四十八条　中标人应当按照合同约定履行义务，完成中标项目。中标人不得向他人转让中标项目，也不得将中标项目肢解后分别向他人转让。

中标人按照合同约定或者经招标人同意，可以将中标项目的部分非主体、非关键性工作分包给他人完成。接受分包的人应当具备相应的资格条件，并不得再次分包。

中标人应当就分包项目向招标人负责，接受分包的人就分包项目承担连带责任。

第五章　法律责任

第四十九条　违反本法规定，必须进行招标的项目而不招标的，将必须进行招标的项目化整为零或者以其他任何方式规避招标的，责令限期改正，可以处项目合同金额千分之五以上千分之十以下的罚款；对全部或者部分使用国有资金的项目，可以暂停项目执行或者暂停资金拨付；对单位直接负责的主管人员和其他直接责任人员依法给予处分。

第五十条 招标代理机构违反本法规定，泄露应当保密的与招标投标活动有关的情况和资料的，或者与招标人、投标人串通损害国家利益、社会公共利益或者他人合法权益的，处五万元以上二十五万元以下的罚款，对单位直接负责的主管人员和其他直接责任人员处单位罚款数额百分之五以上百分之十以下的罚款；有违法所得的，并处没收违法所得；情节严重的，暂停直至取消招标代理资格；构成犯罪的，依法追究刑事责任。给他人造成损失的，依法承担赔偿责任。

前款所列行为影响中标结果的，中标无效。

第五十一条 招标人以不合理的条件限制或者排斥潜在投标人的，对潜在投标人实行歧视待遇的，强制要求投标人组成联合体共同投标的，或者限制投标人之间竞争的，责令改正，可以处一万元以上五万元以下的罚款。

第五十二条 依法必须进行招标的项目的招标人向他人透露已获取招标文件的潜在投标人的名称、数量或者可能影响公平竞争的有关招标投标的其他情况的，或者泄露标底的，给予警告，可以并处一万元以上十万元以下的罚款；对单位直接负责的主管人员和其他直接责任人员依法给予处分；构成犯罪的，依法追究刑事责任。

前款所列行为影响中标结果的，中标无效。

第五十三条 投标人相互串通投标或者与招标人串通投标的，投标人以向招标人或者评标委员会成员行贿的手段谋取中标的，中标无效，处中标项目金额千分之五以上千分之十以下的罚款，对单位直接负责的主管人员和其他直接责任人员处单位罚款数额百分之五以上百分之十以下的罚款；有违法所得的，并处没收违法所得；情节严重的，取消其一年至二年内参加依法必须进行招标的项目的投标资格并予以公告，直至由工商行政管理机关吊销营业执照；构成犯罪的，依法追究刑事责任。给他人造成损失的，依法承担赔偿责任。

第五十四条 投标人以他人名义投标或者以其他方式弄虚作假，骗取中标的，中标无效，给招标人造成损失的，依法承担赔偿责任；构成犯罪的，依法追究刑事责任。

依法必须进行招标的项目的投标人有前款所列行为尚未构成犯罪的，处中标项目金额千分之五以上千分之十以下的罚款，对单位直接负责的主管人员和其他直接责任人员处单位罚款数额百分之五以上百分之十以下的罚款；有违法所得的，并处没收违法所得；情节严重的，取消其一年至三年内参加依法必须进行招标的项目的投标资格并予以公告，直至由工商行政管理机关吊销营业执照。

第五十五条 依法必须进行招标的项目，招标人违反本法规定，与投标人就投标价格、投标方案等实质性内容进行谈判的，给予警告，对单位直接负责的主管人员和其他直接责任人员依法给予处分。

前款所列行为影响中标结果的，中标无效。

第五十六条 评标委员会成员收受投标人的财物或者其他好处的，评标委员会成员或者参加评标的有关工作人员向他人透露对投标文件的评审和比较、中标候选人的推荐以及与评标有关的其他情况的，给予警告，没收收受的财物，可以并处三千元以上五万元以下的罚款，对有所列违法行为的评标委员会成员取消担任评标委员会成员的资格，不得再参加任何依法必须进行招标的项目的评标；构成犯罪的，依法追究刑事责任。

第五十七条 招标人在评标委员会依法推荐的中标候选人以外确定中标人的，依法必须进行招标的项目在所有投标被评标委员会否决后自行确定中标人的，中标无效。责令改正，可以处中标项目金额千分之五以上千分之十以下的罚款；对单位直接负责的主管人员和其他直接责任人员依法给予处分。

第五十八条 中标人将中标项目转让给他人的，将中标项目肢解后分别转让给他人的，违反本法规定将中标项目的部分主体、关键性工作分包给他人的，或者分包人再次分包的，转让、分包无效，处转让、分包项目金额千分之五以上千分之十以下的罚款；有违法所得的，并处没收违法所得；可以责令停业整顿；情节严重的，由工商行政管理机关吊销营业执照。

第五十九条　招标人与中标人不按照招标文件和中标人的投标文件订立合同的，或者招标人、中标人订立背离合同实质性内容的协议的，责令改正；可以处中标项目金额千分之五以上千分之十以下的罚款。

第六十条　中标人不履行与招标人订立的合同的，履约保证金不予退还，给招标人造成的损失超过履约保证金数额的，还应当对超过部分予以赔偿；没有提交履约保证金的，应当对招标人的损失承担赔偿责任。

中标人不按照与招标人订立的合同履行义务，情节严重的，取消其二年至五年内参加依法必须进行招标的项目的投标资格并予以公告，直至由工商行政管理机关吊销营业执照。

因不可抗力不能履行合同的，不适用前两款规定。

第六十一条　本章规定的行政处罚，由国务院规定的有关行政监督部门决定。本法已对实施行政处罚的机关作出规定的除外。

第六十二条　任何单位违反本法规定，限制或者排斥本地区、本系统以外的法人或者其他组织参加投标的，为招标人指定招标代理机构的，强制招标人委托招标代理机构办理招标事宜的，或者以其他方式干涉招标投标活动的，责令改正；对单位直接负责的主管人员和其他直接责任人员依法给予警告、记过、记大过的处分，情节较重的，依法给予降级、撤职、开除的处分。

个人利用职权进行前款违法行为的，依照前款规定追究责任。

第六十三条　对招标投标活动依法负有行政监督职责的国家机关工作人员徇私舞弊、滥用职权或者玩忽职守，构成犯罪的，依法追究刑事责任；不构成犯罪的，依法给予行政处分。

第六十四条　依法必须进行招标的项目违反本法规定，中标无效的，应当依照本法规定的中标条件从其余投标人中重新确定中标人或者依照本法重新进行招标。

第六章　附　则

第六十五条　投标人和其他利害关系人认为招标投标活动不符合本法有关规定的，有权向招标人提出异议或者依法向有关行政监督部门投诉。

第六十六条　涉及国家安全、国家秘密、抢险救灾或者属于利用扶贫资金实行以工代赈、需要使用农民工等特殊情况，不适宜进行招标的项目，按照国家有关规定可以不进行招标。

第六十七条　使用国际组织或者外国政府贷款、援助资金的项目进行招标，贷款方、资金提供方对招标投标的具体条件和程序有不同规定的，可以适用其规定，但违背中华人民共和国的社会公共利益的除外。

第六十八条　本法自2000年1月1日起施行。

附录四

中华人民共和国招标投标法实施条例

（2011年11月30日国务院第183次常务会议通过，中华人民共和国国务院令第613号公布，自2012年2月1日起施行）

第一章　总　则

第一条　为了规范招标投标活动，根据《中华人民共和国招标投标法》（以下简称招标投标法），制定本条例。

第二条　招标投标法第三条所称工程建设项目，是指工程以及与工程建设有关的货物、服务。

前款所称工程，是指建设工程，包括建筑物和构筑物的新建、改建、扩建及其相关的装修、拆除、修缮等；所称与工程建设有关的货物，是指构成工程不可分割的组成部分，且为实现工程基本功能所必需的设备、材料等；所称与工程建设有关的服务，是指为完成工程所需的勘察、设计、监理等服务。

第三条　依法必须进行招标的工程建设项目的具体范围和规模标准，由国务院发展改革部门会同国务院有关部门制订，报国务院批准后公布施行。

第四条　国务院发展改革部门指导和协调全国招标投标工作，对国家重大建设项目的工程招标投标活动实施监督检查。国务院工业和信息化、住房城乡建设、交通运输、铁道、水利、商务等部门，按照规定的职责分工对有关招标投标活动实施监督。

县级以上地方人民政府发展改革部门指导和协调本行政区域的招标投标工作。县级以上地方人民政府有关部门按照规定的职责分工，对招标投标活动实施监督，依法查处招标投标活动中的违法行为。县级以上地方人民政府对其所属部门有关招标投标活动的监督职责分工另有规定的，从其规定。

财政部门依法对实行招标投标的政府采购工程建设项目的预算执行情况和政府采购政策执行情况实施监督。

监察机关依法对与招标投标活动有关的监察对象实施监察。

第五条　设区的市级以上地方人民政府可以根据实际需要，建立统一规范的招标投标交易场所，为招标投标活动提供服务。招标投标交易场所不得与行政监督部门存在隶属关系，不得以营利为目的。

国家鼓励利用信息网络进行电子招标投标。

第六条　禁止国家工作人员以任何方式非法干涉招标投标活动。

第二章　招　标

第七条　按照国家有关规定需要履行项目审批、核准手续的依法必须进行招标的项目，其招标范围、招标方式、招标组织形式应当报项目审批、核准部门审批、核准。项目审批、核准部门应当及时将审批、核准确定的招标范围、招标方式、招标组织形式通报有关行政监督部门。

第八条　国有资金占控股或者主导地位的依法必须进行招标的项目，应当公开招标；但有下列情形之一的，可以邀请招标：

（一）技术复杂、有特殊要求或者受自然环境限制，只有少量潜在投标人可供选择；

（二）采用公开招标方式的费用占项目合同金额的比例过大。

有前款第二项所列情形，属于本条例第七条规定的项目，由项目审批、核准部门在审批、核准项目时作出认定；其他项目由招标人申请有关行政监督部门作出认定。

第九条　除招标投标法第六十六条规定的可以不进行招标的特殊情况外，有下列情形之一的，可以不进行招标：

（一）需要采用不可替代的专利或者专有技术；

（二）采购人依法能够自行建设、生产或者提供；

（三）已通过招标方式选定的特许经营项目投资人依法能够自行建设、生产或者提供；

（四）需要向原中标人采购工程、货物或者服务，否则将影响施工或者功能配套要求；

（五）国家规定的其他特殊情形。

招标人为适用前款规定弄虚作假的，属于招标投标法第四条规定的规避招标。

第十条　招标投标法第十二条第二款规定的招标人具有编制招标文件和组织评标能力，是指招标人具有与招标项目规模和复杂程度相适应的技术、经济等方面的专业人员。

第十一条　招标代理机构的资格依照法律和国务院的规定由有关部门认定。

国务院住房城乡建设、商务、发展改革、工业和信息化等部门，按照规定的职责分工对招标代理机构依法实施监督管理。

第十二条　招标代理机构应当拥有一定数量的取得招标职业资格的专业人员。取得招标职业资格的具体办法由国务院人力资源社会保障部门会同国务院发展改革部门制定。

第十三条　招标代理机构在其资格许可和招标人委托的范围内开展招标代理业务，任何单位和个人不得非法干涉。

招标代理机构代理招标业务，应当遵守招标投标法和本条例关于招标人的规定。招标代理机构不得在所代理的招标项目中投标或者代理投标，也不得为所代理的招标项目的投标人提供咨询。

招标代理机构不得涂改、出租、出借、转让资格证书。

第十四条　招标人应当与被委托的招标代理机构签订书面委托合同，合同约定的收费标准应当符合国家有关规定。

第十五条　公开招标的项目，应当依照招标投标法和本条例的规定发布招标公告、编制招标文件。

招标人采用资格预审办法对潜在投标人进行资格审查的，应当发布资格预审公告、编制资格预审文件。

依法必须进行招标的项目的资格预审公告和招标公告，应当在国务院发展改革部门依法指定的媒介发布。在不同媒介发布的同一招标项目的资格预审公告或者招标公告的内容应当一致。指定媒介发布依法必须进行招标的项目的境内资格预审公告、招标公告，不得收取费用。

编制依法必须进行招标的项目的资格预审文件和招标文件，应当使用国务院发展改革部门会同有关行政监督部门制定的标准文本。

第十六条　招标人应当按照资格预审公告、招标公告或者投标邀请书规定的时间、地点发售资格预审文件或者招标文件。资格预审文件或者招标文件的发售期不得少于5日。

招标人发售资格预审文件、招标文件收取的费用应当限于补偿印刷、邮寄的成本支出，不得以营利为目的。

第十七条　招标人应当合理确定提交资格预审申请文件的时间。依法必须进行招标的项目提交资格预审申请文件的时间，自资格预审文件停止发售之日起不得少于5日。

第十八条　资格预审应当按照资格预审文件载明的标准和方法进行。

国有资金占控股或者主导地位的依法必须进行招标的项目，招标人应当组建资格审查委员会审查资格预审申请文件。资格审查委员会及其成员应当遵守招标投标法和本条例有关评标委员会及其成员的规定。

第十九条　资格预审结束后，招标人应当及时向资格预审申请人发出资格预审结果通知书。未通过资格预审的申请人不具有投标资格。

通过资格预审的申请人少于3个的，应当重新招标。

第二十条 招标人采用资格后审办法对投标人进行资格审查的，应当在开标后由评标委员会按照招标文件规定的标准和方法对投标人的资格进行审查。

第二十一条 招标人可以对已发出的资格预审文件或者招标文件进行必要的澄清或者修改。澄清或者修改的内容可能影响资格预审申请文件或者投标文件编制的，招标人应当在提交资格预审申请文件截止时间至少3日前，或者投标截止时间至少15日前，以书面形式通知所有获取资格预审文件或者招标文件的潜在投标人；不足3日或者15日的，招标人应当顺延提交资格预审申请文件或者投标文件的截止时间。

第二十二条 潜在投标人或者其他利害关系人对资格预审文件有异议的，应当在提交资格预审申请文件截止时间2日前提出；对招标文件有异议的，应当在投标截止时间10日前提出。招标人应当自收到异议之日起3日内作出答复；作出答复前，应当暂停招标投标活动。

第二十三条 招标人编制的资格预审文件、招标文件的内容违反法律、行政法规的强制性规定，违反公开、公平、公正和诚实信用原则，影响资格预审结果或者潜在投标人投标的，依法必须进行招标的项目的招标人应当在修改资格预审文件或者招标文件后重新招标。

第二十四条 招标人对招标项目划分标段的，应当遵守招标投标法的有关规定，不得利用划分标段限制或者排斥潜在投标人。依法必须进行招标的项目的招标人不得利用划分标段规避招标。

第二十五条 招标人应当在招标文件中载明投标有效期。投标有效期从提交投标文件的截止之日起算。

第二十六条 招标人在招标文件中要求投标人提交投标保证金的，投标保证金不得超过招标项目估算价的2%。投标保证金有效期应当与投标有效期一致。

依法必须进行招标的项目的境内投标单位，以现金或者支票形式提交的投标保证金应当从其基本账户转出。

招标人不得挪用投标保证金。

第二十七条 招标人可以自行决定是否编制标底。一个招标项目只能有一个标底。标底必须保密。

接受委托编制标底的中介机构不得参加受托编制标底项目的投标，也不得为该项目的投标人编制投标文件或者提供咨询。

招标人设有最高投标限价的，应当在招标文件中明确最高投标限价或者最高投标限价的计算方法。招标人不得规定最低投标限价。

第二十八条 招标人不得组织单个或者部分潜在投标人踏勘项目现场。

第二十九条 招标人可以依法对工程以及与工程建设有关的货物、服务全部或者部分实行总承包招标。以暂估价形式包括在总承包范围内的工程、货物、服务属于依法必须进行招标的项目范围且达到国家规定规模标准的，应当依法进行招标。

前款所称暂估价，是指总承包招标时不能确定价格而由招标人在招标文件中暂时估定的工程、货物、服务的金额。

第三十条 对技术复杂或者无法精确拟定技术规格的项目，招标人可以分两阶段进行招标。

第一阶段，投标人按照招标公告或者投标邀请书的要求提交不带报价的技术建议，招标人根据投标人提交的技术建议确定技术标准和要求，编制招标文件。

第二阶段，招标人向在第一阶段提交技术建议的投标人提供招标文件，投标人按照招标文件的要求提交包括最终技术方案和投标报价的投标文件。

招标人要求投标人提交投标保证金的，应当在第二阶段提出。

第三十一条 招标人终止招标的，应当及时发布公告，或者以书面形式通知被邀请的或者已经获取资格预审文件、招标文件的潜在投标人。已经发售资格预审文件、招标文件或者已经收取投标保证金的，招标人应当及时退还所收取的资格预审文件、招标文件的费用，以及所收取的投标保证金及银行同期存款利息。

第三十二条　招标人不得以不合理的条件限制、排斥潜在投标人或者投标人。

招标人有下列行为之一的，属于以不合理条件限制、排斥潜在投标人或者投标人：

（一）就同一招标项目向潜在投标人或者投标人提供有差别的项目信息；

（二）设定的资格、技术、商务条件与招标项目的具体特点和实际需要不相适应或者与合同履行无关；

（三）依法必须进行招标的项目以特定行政区域或者特定行业的业绩、奖项作为加分条件或者中标条件；

（四）对潜在投标人或者投标人采取不同的资格审查或者评标标准；

（五）限定或者指定特定的专利、商标、品牌、原产地或者供应商；

（六）依法必须进行招标的项目非法限定潜在投标人或者投标人的所有制形式或者组织形式；

（七）以其他不合理条件限制、排斥潜在投标人或者投标人。

第三章　投　标

第三十三条　投标人参加依法必须进行招标的项目的投标，不受地区或者部门的限制，任何单位和个人不得非法干涉。

第三十四条　与招标人存在利害关系可能影响招标公正性的法人、其他组织或者个人，不得参加投标。

单位负责人为同一人或者存在控股、管理关系的不同单位，不得参加同一标段投标或者未划分标段的同一招标项目投标。

违反前两款规定的，相关投标均无效。

第三十五条　投标人撤回已提交的投标文件，应当在投标截止时间前书面通知招标人。招标人已收取投标保证金的，应当自收到投标人书面撤回通知之日起5日内退还。

投标截止后投标人撤销投标文件的，招标人可以不退还投标保证金。

第三十六条　未通过资格预审的申请人提交的投标文件，以及逾期送达或者不按照招标文件要求密封的投标文件，招标人应当拒收。

招标人应当如实记载投标文件的送达时间和密封情况，并存档备查。

第三十七条　招标人应当在资格预审公告、招标公告或者投标邀请书中载明是否接受联合体投标。

招标人接受联合体投标并进行资格预审的，联合体应当在提交资格预审申请文件前组成。资格预审后联合体增减、更换成员的，其投标无效。

联合体各方在同一招标项目中以自己名义单独投标或者参加其他联合体投标的，相关投标均无效。

第三十八条　投标人发生合并、分立、破产等重大变化的，应当及时书面告知招标人。投标人不再具备资格预审文件、招标文件规定的资格条件或者其投标影响招标公正性的，其投标无效。

第三十九条　禁止投标人相互串通投标。

有下列情形之一的，属于投标人相互串通投标：

（一）投标人之间协商投标报价等投标文件的实质性内容；

（二）投标人之间约定中标人；

（三）投标人之间约定部分投标人放弃投标或者中标；

（四）属于同一集团、协会、商会等组织成员的投标人按照该组织要求协同投标；

（五）投标人之间为谋取中标或者排斥特定投标人而采取的其他联合行动。

第四十条　有下列情形之一的，视为投标人相互串通投标：

（一）不同投标人的投标文件由同一单位或者个人编制；

（二）不同投标人委托同一单位或者个人办理投标事宜；

（三）不同投标人的投标文件载明的项目管理成员为同一人；

（四）不同投标人的投标文件异常一致或者投标报价呈规律性差异；

（五）不同投标人的投标文件相互混装；

（六）不同投标人的投标保证金从同一单位或者个人的账户转出。

第四十一条 禁止招标人与投标人串通投标。

有下列情形之一的，属于招标人与投标人串通投标：

（一）招标人在开标前开启投标文件并将有关信息泄露给其他投标人；

（二）招标人直接或者间接向投标人泄露标底、评标委员会成员等信息；

（三）招标人明示或者暗示投标人压低或者抬高投标报价；

（四）招标人授意投标人撤换、修改投标文件；

（五）招标人明示或者暗示投标人为特定投标人中标提供方便；

（六）招标人与投标人为谋求特定投标人中标而采取的其他串通行为。

第四十二条 使用通过受让或者租借等方式获取的资格、资质证书投标的，属于招标投标法第三十三条规定的以他人名义投标。

投标人有下列情形之一的，属于招标投标法第三十三条规定的以其他方式弄虚作假的行为：

（一）使用伪造、变造的许可证件；

（二）提供虚假的财务状况或者业绩；

（三）提供虚假的项目负责人或者主要技术人员简历、劳动关系证明；

（四）提供虚假的信用状况；

（五）其他弄虚作假的行为。

第四十三条 提交资格预审申请文件的申请人应当遵守招标投标法和本条例有关投标人的规定。

第四章 开标、评标和中标

第四十四条 招标人应当按照招标文件规定的时间、地点开标。

投标人少于3个的，不得开标；招标人应当重新招标。

投标人对开标有异议的，应当在开标现场提出，招标人应当当场作出答复，并制作记录。

第四十五条 国家实行统一的评标专家专业分类标准和管理办法。具体标准和办法由国务院发展改革部门会同国务院有关部门制定。

省级人民政府和国务院有关部门应当组建综合评标专家库。

第四十六条 除招标投标法第三十七条第三款规定的特殊招标项目外，依法必须进行招标的项目，其评标委员会的专家成员应当从评标专家库内相关专业的专家名单中以随机抽取方式确定。任何单位和个人不得以明示、暗示等任何方式指定或者变相指定参加评标委员会的专家成员。

依法必须进行招标的项目的招标人非因招标投标法和本条例规定的事由，不得更换依法确定的评标委员会成员。更换评标委员会的专家成员应当依照前款规定进行。

评标委员会成员与投标人有利害关系的，应当主动回避。

有关行政监督部门应当按照规定的职责分工，对评标委员会成员的确定方式、评标专家的抽取和评标活动进行监督。行政监督部门的工作人员不得担任本部门负责监督项目的评标委员会成员。

第四十七条 招标投标法第三十七条第三款所称特殊招标项目，是指技术复杂、专业性强或者国家有特殊要求，采取随机抽取方式确定的专家难以保证胜任评标工作的项目。

第四十八条 招标人应当向评标委员会提供评标所必需的信息，但不得明示或者暗示其倾向或者排斥特定投标人。

招标人应当根据项目规模和技术复杂程度等因素合理确定评标时间。超过三分之一的评标委员会成员认为评标时间不够的，招标人应当适当延长。

评标过程中，评标委员会成员有回避事由、擅离职守或者因健康等原因不能继续评标的，应当及时更换。被更换的评标委员会成员作出的评审结论无效，由更换后的评标委员会成员重新进行评审。

第四十九条　评标委员会成员应当依照招标投标法和本条例的规定，按照招标文件规定的评标标准和方法，客观、公正地对投标文件提出评审意见。招标文件没有规定的评标标准和方法不得作为评标的依据。

评标委员会成员不得私下接触投标人，不得收受投标人给予的财物或者其他好处，不得向招标人征询确定中标人的意向，不得接受任何单位或者个人明示或者暗示提出的倾向或者排斥特定投标人的要求，不得有其他不客观、不公正履行职务的行为。

第五十条　招标项目设有标底的，招标人应当在开标时公布。标底只能作为评标的参考，不得以投标报价是否接近标底作为中标条件，也不得以投标报价超过标底上下浮动范围作为否决投标的条件。

第五十一条　有下列情形之一的，评标委员会应当否决其投标：

（一）投标文件未经投标单位盖章和单位负责人签字；

（二）投标联合体没有提交共同投标协议；

（三）投标人不符合国家或者招标文件规定的资格条件；

（四）同一投标人提交两个以上不同的投标文件或者投标报价，但招标文件要求提交备选投标的除外；

（五）投标报价低于成本或者高于招标文件设定的最高投标限价；

（六）投标文件没有对招标文件的实质性要求和条件作出响应；

（七）投标人有串通投标、弄虚作假、行贿等违法行为。

第五十二条　投标文件中有含义不明确的内容、明显文字或者计算错误，评标委员会认为需要投标人作出必要澄清、说明的，应当书面通知该投标人。投标人的澄清、说明应当采用书面形式，并不得超出投标文件的范围或者改变投标文件的实质性内容。

评标委员会不得暗示或者诱导投标人作出澄清、说明，不得接受投标人主动提出的澄清、说明。

第五十三条　评标完成后，评标委员会应当向招标人提交书面评标报告和中标候选人名单。中标候选人应当不超过3个，并标明排序。

评标报告应当由评标委员会全体成员签字。对评标结果有不同意见的评标委员会成员应当以书面形式说明其不同意见和理由，评标报告应当注明该不同意见。评标委员会成员拒绝在评标报告上签字又不书面说明其不同意见和理由的，视为同意评标结果。

第五十四条　依法必须进行招标的项目，招标人应当自收到评标报告之日起3日内公示中标候选人，公示期不得少于3日。

投标人或者其他利害关系人对依法必须进行招标的项目的评标结果有异议的，应当在中标候选人公示期间提出。招标人应当自收到异议之日起3日内作出答复；作出答复前，应当暂停招标投标活动。

第五十五条　国有资金占控股或者主导地位的依法必须进行招标的项目，招标人应当确定排名第一的中标候选人为中标人。排名第一的中标候选人放弃中标、因不可抗力不能履行合同、不按照招标文件要求提交履约保证金，或者被查实存在影响中标结果的违法行为等情形，不符合中标条件的，招标人可以按照评标委员会提出的中标候选人名单排序依次确定其他中标候选人为中标人，也可以重新招标。

第五十六条　中标候选人的经营、财务状况发生较大变化或者存在违法行为，招标人认为可能影响其履约能力的，应当在发出中标通知书前由原评标委员会按照招标文件规定的标准和方法审查确认。

第五十七条　招标人和中标人应当依照招标投标法和本条例的规定签订书面合同，合同的标的、价款、质量、履行期限等主要条款应当与招标文件和中标人的投标文件的内容一致。招标人和中标人不得再行订立背离合同实质性内容的其他协议。

招标人最迟应当在书面合同签订后5日内向中标人和未中标的投标人退还投标保证金及银行同期存款利息。

第五十八条　招标文件要求中标人提交履约保证金的，中标人应当按照招标文件的要求提交。履约保证金不得超过中标合同金额的10%。

第五十九条 中标人应当按照合同约定履行义务，完成中标项目。中标人不得向他人转让中标项目，也不得将中标项目肢解后分别向他人转让。

中标人按照合同约定或者经招标人同意，可以将中标项目的部分非主体、非关键性工作分包给他人完成。接受分包的人应当具备相应的资格条件，并不得再次分包。

中标人应当就分包项目向招标人负责，接受分包的人就分包项目承担连带责任。

第五章 投诉与处理

第六十条 投标人或者其他利害关系人认为招标投标活动不符合法律、行政法规规定的，可以自知道或者应当知道之日起10日内向有关行政监督部门投诉。投诉应当有明确的请求和必要的证明材料。

就本条例第二十二条、第四十四条、第五十四条规定事项投诉的，应当先向招标人提出异议，异议答复期间不计算在前款规定的期限内。

第六十一条 投诉人就同一事项向两个以上有权受理的行政监督部门投诉的，由最先收到投诉的行政监督部门负责处理。

行政监督部门应当自收到投诉之日起3个工作日内决定是否受理投诉，并自受理投诉之日起30个工作日内作出书面处理决定；需要检验、检测、鉴定、专家评审的，所需时间不计算在内。

投诉人捏造事实、伪造材料或者以非法手段取得证明材料进行投诉的，行政监督部门应当予以驳回。

第六十二条 行政监督部门处理投诉，有权查阅、复制有关文件、资料，调查有关情况，相关单位和人员应当予以配合。必要时，行政监督部门可以责令暂停招标投标活动。

行政监督部门的工作人员对监督检查过程中知悉的国家秘密、商业秘密，应当依法予以保密。

第六章 法律责任

第六十三条 招标人有下列限制或者排斥潜在投标人行为之一的，由有关行政监督部门依照招标投标法第五十一条的规定处罚：

（一）依法应当公开招标的项目不按照规定在指定媒介发布资格预审公告或者招标公告；

（二）在不同媒介发布的同一招标项目的资格预审公告或者招标公告的内容不一致，影响潜在投标人申请资格预审或者投标。

依法必须进行招标的项目的招标人不按照规定发布资格预审公告或者招标公告，构成规避招标的，依照招标投标法第四十九条的规定处罚。

第六十四条 招标人有下列情形之一的，由有关行政监督部门责令改正，可以处10万元以下的罚款：

（一）依法应当公开招标而采用邀请招标；

（二）招标文件、资格预审文件的发售、澄清、修改的时限，或者确定的提交资格预审申请文件、投标文件的时限不符合招标投标法和本条例规定；

（三）接受未通过资格预审的单位或者个人参加投标；

（四）接受应当拒收的投标文件。

招标人有前款第一项、第三项、第四项所列行为之一的，对单位直接负责的主管人员和其他直接责任人员依法给予处分。

第六十五条 招标代理机构在所代理的招标项目中投标、代理投标或者向该项目投标人提供咨询的，接受委托编制标底的中介机构参加受托编制标底项目的投标或者为该项目的投标人编制投标文件、提供咨询的，依照招标投标法第五十条的规定追究法律责任。

第六十六条 招标人超过本条例规定的比例收取投标保证金、履约保证金或者不按照规定退还投标保证金及银行同期存款利息的，由有关行政监督部门责令改正，可以处5万元以下的罚款；给他人造成损失的，依法承担赔偿责任。

第六十七条　投标人相互串通投标或者与招标人串通投标的，投标人向招标人或者评标委员会成员行贿谋取中标的，中标无效；构成犯罪的，依法追究刑事责任；尚不构成犯罪的，依照招标投标法第五十三条的规定处罚。投标人未中标的，对单位的罚款金额按照招标项目合同金额依照招标投标法规定的比例计算。

投标人有下列行为之一的，属于招标投标法第五十三条规定的情节严重行为，由有关行政监督部门取消其1年至2年内参加依法必须进行招标的项目的投标资格：

（一）以行贿谋取中标；

（二）3年内2次以上串通投标；

（三）串通投标行为损害招标人、其他投标人或者国家、集体、公民的合法利益，造成直接经济损失30万元以上；

（四）其他串通投标情节严重的行为。

投标人自本条第二款规定的处罚执行期限届满之日起3年内又有该款所列违法行为之一的，或者串通投标、以行贿谋取中标情节特别严重的，由工商行政管理机关吊销营业执照。

法律、行政法规对串通投标报价行为的处罚另有规定的，从其规定。

第六十八条　投标人以他人名义投标或者以其他方式弄虚作假骗取中标的，中标无效；构成犯罪的，依法追究刑事责任；尚不构成犯罪的，依照招标投标法第五十四条的规定处罚。依法必须进行招标的项目的投标人未中标的，对单位的罚款金额按照招标项目合同金额依照招标投标法规定的比例计算。

投标人有下列行为之一的，属于招标投标法第五十四条规定的情节严重行为，由有关行政监督部门取消其1年至3年内参加依法必须进行招标的项目的投标资格：

（一）伪造、变造资格、资质证书或者其他许可证件骗取中标；

（二）3年内2次以上使用他人名义投标；

（三）弄虚作假骗取中标给招标人造成直接经济损失30万元以上；

（四）其他弄虚作假骗取中标情节严重的行为。

投标人自本条第二款规定的处罚执行期限届满之日起3年内又有该款所列违法行为之一的，或者弄虚作假骗取中标情节特别严重的，由工商行政管理机关吊销营业执照。

第六十九条　出让或者出租资格、资质证书供他人投标的，依照法律、行政法规的规定给予行政处罚；构成犯罪的，依法追究刑事责任。

第七十条　依法必须进行招标的项目的招标人不按照规定组建评标委员会，或者确定、更换评标委员会成员违反招标投标法和本条例规定的，由有关行政监督部门责令改正，可以处10万元以下的罚款，对单位直接负责的主管人员和其他直接责任人员依法给予处分；违法确定或者更换的评标委员会成员作出的评审结论无效，依法重新进行评审。

国家工作人员以任何方式非法干涉选取评标委员会成员的，依照本条例第八十一条的规定追究法律责任。

第七十一条　评标委员会成员有下列行为之一的，由有关行政监督部门责令改正；情节严重的，禁止其在一定期限内参加依法必须进行招标的项目的评标；情节特别严重的，取消其担任评标委员会成员的资格：

（一）应当回避而不回避；

（二）擅离职守；

（三）不按照招标文件规定的评标标准和方法评标；

（四）私下接触投标人；

（五）向招标人征询确定中标人的意向或者接受任何单位或者个人明示或者暗示提出的倾向或者排斥特定投标人的要求；

（六）对依法应当否决的投标不提出否决意见；

（七）暗示或者诱导投标人作出澄清、说明或者接受投标人主动提出的澄清、说明；

（八）其他不客观、不公正履行职务的行为。

第七十二条 评标委员会成员收受投标人的财物或者其他好处的，没收收受的财物，处3000元以上5万元以下的罚款，取消担任评标委员会成员的资格，不得再参加依法必须进行招标的项目的评标；构成犯罪的，依法追究刑事责任。

第七十三条 依法必须进行招标的项目的招标人有下列情形之一的，由有关行政监督部门责令改正，可以处中标项目金额10‰以下的罚款；给他人造成损失的，依法承担赔偿责任；对单位直接负责的主管人员和其他直接责任人员依法给予处分：

（一）无正当理由不发出中标通知书；

（二）不按照规定确定中标人；

（三）中标通知书发出后无正当理由改变中标结果；

（四）无正当理由不与中标人订立合同；

（五）在订立合同时向中标人提出附加条件。

第七十四条 中标人无正当理由不与招标人订立合同，在签订合同时向招标人提出附加条件，或者不按照招标文件要求提交履约保证金的，取消其中标资格，投标保证金不予退还。对依法必须进行招标的项目的中标人，由有关行政监督部门责令改正，可以处中标项目金额10‰以下的罚款。

第七十五条 招标人和中标人不按照招标文件和中标人的投标文件订立合同，合同的主要条款与招标文件、中标人的投标文件的内容不一致，或者招标人、中标人订立背离合同实质性内容的协议的，由有关行政监督部门责令改正，可以处中标项目金额5‰以上10‰以下的罚款。

第七十六条 中标人将中标项目转让给他人的，将中标项目肢解后分别转让给他人的，违反招标投标法和本条例规定将中标项目的部分主体、关键性工作分包给他人的，或者分包人再次分包的，转让、分包无效，处转让、分包项目金额5‰以上10‰以下的罚款；有违法所得的，并处没收违法所得；可以责令停业整顿；情节严重的，由工商行政管理机关吊销营业执照。

第七十七条 投标人或者其他利害关系人捏造事实、伪造材料或者以非法手段取得证明材料进行投诉，给他人造成损失的，依法承担赔偿责任。

招标人不按照规定对异议作出答复，继续进行招标投标活动的，由有关行政监督部门责令改正，拒不改正或者不能改正并影响中标结果的，依照本条例第八十二条的规定处理。

第七十八条 取得招标职业资格的专业人员违反国家有关规定办理招标业务的，责令改正，给予警告；情节严重的，暂停一定期限内从事招标业务；情节特别严重的，取消招标职业资格。

第七十九条 国家建立招标投标信用制度。有关行政监督部门应当依法公告对招标人、招标代理机构、投标人、评标委员会成员等当事人违法行为的行政处理决定。

第八十条 项目审批、核准部门不依法审批、核准项目招标范围、招标方式、招标组织形式的，对单位直接负责的主管人员和其他直接责任人员依法给予处分。

有关行政监督部门不依法履行职责，对违反招标投标法和本条例规定的行为不依法查处，或者不按照规定处理投诉、不依法公告对招标投标当事人违法行为的行政处理决定的，对直接负责的主管人员和其他直接责任人员依法给予处分。

项目审批、核准部门和有关行政监督部门的工作人员徇私舞弊、滥用职权、玩忽职守，构成犯罪的，依法追究刑事责任。

第八十一条 国家工作人员利用职务便利，以直接或者间接、明示或者暗示等任何方式非法干涉招标投标活动，有下列情形之一的，依法给予记过或者记大过处分；情节严重的，依法给予降级或者撤职处分；情节特别严重的，依法给予开除处分；构成犯罪的，依法追究刑事责任：

（一）要求对依法必须进行招标的项目不招标，或者要求对依法应当公开招标的项目不公开招标；

（二）要求评标委员会成员或者招标人以其指定的投标人作为中标候选人或者中标人，或者以其他方式非法干涉评标活动，影响中标结果；

（三）以其他方式非法干涉招标投标活动。

第八十二条　依法必须进行招标的项目的招标投标活动违反招标投标法和本条例的规定，对中标结果造成实质性影响，且不能采取补救措施予以纠正的，招标、投标、中标无效，应当依法重新招标或者评标。

第七章　附　则

第八十三条　招标投标协会按照依法制定的章程开展活动，加强行业自律和服务。

第八十四条　政府采购的法律、行政法规对政府采购货物、服务的招标投标另有规定的，从其规定。

第八十五条　本条例自2012年2月1日起施行。

附录五

关于进一步加强房屋建筑和市政工程项目招标投标监督管理工作的指导意见

建市［2012］61号

各省、自治区住房和城乡建设厅，直辖市建委（建设交通委），新疆生产建设兵团建设局：

为全面贯彻《招标投标法实施条例》，深入落实工程建设领域突出问题专项治理有关要求，进一步规范房屋建筑和市政工程项目（以下简称房屋市政工程项目）招标投标活动，严厉打击招标投标过程中存在的规避招标、串通投标、以他人名义投标、弄虚作假等违法违规行为，维护建筑市场秩序，保障工程质量和安全，现就加强房屋市政工程项目招标投标监管有关重点工作提出如下意见。

一、依法履行招标投标监管职责，做好招标投标监管工作

招标投标活动是房屋市政工程项目建设的重要环节，加强招标投标监管是住房城乡建设主管部门履行建筑市场监管职责，规范建筑市场秩序，确保工程质量安全的重要手段。各地住房城乡建设主管部门要认真贯彻落实《招标投标法实施条例》，在全面清理现有规定的同时，抓紧完善配套法规和相关制度。按照法律法规等规定，依法履行房屋市政工程项目招标投标监管职责，合理配置监管资源，重点加强政府和国有投资房屋市政工程项目招标投标监管，探索优化非国有投资房屋市政工程项目的监管方式。加强招标投标过程监督和标后监管，形成“两场联动”监管机制，依法查处违法违规行为。加强有形市场（招标投标交易场所）建设，推进招标投标监管工作的规范化、标准化和信息化。加强与纪检监察部门的联动，加强管理、完善制度、堵塞漏洞。探索引入社会监督机制，建立招标投标特邀监督员、社会公众旁听等制度，提高招标投标工作的透明度。

二、加快推行电子招标投标，提高监管效率

电子招标投标是一种新型工程交易方式，有利于降低招标投标成本，方便各方当事人，提高评标效率，减少人为因素干扰，遏制弄虚作假行为，增加招标投标活动透明度，保证招标投标活动的公开、公平和公正，预防和减少腐败现象的发生。各省级住房城乡建设主管部门要充分认识推行电子招标投标的重要意义，统一规划，稳步推进，避免重复建设。可依托有形市场，按照科学、安全、高效、透明的原则，健全完善房屋市政工程项目电子招标投标系统。通过推行电子招标投标，实现招标投标交易、服务、监管和监察的全过程电子化。电子招标投标应当包括招标投标活动各类文件无纸化、工作流程网络化、计算机辅助评标、异地远程评标、招标投标档案电子化管理、电子监察等。各地住房城乡建设主管部门在积极探索完善电子招标投标系统的同时，应当逐步实现与行业注册人员、企业和房屋市政工程项目等数据库对接，不断提高监管效率。

各地住房城乡建设主管部门应当在电子招标投标系统功能建设、维护等方面给予政策、资金、人员和设施等支持，确保电子招标投标系统建设稳步推进。

三、建立完善综合评标专家库，探索开展标后评估制度

住房城乡建设部在2012年底前建立全国房屋市政工程项目综合评标专家库，研究制定评标专家特别是资深和稀缺专业评标专家标准及管理使用办法。各省级住房城乡建设主管部门应当按照我部的统一部署和要求，在2013年6月底前将本地区的房屋市政工程项目评标专家库与全国房屋市政工程项目综合评

标专家库对接，逐步实现评标专家资源共享和评标专家异地远程评标，为招标人跨地区乃至在全国范围内选择评标专家提供服务。

各地住房城乡建设主管部门要研究出台评标专家管理和使用办法，健全完善对评标专家的入库审查、考核培训、动态监管和抽取监督等管理制度，加强对评标专家的管理，严格履行对评标专家的监管职责。研究建立住房城乡建设系统标后评估制度，推选一批“品德正、业务精、经验足、信誉好”的资深评标专家，对评标委员会评审情况和评标报告进行抽查和后评估，查找分析专家评标过程中存在的突出问题，提出评价建议，不断提高评标质量。对于不能胜任评标工作或者有不良行为记录的评标专家，应当暂停或者取消其评标专家资格；对于有违法违规行为、不能公正履行职责的评标专家，应当依法从严查处、清出。

四、利用好现有资源，充分发挥有形市场作用

招标投标监管是建筑市场监管的源头，有形市场作为房屋市政工程项目交易服务平台，对于加强建筑市场交易活动管理和施工现场质量安全行为管理，促进“两场联动”具有重要意义。各地住房城乡建设主管部门要从实际出发，充分利用有形市场现有场地、人员、设备、信息及专业管理经验等资源，进一步完善有形市场服务功能，加强有形市场设施建设，为房屋市政工程项目招标投标活动和建筑市场监管、工程项目建设实施和质量安全监督、诚信体系建设等提供数据信息支持，为建设工程招标投标活动提供优良服务。各地住房城乡建设主管部门要按照《关于开展工程建设领域突出问题专项治理工作的意见》（中办发［2009］27号）提出的“统一进场、集中交易、行业监管、行政监察”要求，加强对有形市场的管理，创新考核机制，强化对有形市场建设的监督、指导，严格规范有形市场的收费，坚决取消不合理的收费项目，及时研究、解决实际工作中遇到的困难和问题，继续做好与纪检监察及其他有关部门的协调配合工作。

五、加强工程建设项目招标代理机构资格管理，规范招标投标市场秩序

依据《招标投标法》及相关规定，从事工程建设项目招标代理业务的机构，应当依法取得国务院住房城乡建设主管部门或者省级人民政府住房城乡建设主管部门认定的工程建设项目招标代理机构资格，并在其资格许可的范围内从事相应的工程建设项目招标代理业务。各地住房城乡建设主管部门要依法严格执行工程建设项目招标代理机构资格市场准入和清出制度，加强对工程建设项目招标代理机构及其从业人员的动态监管，严肃查处工程建设项目招标代理机构挂靠出让资格、泄密、弄虚作假、串通投标等违法行为。对于有违法违规行为的工程建设项目招标代理机构和从业人员，要按照《关于印发〈建筑市场诚信行为信息管理办法〉的通知》（建市［2007］9号）和《关于印发〈全国建筑市场注册执业人员不良行为记录认定标准〉（试行）的通知》（建办市［2011］38号）要求，及时记入全国建筑市场主体不良行为记录，通过全国建筑市场诚信信息平台向全社会公布，营造“诚信激励、失信惩戒”的市场氛围。

各地住房城乡建设主管部门要加强工程建设项目招标代理合同管理。工程建设项目招标代理机构与招标人签订的书面委托代理合同应当明确招标代理项目负责人，项目负责人应当是具有工程建设类注册执业资格的本单位在职人员。工程建设项目招标代理机构从业人员应当具备相应能力，办理工程建设项目招标代理业务应当实行实名制，并对所代理业务承担相应责任。工程建设项目招标代理合同应当报当地住房城乡建设主管部门备案。

六、加强招标公告管理，加大招标投标过程公开公示力度

公开透明是从源头预防和遏制腐败的治本之策，是实现招标投标“公开、公平、公正”的重要途径。各地住房城乡建设主管部门应当加强招标公告管理，房屋市政工程项目招标人应当通过有形市场发布资格预审公告或者招标公告。有形市场应当建立与法定招标公告发布媒介的有效链接。资格预审公告或招标公告内容应当真实合法，不得设定与招标项目的具体特点和实际需要不相适应的不合理条件限制和排

斥潜在投标人。

各地住房城乡建设主管部门要进一步健全中标候选人公示制度，依法必须进行招标的项目，招标人应当在有形市场公示中标候选人。公示应当包括以下内容：评标委员会推荐的中标候选人名单及其排序；采用资格预审方式的，资格预审的结果；唱标记录；投标文件被判定为废标的投标人名称、废标原因及其依据；评标委员会对投标报价给予修正的原因、依据和修正结果；评标委员会成员对各投标人投标文件的评分；中标价和中标价中包括的暂估价、暂列金额等。

各地住房城乡建设主管部门要认真执行《招标投标法》、《招标投标法实施条例》等法律法规和本指导意见，不断总结完善招标投标监管成熟经验做法，狠抓制度配套落实，切实履行好房屋市政工程招标投标监管职责，不断规范招标投标行为，促进建筑市场健康发展。

中华人民共和国住房和城乡建设部

二〇一二年四月十八日

附录六

最高人民法院
关于适用《中华人民共和国合同法》若干问题的解释(一)

（1999年12月1日由最高人民法院审判委员会第1090次会议通过，法释［1999］19号公布，自1999年12月29日起施行）

为了正确审理合同纠纷案件，根据《中华人民共和国合同法》（以下简称合同法）的规定，对人民法院适用合同法的有关问题作出如下解释：

一、法律适用范围

第一条 合同法实施以后成立的合同发生纠纷起诉到人民法院的，适用合同法的规定；合同法实施以前成立的合同发生纠纷起诉到人民法院的，除本解释另有规定的以外，适用当时的法律规定，当时没有法律规定的，可以适用合同法的有关规定。

第二条 合同成立于合同法实施之前，但合同约定的履行期限跨越合同法实施之日或者履行期限在合同法实施之后，因履行合同发生的纠纷，适用合同法第四章的有关规定。

第三条 人民法院确认合同效力时，对合同法实施以前成立的合同，适用当时的法律合同无效而适用合同法合同有效的，则适用合同法。

第四条 合同法实施以后，人民法院确认合同无效，应当以全国人大及其常委会制定的法律和国务院制定的行政法规为依据，不得以地方性法规、行政规章为依据。

第五条 人民法院对合同法实施以前已经作出终审裁决的案件进行再审，不适用合同法。

二、诉讼时效

第六条 技术合同争议当事人的权利受到侵害的事实发生在合同法实施之前，自当事人知道或者应当知道其权利受到侵害之日起至合同法实施之日超过一年的，人民法院不予保护；尚未超过一年的，其提起诉讼的时效期间为二年。

第七条 技术进出口合同争议当事人的权利受到侵害的事实发生在合同法实施之前，自当事人知道或者应当知道其权利受到侵害之日起至合同法施行之日超过二年的，人民法院不予保护；尚未超过二年的，其提起诉讼的时效期间为四年。

第八条 合同法第五十五条规定的“一年”、第七十五条和第一百零四条第二款规定的“五年”为不变期间，不适用诉讼时效中止、中断或者延长的规定。

三、合同效力

第九条 依照合同法第四十四条第二款的规定，法律、行政法规规定合同应当办理批准手续，或者办理批准、登记等手续才生效，在一审法庭辩论终结前当事人仍未办理批准手续的，或者仍未办理批准、登记等手续的，人民法院应当认定该合同未生效；法律、行政法规规定合同应当办理登记手续，但未规定登记后生效的，当事人未办理登记手续不影响合同的效力，合同标的物所有权及其他物权不能转移。

合同法第七十七条第二款、第八十七条、第九十六条第二款所列合同变更、转让、解除等情形，依照前款规定处理。

第十条 当事人超越经营范围订立合同，人民法院不因此认定合同无效。但违反国家限制经营、特许经营以及法律、行政法规禁止经营规定的除外。

四、代位权

第十一条 债权人依照合同法第七十三条的规定提起代位权诉讼，应当符合下列条件：

（一）债权人对债务人的债权合法；

（二）债务人怠于行使其到期债权，对债权人造成损害；

（三）债务人的债权已到期；

（四）债务人的债权不是专属于债务人自身的债权。

第十二条 合同法第七十三条第一款规定的专属于债务人自身的债权，是指基于扶养关系、抚养关系、赡养关系、继承关系产生的给付请求权和劳动报酬、退休金、养老金、抚恤金、安置费、人寿保险、人身伤害赔偿请求权等权利。

第十三条 合同法第七十三条规定的“债务人怠于行使其到期债权，对债权人造成损害的”，是指债务人不履行其对债权人的到期债务，又不以诉讼方式或者仲裁方式向其债务人主张其享有的具有金钱给付内容的到期债权，致使债权人的到期债权未能实现。

次债务人（即债务人的债务人）不认为债务人有怠于行使其到期债权情况的，应当承担举证责任。

第十四条 债权人依照合同法第七十三条的规定提起代位权诉讼的，由被告住所地人民法院管辖。

第十五条 债权人向人民法院起诉债务人以后，又向同一人民法院对次债务人提起代位权诉讼，符合本解释第十四条的规定和《中华人民共和国民事诉讼法》第一百零八条规定的起诉条件的，应当立案受理；不符合本解释第十四条规定的，告知债权人向次债务人住所地人民法院另行起诉。

受理代位权诉讼的人民法院在债权人起诉债务人的诉讼裁决发生法律效力以前，应当依照《中华人民共和国民事诉讼法》第一百三十六条第（五）项的规定中止代位权诉讼。

第十六条 债权人以次债务人为被告向人民法院提起代位权诉讼，未将债务人列为第三人的，人民法院可以追加债务人为第三人。

两个或者两个以上债权人以同一次债务人为被告提起代位权诉讼的，人民法院可以合并审理。

第十七条 在代位权诉讼中，债权人请求人民法院对次债务人的财产采取保全措施的，应当提供相应的财产担保。

第十八条 在代位权诉讼中，次债务人对债务人的抗辩，可以向债权人主张。

债务人在代位权诉讼中对债权人的债权提出异议，经审查异议成立的，人民法院应当裁定驳回债权人的起诉。

第十九条 在代位权诉讼中，债权人胜诉的，诉讼费由次债务人负担，从实现的债权中优先支付。

第二十条 债权人向次债务人提起的代位权诉讼经人民法院审理后认定代位权成立的，由次债务人向债权人履行清偿义务，债权人与债务人、债务人与次债务人之间相应的债权债务关系即予消灭。

第二十一条 在代位权诉讼中，债权人行使代位权的请求数额超过债务人所负债务额或者超过次债务人对债务人所负债务额的，对超出部分人民法院不予支持。

第二十二条 债务人在代位权诉讼中，对超过债权人代位请求数额的债权部分起诉次债务人的，人民法院应当告知其向有管辖权的人民法院另行起诉。

债务人的起诉符合法定条件的，人民法院应当受理；受理债务人起诉的人民法院在代位权诉讼裁决发生法律效力以前，应当依法中止。

五、撤销权

第二十三条 债权人依照合同法第七十四条的规定提起撤销权诉讼的，由被告住所地人民法院管辖。

第二十四条 债权人依照合同法第七十四条的规定提起撤销权诉讼时只以债务人为被告，未将受益人或者受让人列为第三人的，人民法院可以追加该受益人或者受让人为第三人。

第二十五条 债权人依照合同法第七十四条的规定提起撤销权诉讼，请求人民法院撤销债务人放弃债权或转让财产的行为，人民法院应当就债权人主张的部分进行审理，依法撤销的，该行为自始无效。

两个或者两个以上债权人以同一债务人为被告，就同一标的提起撤销权诉讼的，人民法院可以合并审理。

第二十六条 债权人行使撤销权所支付的律师代理费、差旅费等必要费用，由债务人负担；第三人有过错的，应当适当分担。

六、合同转让中的第三人

第二十七条 债权人转让合同权利后，债务人与受让人之间因履行合同发生纠纷诉至人民法院，债务人对债权人的权利提出抗辩的，可以将债权人列为第三人。

第二十八条 经债权人同意，债务人转移合同义务后，受让人与债权人之间因履行合同发生纠纷诉至人民法院，受让人就债务人对债权人的权利提出抗辩的，可以将债务人列为第三人。

第二十九条 合同当事人一方经对方同意将其在合同中的权利义务一并转让给受让人，对方与受让人因履行合同发生纠纷诉至人民法院，对方就合同权利义务提出抗辩的，可以将出让方列为第三人。

七、请求权竞合

第三十条 债权人依照合同法第一百二十二条的规定向人民法院起诉时作出选择后，在一审开庭以前又变更诉讼请求的，人民法院应当准许。对方当事人提出管辖权异议，经审查异议成立的，人民法院应当驳回起诉。

附录七

最高人民法院
关于适用《中华人民共和国合同法》若干问题的解释(二)

(2009年2月9日由最高人民法院审判委员会第1462次会议通过，2009年4月24日法释［2009］5号公布，自2009年5月13日起施行)

为了正确审理合同纠纷案件，根据《中华人民共和国合同法》的规定，对人民法院适用合同法的有关问题作出如下解释：

一、合同的订立

第一条 当事人对合同是否成立存在争议，人民法院能够确定当事人名称或者姓名、标的和数量的，一般应当认定合同成立。但法律另有规定或者当事人另有约定的除外。

对合同欠缺的前款规定以外的其他内容，当事人达不成协议的，人民法院依照合同法第六十一条、第六十二条、第一百二十五条等有关规定予以确定。

第二条 当事人未以书面形式或者口头形式订立合同，但从双方从事的民事行为能够推定双方有订立合同意愿的，人民法院可以认定是以合同法第十条第一款中的“其他形式”订立的合同。但法律另有规定的除外。

第三条 悬赏人以公开方式声明对完成一定行为的人支付报酬，完成特定行为的人请求悬赏人支付报酬的，人民法院依法予以支持。但悬赏有合同法第五十二条规定情形的除外。

第四条 采用书面形式订立合同，合同约定的签订地与实际签字或者盖章地点不符的，人民法院应当认定约定的签订地为合同签订地；合同没有约定签订地，双方当事人签字或者盖章不在同一地点的，人民法院应当认定最后签字或者盖章的地点为合同签订地。

第五条 当事人采用合同书形式订立合同的，应当签字或者盖章。当事人在合同书上摁手印的，人民法院应当认定其具有与签字或者盖章同等的法律效力。

第六条 提供格式条款的一方对格式条款中免除或者限制其责任的内容，在合同订立时采用足以引起对方注意的文字、符号、字体等特别标识，并按照对方的要求对该格式条款予以说明的，人民法院应当认定符合合同法第三十九条所称“采取合理的方式”。

提供格式条款一方对已尽合理提示及说明义务承担举证责任。

第七条 下列情形，不违反法律、行政法规强制性规定的，人民法院可以认定为合同法所称“交易习惯”：

(一) 在交易行为当地或者某一领域、某一行业通常采用并为交易对方订立合同时所知道或者应当知道的做法；

(二) 当事人双方经常使用的习惯做法。

对于交易习惯，由提出主张的一方当事人承担举证责任。

第八条 依照法律、行政法规的规定经批准或者登记才能生效的合同成立后，有义务办理申请批准或者申请登记等手续的一方当事人未按照法律规定或者合同约定办理申请批准或者未申请登记的，属于合同法第四十二条第（三）项规定的“其他违背诚实信用原则的行为”，人民法院可以根据案件的具体情况和相对人的请求，判决相对人自己办理有关手续；对方当事人对由此产生的费用和给相对人造成的实际损失，应当承担损害赔偿责任。

二、合同的效力

第九条　提供格式条款的一方当事人违反合同法第三十九条第一款关于提示和说明义务的规定，导致对方没有注意免除或者限制其责任的条款，对方当事人申请撤销该格式条款的，人民法院应当支持。

第十条　提供格式条款的一方当事人违反合同法第三十九条第一款的规定，并具有合同法第四十条规定的情形之一的，人民法院应当认定该格式条款无效。

第十一条　根据合同法第四十七条、第四十八条的规定，追认的意思表示自到达相对人时生效，合同自订立时起生效。

第十二条　无权代理人以被代理人的名义订立合同，被代理人已经开始履行合同义务的，视为对合同的追认。

第十三条　被代理人依照合同法第四十九条的规定承担有效代理行为所产生的责任后，可以向无权代理人追偿因代理行为而遭受的损失。

第十四条　合同法第五十二条第（五）项规定的“强制性规定”，是指效力性强制性规定。

第十五条　出卖人就同一标的物订立多重买卖合同，合同均不具有合同法第五十二条规定的无效情形，买受人因不能按照合同约定取得标的物所有权，请求追究出卖人违约责任的，人民法院应予支持。

三、合同的履行

第十六条　人民法院根据具体案情可以将合同法第六十四条、第六十五条规定的第三人列为无独立请求权的第三人，但不得依职权将其列为该合同诉讼案件的被告或者有独立请求权的第三人。

第十七条　债权人以境外当事人为被告提起的代位权诉讼，人民法院根据《中华人民共和国民事诉讼法》第二百四十一条的规定确定管辖。

第十八条　债务人放弃其未到期的债权或者放弃债权担保，或者恶意延长到期债权的履行期，对债权人造成损害，债权人依照合同法第七十四条的规定提起撤销权诉讼的，人民法院应当支持。

第十九条　对于合同法第七十四条规定的“明显不合理的低价”，人民法院应当以交易当地一般经营者的判断，并参考交易当时交易地的物价部门指导价或者市场交易价，结合其他相关因素综合考虑予以确认。

转让价格达不到交易时交易地的指导价或者市场交易价百分之七十的，一般可以视为明显不合理的低价；对转让价格高于当地指导价或者市场交易价百分之三十的，一般可以视为明显不合理的高价。

债务人以明显不合理的高价收购他人财产，人民法院可以根据债权人的申请，参照合同法第七十四条的规定予以撤销。

第二十条　债务人的给付不足以清偿其对同一债权人所负的数笔相同种类的全部债务，应当优先抵充已到期的债务；几项债务均到期的，优先抵充对债权人缺乏担保或者担保数额最少的债务；担保数额相同的，优先抵充债务负担较重的债务；负担相同的，按照债务到期的先后顺序抵充；到期时间相同的，按比例抵充。但是，债权人与债务人对清偿的债务或者清偿抵充顺序有约定的除外。

第二十一条　债务人除主债务之外还应当支付利息和费用，当其给付不足以清偿全部债务时，并且当事人没有约定的，人民法院应当按照下列顺序抵充：

（一）实现债权的有关费用；

（二）利息；

（三）主债务。

四、合同的权利义务终止

第二十二条 当事人一方违反合同法第九十二条规定的义务，给对方当事人造成损失，对方当事人请求赔偿实际损失的，人民法院应当支持。

第二十三条 对于依照合同法第九十九条的规定可以抵销的到期债权，当事人约定不得抵销的，人民法院可以认定该约定有效。

第二十四条 当事人对合同法第九十六条、第九十九条规定的合同解除或者债务抵销虽有异议，但在约定的异议期限届满后才提出异议并向人民法院起诉的，人民法院不予支持；当事人没有约定异议期间，在解除合同或者债务抵销通知到达之日起三个月以后才向人民法院起诉的，人民法院不予支持。

第二十五条 依照合同法第一百零一条的规定，债务人将合同标的物或者标的物拍卖、变卖所得价款交付提存部门时，人民法院应当认定提存成立。

提存成立的，视为债务人在其提存范围内已经履行债务。

第二十六条 合同成立以后客观情况发生了当事人在订立合同时无法预见的、非不可抗力造成的不属于商业风险的重大变化，继续履行合同对于一方当事人明显不公平或者不能实现合同目的，当事人请求人民法院变更或者解除合同的，人民法院应当根据公平原则，并结合案件的实际情况确定是否变更或者解除。

五、违约责任

第二十七条 当事人通过反诉或者抗辩的方式，请求人民法院依照合同法第一百一十四条第二款的规定调整违约金的，人民法院应予支持。

第二十八条 当事人依照合同法第一百一十四条第二款的规定，请求人民法院增加违约金的，增加后的违约金数额以不超过实际损失额为限。增加违约金以后，当事人又请求对方赔偿损失的，人民法院不予支持。

第二十九条 当事人主张约定的违约金过高请求予以适当减少的，人民法院应当以实际损失为基础，兼顾合同的履行情况、当事人的过错程度以及预期利益等综合因素，根据公平原则和诚实信用原则予以衡量，并作出裁决。

当事人约定的违约金超过造成损失的百分之三十的，一般可以认定为合同法第一百一十四条第二款规定的“过分高于造成的损失”。

六、附　则

第三十条 合同法施行后成立的合同发生纠纷的案件，本解释施行后尚未终审的，适用本解释；本解释施行前已经终审，当事人申请再审或者按照审判监督程序决定再审的，不适用本解释。

附录八

最高人民法院
关于审理建设工程施工合同纠纷案件适用法律问题的解释

(2004年9月29日由最高人民法院审判委员会第1327次会议通过，2004年10月25日（法释〔2004〕14号）公布，自2005年1月1日起施行)

根据《中华人民共和国民法通则》、《中华人民共和国合同法》、《中华人民共和国招标投标法》、《中华人民共和国民事诉讼法》等法律规定，结合民事审判实际，就审理建设工程施工合同纠纷案件适用法律的问题，制定本解释。

第一条 建设工程施工合同具有下列情形之一的，应当根据合同法第五十二条第（五）项的规定，认定无效：

(一）承包人未取得建筑施工企业资质或者超越资质等级的；

(二）没有资质的实际施工人借用有资质的建筑施工企业名义的；

(三）建设工程必须进行招标而未招标或者中标无效的。

第二条 建设工程施工合同无效，但建设工程经竣工验收合格，承包人请求参照合同约定支付工程价款的，应予支持。

第三条 建设工程施工合同无效，且建设工程经竣工验收不合格的，按照以下情形分别处理：

(一）修复后的建设工程经竣工验收合格，发包人请求承包人承担修复费用的，应予支持；

(二）修复后的建设工程经竣工验收不合格，承包人请求支付工程价款的，不予支持。

因建设工程不合格造成的损失，发包人有过错的，也应承担相应的民事责任。

第四条 承包人非法转包、违法分包建设工程或者没有资质的实际施工人借用有资质的建筑施工企业名义与他人签订建设工程施工合同的行为无效。人民法院可以根据民法通则第一百三十四条规定，收缴当事人已经取得的非法所得。

第五条 承包人超越资质等级许可的业务范围签订建设工程施工合同，在建设工程竣工前取得相应资质等级，当事人请求按照无效合同处理的，不予支持。

第六条 当事人对垫资和垫资利息有约定，承包人请求按照约定返还垫资及其利息的，应予支持，但是约定的利息计算标准高于中国人民银行发布的同期同类贷款利率的部分除外。

当事人对垫资没有约定的，按照工程欠款处理。

当事人对垫资利息没有约定，承包人请求支付利息的，不予支持。

第七条 具有劳务作业法定资质的承包人与总承包人、分包人签订的劳务分包合同，当事人以转包建设工程违反法律规定为由请求确认无效的，不予支持。

第八条 承包人具有下列情形之一，发包人请求解除建设工程施工合同的，应予支持：

(一）明确表示或者以行为表明不履行合同主要义务的；

(二）合同约定的期限内没有完工，且在发包人催告的合理期限内仍未完工的；

(三）已经完成的建设工程质量不合格，并拒绝修复的；

(四）将承包的建设工程非法转包、违法分包的。

第九条 发包人具有下列情形之一，致使承包人无法施工，且在催告的合理期限内仍未履行相应义务，承包人请求解除建设工程施工合同的，应予支持：

（一）未按约定支付工程价款的；

（二）提供的主要建筑材料、建筑构配件和设备不符合强制性标准的；

（三）不履行合同约定的协助义务的。

第十条 建设工程施工合同解除后，已经完成的建设工程质量合格的，发包人应当按照约定支付相应的工程价款；已经完成的建设工程质量不合格的，参照本解释第三条规定处理。

因一方违约导致合同解除的，违约方应当赔偿因此而给对方造成的损失。

第十一条 因承包人的过错造成建设工程质量不符合约定，承包人拒绝修理、返工或者改建，发包人请求减少支付工程价款的，应予支持。

第十二条 发包人具有下列情形之一，造成建设工程质量缺陷，应当承担过错责任：

（一）提供的设计有缺陷；

（二）提供或者指定购买的建筑材料、建筑构配件、设备不符合强制性标准；

（三）直接指定分包人分包专业工程。

承包人有过错的，也应当承担相应的过错责任。

第十三条 建设工程未经竣工验收，发包人擅自使用后，又以使用部分质量不符合约定为由主张权利的，不予支持；但是承包人应当在建设工程的合理使用寿命内对地基基础工程和主体结构质量承担民事责任。

第十四条 当事人对建设工程实际竣工日期有争议的，按照以下情形分别处理：

（一）建设工程经竣工验收合格的，以竣工验收合格之日为竣工日期；

（二）承包人已经提交竣工验收报告，发包人拖延验收的，以承包人提交验收报告之日为竣工日期；

（三）建设工程未经竣工验收，发包人擅自使用的，以转移占有建设工程之日为竣工日期。

第十五条 建设工程竣工前，当事人对工程质量发生争议，工程质量经鉴定合格的，鉴定期间为顺延工期期间。

第十六条 当事人对建设工程的计价标准或者计价方法有约定的，按照约定结算工程价款。

因设计变更导致建设工程的工程量或者质量标准发生变化，当事人对该部分工程价款不能协商一致的，可以参照签订建设工程施工合同时当地建设行政主管部门发布的计价方法或者计价标准结算工程价款。

建设工程施工合同有效，但建设工程经竣工验收不合格的，工程价款结算参照本解释第三条规定处理。

第十七条 当事人对欠付工程价款利息计付标准有约定的，按照约定处理；没有约定的，按照中国人民银行发布的同期同类贷款利率计息。

第十八条 利息从应付工程价款之日计付。当事人对付款时间没有约定或者约定不明的，下列时间视为应付款时间：

（一）建设工程已实际交付的，为交付之日；

（二）建设工程没有交付的，为提交竣工结算文件之日；

（三）建设工程未交付，工程价款也未结算的，为当事人起诉之日。

第十九条 当事人对工程量有争议的，按照施工过程中形成的签证等书面文件确认。承包人能够证明发包人同意其施工，但未能提供签证文件证明工程量发生的，可以按照当事人提供的其他证据确认实际发生的工程量。

第二十条 当事人约定，发包人收到竣工结算文件后，在约定期限内不予答复，视为认可竣工结算文件的，按照约定处理。承包人请求按照竣工结算文件结算工程价款的，应予支持。

第二十一条 当事人就同一建设工程另行订立的建设工程施工合同与经过备案的中标合同实质性内容不一致的，应当以备案的中标合同作为结算工程价款的根据。

第二十二条　当事人约定按照固定价结算工程价款，一方当事人请求对建设工程造价进行鉴定的，不予支持。

第二十三条　当事人对部分案件事实有争议的，仅对有争议的事实进行鉴定，但争议事实范围不能确定，或者双方当事人请求对全部事实鉴定的除外。

第二十四条　建设工程施工合同纠纷以施工行为地为合同履行地。

第二十五条　因建设工程质量发生争议的，发包人可以以总承包人、分包人和实际施工人为共同被告提起诉讼。

第二十六条　实际施工人以转包人、违法分包人为被告起诉的，人民法院应当依法受理。

实际施工人以发包人为被告主张权利的，人民法院可以追加转包人或者违法分包人为本案当事人。发包人只在欠付工程价款范围内对实际施工人承担责任。

第二十七条　因保修人未及时履行保修义务，导致建筑物毁损或者造成人身、财产损害的，保修人应当承担赔偿责任。

保修人与建筑物所有人或者发包人对建筑物毁损均有过错的，各自承担相应的责任。

第二十八条　本解释自二〇〇五年一月一日起施行。

施行后受理的第一审案件适用本解释。

施行前最高人民法院发布的司法解释与本解释相抵触的，以本解释为准。

附录九

北京仲裁委员会
建设工程争议评审规则

（2009 年 1 月 20 日第五届北京仲裁委员会第四次会议讨论通过，自 2009 年 3 月 1 日起施行）

第一条 为预防、减少、及时解决建设工程合同争议，北京仲裁委员会（以下简称本会）特制定本规则。本规则旨在为当事人选择适用争议评审提供程序指引，在当事人约定适用本规则的情况下，本规则对当事人有约束力。当事人就评审事项另有约定的，从约定。

第二条 本规则所称争议评审系指，根据当事人约定，在建设工程合同（包括但不限于勘察合同、设计合同、施工合同、监理合同、项目管理合同等）履行中发生纠纷时，当事人将争议提交专家评审组（以下简称评审组）对争议出具评审意见的争议解决方式。

当事人在组成评审组前应当对评审意见的范围和约束力作出约定。当事人未对评审意见的范围和约束力作出约定，则按照本规则的相关规定确定。

第三条 评审组按照当事人约定组成。当事人未对评审组的组成作出约定的，按照本规则的规定组成评审组。

第四条 评审组由三名有合同管理和工程实践经验的专家组成。当事人对评审组的组成人数另有约定的从约定。

本会提供推荐性的评审专家名册，供当事人选择评审专家。当事人也可以在该名册外选择评审专家。

第五条 当事人应当自工程开工之日起 28 日内或者争议发生后一方当事人收到对方发出的要求评审解决争议的通知之日起 14 日内各自选定一名评审专家。当事人逾期未能选定评审专家的，本会主任可以根据一方或者各方当事人的请求指定。当事人另有约定的除外。

第三名评审专家由上述两名评审专家向当事人提名，由当事人共同确定。如果上述两名评审专家自被选定之日起 5 日内未向当事人提名第三名评审专家或者当事人自收到提名名单后 5 日内未共同确定第三名评审专家，则本会主任根据一方或者各方当事人的请求指定。第三名评审专家为评审组的首席评审专家。

第六条 当事人约定评审组由一名评审专家组成的，应当自开工之日起 28 日内或者争议发生后一方当事人收到对方发出的要求评审解决争议的通知之日起 14 日内共同选定评审专家，当事人另有约定的除外。当事人逾期未能共同选定，则本会主任可以根据一方或者各方当事人的请求指定。

第七条 评审专家确定后，全体当事人应分别与每一位评审专家签订《评审专家协议》，对必要的事项作出约定，包括但不限于提交评审解决的争议范围、评审组的工作内容、评审意见的效力、评审专家的报酬计算方式和标准等。除非当事人及评审组另有约定，如评审组由多人组成时，每一份《评审专家协议》应当与其他《评审专家协议》含有同样的实质性条款。

当事人可以在任何时间共同终止与任何评审专家签订的《评审专家协议》，但应当根据工作情况向该评审专家支付终止之日起最低三个月的月劳务费，除非当事人与评审专家另有约定。

每一位评审专家均可在任何时间终止《评审专家协议》，但须至少提前三个月书面通知当事人，除非当事人与评审专家另有约定。

第八条 评审组组成后，评审专家应当签署保证独立、公正评审争议的声明书，并转交各方当事人。

评审专家知悉其与当事人存在可能导致当事人对其独立性、公正性产生怀疑的情形的，应当书面披露。除非各方当事人自收到书面披露之日起15日内明确表示同意其继续担任评审专家，否则其应当退出评审组。

当事人知悉评审专家与当事人存在可能导致当事人对其独立性、公正性产生怀疑的情形并要求该评审专家退出评审组的，应在获悉该情形之日起15日内向本会提交申请其退出评审组的书面请求。

一方当事人申请评审专家退出，另一方当事人表示同意，或者被申请退出的评审专家知悉后主动退出，则该评审专家不再参加评审程序，但上述任何情形均不意味着当事人提出退出的理由成立。除前述情形以外，本会主任将对评审专家是否退出作出决定。

如果评审专家退出，该评审专家与当事人之间的协议随即终止。除当事人另有约定外，应当按照退出的评审专家的产生方式重新确定评审专家。

第九条 评审专家因疾病、当事人共同要求退出或者其他原因不能正常或者适当履行评审专家职责的，应当退出。

新的评审专家应按照退出的评审专家的产生方式确定。当事人另有约定的从约定。

评审专家退出前的评审行为有效。评审组由三名评审专家组成而其中一名退出的，另两名应当继续担任评审专家，但在新的评审专家产生之前不得进行评审活动，除非各方当事人明确表示同意。

第十条 如果评审组认为必要，可以在工程施工期间定期或者不定期考察施工现场，随时了解工程进度。

第十一条 当事人申请评审组解决争议时，应当向评审组提交评审申请报告，并转交其他当事人和监理。

评审申请报告包括但不限于下列内容：

1. 争议的事实及相关情况；
2. 提交评审组作出决定的争议事项；
3. 申请方对争议处理的建议和意见等。

申请报告应当附有与争议相关的必要文件、图纸以及其他证明材料。

第十二条 对方当事人应当自收到评审申请报告之日起28日内，提交答辩报告，陈述对争议的处理意见并附证明材料。

上述材料应当转交提出申请的当事人和监理。

不提交答辩报告，不影响评审程序的进行。

第十三条 评审组应当自对方当事人答辩期满后14日内，召开调查会，并通知当事人到场。当事人可以委托代理人参加调查会。

申请评审的当事人无正当理由不到场的，评审组可以决定终结本次评审活动；另一方当事人无正当理由不到场的，评审组有权决定继续召开调查会。

第十四条 评审专家均应当参加调查会。除非各方当事人同意，评审组不得在任何一名评审专家缺席的情况下召开调查会。

第十五条 评审组可以在充分考虑案情、当事人意愿以及快速解决争议需要的情况下，采取其认为适当的程序和方式进行调查，包括但不限于：

（一）询问当事人；

（二）要求当事人补充提交材料和书面意见；

（三）进行现场勘查；

（四）采取其他措施保证正常履行评审组的职责。

第十六条 当事人应当配合评审组的工作，并提供必要的条件。

第十七条 评审组应当平等、公正对待各方当事人，给予各方当事人陈述的合理机会并避免不必要的拖延以及费用支出。

评审专家除按照当事人的约定或者本规则的规定履行评审职责外，不能向当事人提供与评审事项无关的建议，更不能担任当事人的顾问。

第十八条 评审专家对于评审过程中的任何事项均负有保密义务。

评审专家亦不得在评审活动进行中或评审活动结束后就相同或者相关争议进行的诉讼、仲裁程序中作为仲裁员、证人或者一方当事人的代理人。

第十九条 评审组应当在调查会结束后14日内，作出书面评审意见，并说明理由。当事人对评审意见作出的期限另有约定的从约定。

第二十条 由三名评审专家组成评审组的，评审意见应当按照多数评审专家的意见作出；不能形成多数意见时，应当按照首席评审专家的意见作出。

评审意见由评审专家签名。持不同意见的评审专家，可以不签名，但应当出具单独的个人意见，随评审意见送达当事人，但该意见不构成评审意见的一部分。不签名的评审专家不出具个人意见的，不影响评审意见的作出。

第二十一条 当事人对评审意见有异议的，应当自收到评审意见之日起14日内向评审组或者对方当事人书面提出。当事人在上述期限内提出异议的，评审意见即不具约束力；未提出异议的，则评审意见在上述期限届满之日起对各方当事人有约束力。当事人应当按照评审意见执行。

如当事人约定评审意见自作出或者当事人收到之日起即对当事人有约束力，即使当事人在收到评审意见之日起14日内提出了书面异议，仍应按照评审意见执行。在当事人将该争议提交仲裁庭或者法院对该项争议作出不同的裁决或者判决前，评审意见仍对当事人有约束力。

评审意见对当事人不具约束力，或者评审组未在本规则第十九条规定的期限内作出决定，或者评审组在评审意见作出之前依据本规则被解散，当事人均可就相关争议直接交付仲裁或诉讼。

第二十二条 评审组至《评审专家协议》约定的期限届满时终止其职责。但在上述期限内提交评审的争议，评审组仍应作出评审意见。

评审组终止职责或解散后产生的争议，当事人可提交仲裁或诉讼解决。

第二十三条 评审专家不对依据本规则进行的任何评审行为承担赔偿责任，除非有证据表明该行为违反本规则的有关规定。

对于当事人选择适用本规则所发生的一切后果以及本会所进行的指定评审专家、决定评审专家是否退出等管理行为，本会及本会工作人员均不承担任何赔偿责任。

第二十四条 当事人应当按照与评审组约定的数额、时间支付评审专家报酬。当事人未按约定支付的，评审组可以决定暂时中止评审活动。

如果本会有行政费用发生，则当事人应按照本会公布的收费办法支付。

上述费用原则上由各方当事人平均分担，当事人另有约定或《北京仲裁委员会建设工程争议评审收费办法》另有规定的除外。

第二十五条 本规则由本会负责解释。

第二十六条 本规则自2009年3月1日起施行。

附录十

中国国际经济贸易仲裁委员会
建设工程争议评审规则（试行）

（中国国际贸易促进委员会/中国国际商会2010年1月27日通过，2010年5月1日起试行）

第一章　总　则

第一条　为便于当事人采用争议评审方式预防、减少和及时解决建设工程争议，中国国际经济贸易仲裁委员会（以下简称仲裁委员会）特制定本规则。

第二条　建设工程争议评审是当事人在履行建设工程合同发生争议时，根据约定，将有关争议提交争议评审组（以下简称评审组）进行评审，由评审组作出评审意见的一种争议解决方式。

当事人可以对评审意见的效力做出约定，评审意见依约定对当事人产生约束力。当事人对评审意见的效力未作约定但同意适用本规则的，在满足本规则规定的条件后，评审意见即对当事人具有约束力。

本规则所指的建设工程合同（以下简称合同）包括工程勘察合同、设计合同、施工合同以及其他与建设工程有关的合同。

第三条　本规则在当事人约定适用的情况下，对当事人具有约束力。

当事人对特定事项另有约定的，从其约定。

第二章　评审组

第四条　评审组分为常设评审组和临时评审组。

当事人可以在签订合同时或者在约定的期限内确定评审组成员，成立常设评审组，以跟踪了解合同履行的情况，协助预防争议；常设评审组可以根据当事人的申请，评审有关争议。

当事人也可以在争议发生后，成立临时评审组，评审特定争议。

评审组的产生方式和工作内容、评审程序、评审意见的效力、评审组成员的报酬和费用等根据当事人的约定来确定。当事人没有约定而同意适用本规则的，依据本规则确定。

第五条　除非当事人另有约定，评审组由一名或三名评审专家组成。

当事人没有约定评审组组成人数的，评审组由三名评审专家组成。

第六条　评审专家应当具有合同管理、合同解释和建设工程行业的专业知识和实践经验。

当事人对评审组成员的资格有其他特殊约定的，从其约定。

第七条　仲裁委员会设立推荐性的《建设工程争议评审专家名册》（以下简称《评审专家名册》），供当事人选定评审组成员时参考。当事人也可以在《评审专家名册》之外选择评审组成员。

第八条　常设评审组由三人组成的，双方当事人应当在约定的期限内，或者在没有约定期限的情况下，在合同签订后28天内或合同开始履行后28天内（以较早的时间为准），各自选定一名评审专家，并书面通知对方和评审专家。当事人未能在上述期限内选定评审专家的，任一方当事人可以请求仲裁委员会秘书长代为指定上述评审专家。

根据前款规定产生的两名评审专家应在第二名评审专家确定之日起14天内共同选定第三名评审专家，并书面通知双方当事人。两名评审专家未能在上述期限内共同选定第三名评审专家的，任一方当事人可以请求仲裁委员会秘书长代为指定第三名评审专家。第三名评审专家应当担任评审组的首席评审专家。

第九条 当事人约定常设评审组由一人组成的，双方当事人应当在约定的期限内，或者在合同没有约定期限的情况下，在合同签订后28天内或合同开始履行后28天内（以较早的时间为准），共同选定独任评审专家。当事人在上述期限内未能就独任评审专家的人选达成一致的，任一方当事人可以请求仲裁委员会秘书长代为指定独任评审专家。

第十条 当事人请求仲裁委员会秘书长代为指定评审专家的，应当以书面形式提出，附具有关建设工程合同性质或者争议性质的说明。当事人对评审专家资格有特殊要求的，也应当一并予以说明。

仲裁委员会秘书长在代为指定评审专家时，应当综合考虑相关建设工程合同或者争议的性质、所需评审专家的专业特长、行业经验、语言能力以及当事人的特殊要求等相关情况。

第十一条 评审组的每一位成员应当分别与全体当事人签订《评审组成员协议》，对必要的事项作出约定，包括但不限于评审组解决争议的范围、评审组的工作内容、评审组成员与当事人的一般义务、评审组成员的报酬和费用、协议的生效和终止等。

当事人可以在任何时间共同终止《评审组成员协议》，但应当提前书面通知评审组成员。任何一方当事人不能单独终止《评审组成员协议》。评审组成员可在任何时间单方终止《评审组成员协议》，但应当提前书面通知所有当事人，上述提前通知的时间由当事人与评审组成员具体约定。

《评审组成员协议》终止的，评审组成员即退出评审组。评审组成员因为本规则规定的其他情形不再担任评审组成员或退出评审组的，该名评审组成员与当事人签署的《评审组成员协议》当即终止。

根据当事人的请求并经双方同意，仲裁委员会可以为《评审组成员协议》的达成提供联络沟通、文件交换等辅助性秘书服务。

第十二条 在评审组成员与当事人签订的《评审组成员协议》生效后，评审组正式成立。

评审组在《评审组成员协议》约定的期限届满时终止工作。除非当事人另有约定，当事人可以共同决定提前解散评审组。评审组自收到最后一方当事人的书面通知之日起解散。

第十三条 评审专家应当独立、公正地履行职责。

评审专家知悉存在可能引起当事人对其公正性或者独立性产生合理怀疑的任何事实或情况的，应当立即向所有当事人书面披露，并将该披露事宜及时通知评审组的其他成员。

任何一方当事人在收到评审专家的书面披露之日起14天内对该专家提出书面异议的，该名评审专家不再担任评审组成员。当事人未在上述期限内提出书面异议的，视为同意其继续担任评审组成员，此后不得以该名评审专家曾经披露的事项为由再提出异议或者申请其回避。

第十四条 任何一方当事人发现对某位评审专家的公正性或者独立性产生合理怀疑的任何事实或情况而要求其回避的，可以在得知回避事由后14天内书面申请仲裁委员会秘书长对该名评审专家是否回避作出决定，但应当说明提出回避请求所依据的具体事实和理由，并举证。

一方当事人申请评审专家回避，其他当事人同意的，或者被申请回避的评审专家主动提出不担任评审组成员的，该名评审专家不再担任评审组成员。上述情形并不表示当事人提出回避的理由成立。除此种情形外，评审专家是否应当回避，由仲裁委员会秘书长作出终局决定，并可以不说明理由。

在仲裁委员会秘书长就评审专家是否回避作出决定前，被申请回避的评审专家应当继续履行职责。

第十五条 评审专家在法律或事实上不能正常或者适当履行评审组成员职责的，应当退出评审组。

评审专家因本规则规定的情形不再担任评审组成员或退出评审组的，除非当事人另有约定，应当按照其原来的产生方式确定替换的评审专家。三人评审组中有一人退出的，其余两人应当继续担任评审组成员。

除非当事人另有约定，在替换的评审专家产生以前，评审组应当中止工作。替换前评审组的行为继续有效。

第十六条 评审专家应当依照本规则和《评审组成员协议》，勤勉审慎地履行职责。

评审专家对评审组工作中的相关事项和所涉信息负有保密义务，当事人另有约定或者本规则另有规定的除外。

除非当事人同意，评审专家不得在与评审争议相关的仲裁或者诉讼程序中担任仲裁员、法官或者一方当事人的证人或代理人，但在仲裁庭或法庭认为有必要的情况下，可以作为仲裁庭或法庭的证人参与仲裁或诉讼程序。

第十七条　常设评审组应当研究当事人提交的相关资料，在合同履行期间定期与当事人会晤、进行现场考察，以保证熟悉合同文件、及时跟踪了解合同的履行情况以及合同履行过程中出现的分歧。

双方当事人和评审组所有成员均应参加所有的会晤和现场考察。如果一方当事人未能出席，评审组有权决定会晤或现场考察如期进行。除非各方当事人同意或评审组另有决定，评审组不得在任何一位评审组成员缺席的情况下进行会晤或现场考察。

除定期的会晤和现场考察外，任何一方当事人还可以根据需要，请求评审组紧急安排会晤或现场考察。评审组应当尽可能在收到上述请求之日起28天内进行会晤或现场考察。

根据当事人的请求并经双方同意，仲裁委员会可以为评审组和当事人之间的会晤提供场所、设备以及必要的支持与协助。

第十八条　在当事人同意的情况下，常设评审组可以采取其认为适当的方式和措施，非正式地协助当事人解决合同履行过程中产生的分歧。

上述方式和措施包括但不限于评审组和当事人共同讨论、在征得所有当事人同意后单独与各方会谈以及发表非正式的口头或书面意见。

如上述分歧最终被提交评审解决，评审组和当事人在评审程序中均不受其在非正式协助过程中发表的口头或书面意见的约束。

第十九条　当事人应当充分配合评审组的工作，及时向评审组提供必要的信息和有关资料，遵从评审组的安排和决定，并为评审组的工作提供必要的条件。

第二十条　评审组与当事人之间的任何书面文件往来，都应当按照当事人与评审组约定的联系方式进行，同时发送给各方当事人和评审组的所有成员。

评审组由三人组成的，首席评审专家收到文件的时间视为评审组收到当事人提交文件的时间。

第三章　评审程序

第二十一条　评审程序自评审组收到评审申请之日开始。

第二十二条　任何一方当事人作为申请人，申请评审组通过评审程序解决争议时，应当向评审组提交书面的评审申请，并同时将评审申请转交被申请人。

评审申请应当包括：

（一）当事人关于将争议提交评审解决的约定；

（二）争议的相关情况和争议要点；

（三）申请人提交评审解决的争议事项和具体的评审请求；

（四）申请人对争议的处理意见及所依据的文件、图纸及其他证明材料。

第二十三条　除非当事人另有约定或者评审组另有决定，被申请人应当在收到申请人的评审申请之日起28天内，向评审组提交书面答辩，并同时将答辩转交申请人。

答辩应当包括被申请人对争议的处理意见及所依据的文件、图纸及其他证明材料。

被申请人未提交书面答辩的，不影响评审程序的继续进行。

第二十四条　评审组评审争议时应当召开调查会，当事人另有约定的除外。评审组可以根据评审的需要，召开多次调查会。

除非当事人另有约定或者评审组另有决定，被申请人在答辩期限内提交书面答辩的，第一次调查会应当在评审组收到答辩后14天内召开；被申请人未在答辩期限内提交书面答辩的，第一次调查会应当在答辩期限届满后14天内召开。

根据当事人的请求并经双方同意，仲裁委员会可以为调查会提供场所、设备以及必要的支持与协助。

第二十五条 除非当事人另有约定，调查会不公开进行。

当事人可以委托代理人参加调查会。当事人有正当理由不能参加调查会的，可以申请延期，但必须提前以书面方式向评审组提出。是否同意延期，由评审组决定。

任何一方当事人未出席调查会的，评审组在确信其已收到调查会通知的情况下，有权决定调查会继续进行。

除非各方当事人同意，评审组的所有成员均应当参加调查会。

第二十六条 除非当事人另有约定，评审组除召开调查会外，还可以按照其认为适当的其他方式评审争议，但应当避免不必要的程序拖延和费用开支。在任何情形下，评审组均应公平和公正地行事，给予各方当事人陈述与辩论的合理机会。

第二十七条 除非当事人另有约定，评审组的权力包括但不限于：

（一）决定评审组对所涉争议的管辖权及评审争议的范围；

（二）决定评审程序的安排；

（三）召集会晤、进行现场考察和召开调查会，并决定与此有关的任何程序事宜；

（四）询问当事人、当事人的代理人和证人；

（五）要求当事人提交补充材料和书面意见；

（六）根据评审争议的需要，决定进行鉴定或者聘请专家就某一具体的法律或技术问题出具意见；

（七）在一方当事人缺席的情况下继续评审程序并出具评审意见；

（八）采取其他必要措施保证评审程序顺利进行和评审组正常履行职责。

第二十八条 当事人在评审程序中可以就争议自行和解，也可以在评审组的主持下进行调解。

当事人在评审程序中达成和解或者调解成功的，评审程序终止。当事人可以就此签订和解协议。当事人也可以根据和解协议中的仲裁条款，请求仲裁委员会组成仲裁庭根据和解协议的内容作出仲裁裁决。

未达成和解或者调解未成功的，评审组和各方当事人在评审程序中均不受其在和解或者调解过程中发表的口头或书面意见的约束。

第二十九条 申请人撤回评审请求或者当事人一致同意终止评审程序的，评审程序终止。

第三十条 在当事人和评审组一致同意的情况下，评审组可以决定对同一合同项下产生的多个争议一并评审，或对相同当事人多个合同项下的相关争议一并评审。

第三十一条 争议的评审涉及第三人的，经当事人和第三人的书面同意并重新与评审组成员签署《评审组成员协议》，评审组可以决定第三人加入评审程序。第三人加入评审程序之前，还应当以书面形式同意接受本规则的约束，并且同意评审组的组成和此前已经进行的评审程序，原当事人与该第三人另有约定的除外。

第三十二条 除非当事人另有约定，评审组应当在评审程序开始之日起84天内出具评审意见。评审组在征得各方当事人同意的前提下，可以适当延长作出评审意见的期限。

第三十三条 除非当事人另有约定，评审组应当依据合同的条款和合同项目所在地或者其他与合同有最密切联系地法律的规定，参考相关的国内外行业惯例和技术标准规范，公平合理、独立公正地作出评审意见。

第三十四条 评审意见应当以书面形式作出。

评审意见的内容应当包括但不限于：

（一）申请人的评审请求、争议事项和双方当事人的意见；

（二）评审组对争议的评审结果和所依据的事实及理由；

（三）评审意见的效力；

（四）评审意见作出的日期。

第三十五条 由三人评审组评审争议的，评审意见依全体或者多数评审专家的意见作出；不能形成多数意见的，依首席评审专家的意见作出。

评审意见应当由评审专家签署。持不同意见的评审专家可以在评审意见上署名，也可以不署名，但应当出具单独的书面意见，随评审意见转给各方当事人。该书面意见不构成评审意见的一部分。不附具不同意见的，不影响评审意见的作出和效力。

第三十六条　根据当事人的约定，仲裁委员会可以对评审意见草案进行核阅。

当事人约定由仲裁委员会对评审意见草案进行核阅的，评审组应当在签署评审意见前将评审意见草案提交仲裁委员会。在不影响评审组独立评审的前提下，仲裁委员会可以就评审意见的有关问题提请评审组注意。

仲裁委员会应当在收到评审意见草案和当事人缴纳的核阅费用后14天（以较晚的时间为准）内核阅完毕。特殊情况下需要延长核阅期限的，仲裁委员会应当提前书面通知评审组和各方当事人。

由仲裁委员会核阅评审意见草案的，评审组可视具体情形，对评审意见作出的期限予以延长。

第三十七条　当事人对评审意见的结果有异议的，应当自收到评审意见之日起14天内向评审组和对方当事人书面提出，并说明理由。当事人在上述期限内未提出异议的，评审意见自上述期限届满之日起对各方当事人具有约束力，当事人应当遵照评审意见执行。当事人在上述期限内提出书面异议的，评审意见对当事人不产生约束力。评审意见的结果可以拆分成可独立执行的若干项而当事人只针对其中的一项或几项提出书面异议的，不影响其他各项评审结果的约束力。

评审意见产生约束力的，在当事人通过将争议提交诉讼或者根据仲裁协议提交仲裁获得与评审意见不同的判决或裁决之前，或者在各方当事人就评审争议的解决另行作出不同于评审意见的约定之前，评审意见仍对当事人具有约束力。

当事人对评审意见的效力另有约定的，从其约定。

除非当事人另有约定，评审意见可以在当事人之间就相关争议进行的诉讼或者仲裁程序中作为证据使用。

当事人可以根据已经产生约束力的评审意见签订和解协议，并依据和解协议中的仲裁条款，请求仲裁委员会组成仲裁庭根据和解协议的内容作出仲裁裁决。

评审意见对当事人未产生约束力，或者评审组未在第三十二条规定的期限内作出评审意见，或者评审组已经终止工作或被解散的，当事人可以直接将有关争议提交诉讼或者根据仲裁协议提交仲裁，当事人另有约定的除外。

第三十八条　任何一方当事人可以在收到评审意见之日起7天内，就评审意见中的任何书写、打印、计算错误或者其他类似性质的错误书面申请评审组作出更正；确有错误的，评审组应当在收到书面申请之日起7天内作出书面更正。评审组也可以在评审意见作出之日起7天内，自行对上述错误作出书面更正。

评审组因遗漏未对某项评审请求出具评审意见，任何一方当事人可以在收到评审意见之日起7天内，书面申请评审组就该项评审请求作出补充评审意见；确有此种情形的，评审组应当在收到书面申请之日起7天内作出补充评审意见。评审组也可以在评审意见作出之日起7天内，自行对上述评审请求作出补充评审意见。

书面更正和补充评审意见构成原评审意见的一部分。在上述两款情形下，第三十七条中关于评审意见异议的期限应当自当事人收到评审组的书面更正或者补充评审意见之日起重新起算。

第四章　临时评审组的特别规定

第三十九条　当事人成立临时评审组评审争议的，适用本章规定。本章未规定的事项，适用本规则其他各章的有关规定。

当事人另有约定的，从其约定。

第四十条　争议发生后，申请人应当先向被申请人发出要求评审解决争议的书面通知。

第四十一条　评审组由三人组成的，由双方当事人在被申请人收到申请人要求评审解决争议的书面通知之日起14天内各自选定一名评审专家，并书面通知对方和评审专家。申请人或者被申请人未能在上述期限内选定评审专家的，任一方当事人可以请求仲裁委员会秘书长代为指定上述评审专家。

根据前款规定产生的两名评审专家应在第二名评审专家确定之日起14天内共同选定第三名评审专家，并书面通知双方当事人。两名评审专家未能在上述期限内共同选定第三名评审专家的，任一方当事人可以请求仲裁委员会秘书长代为指定第三名评审专家。第三名评审专家应当担任评审组的首席评审专家。

第四十二条 当事人约定评审组由一人组成的，由双方当事人在被申请人收到申请人要求评审解决争议的书面通知之日起14天内共同选定独任评审专家。当事人在上述期限内未能就独任评审专家的人选达成一致的，任一方当事人可以请求仲裁委员会秘书长代为指定独任评审专家。

第四十三条 评审组成立后，申请人应当向评审组提交符合第二十二条规定的书面评审申请，并同时将评审申请转交被申请人。

评审程序自评审组收到申请人的评审申请之日起开始。

第五章 报酬与费用

第四十四条 除非当事人另有约定或者评审组另有决定，评审专家担任评审组成员的所有报酬和因履行评审专家职责而发生的所有交通、食宿等实际费用，应当由各方当事人平均分担。

评审专家应当避免不必要的费用支出。

第四十五条 当事人应当按照《评审组成员协议》的约定，向评审组成员支付报酬和费用。

当事人未按约定向评审组成员支付报酬和费用的，评审组可以中止工作，直至当事人全额支付相关款项。

一方当事人不支付上述款项的，可以由其他当事人先行垫付。

第四十六条 仲裁委员会按照《建设工程争议评审收费办法》的规定，就下列事项收取相应费用：

（一）代为指定评审专家；

（二）决定评审专家回避事宜；

（三）为《评审组成员协议》的达成提供辅助性秘书服务；

（四）为评审组和当事人之间的会晤及评审调查会提供场所、设备以及必要的支持与协助；

（五）核阅评审意见草案。

第四十七条 评审组履行职责的过程中发生的其他费用，包括但不限于仲裁委员会收取的前条费用以及评审程序中进行鉴定或者聘请法律或技术专家的费用等，由各方当事人平均分担，当事人另有约定的或者仲裁委员会《建设工程争议评审收费办法》另有规定的除外。

第六章 附 则

第四十八条 仲裁委员会可以授权其分会、中心或办事处为《评审组成员协议》的达成提供辅助性秘书服务，以及为评审组和当事人之间的会晤和评审调查会提供场所、设备及必要的支持与协助。

第四十九条 评审组成员和仲裁委员会及其工作人员均不应就其依据本规则进行的相关行为承担赔偿责任。

第五十条 本规则中规定的期间均按照日历日计算，期间开始之日不计算在期间内，自次日起算。

节假日应当计入期间。期间开始的次日在当地是节假日的，期间从节假日后的第一日起算。期间届满的最后一日在当地是节假日的，以节假日后的第一日为期间届满的日期。

第五十一条 本规则由仲裁委员会负责解释。

第五十二条 本规则自2010年5月1日起试行。